최신 법령에 의한

택시운전
자격시험 실전문제집

TAXI

 (재)한국산업교육원 택시교통문화연구회

전북 · 제주

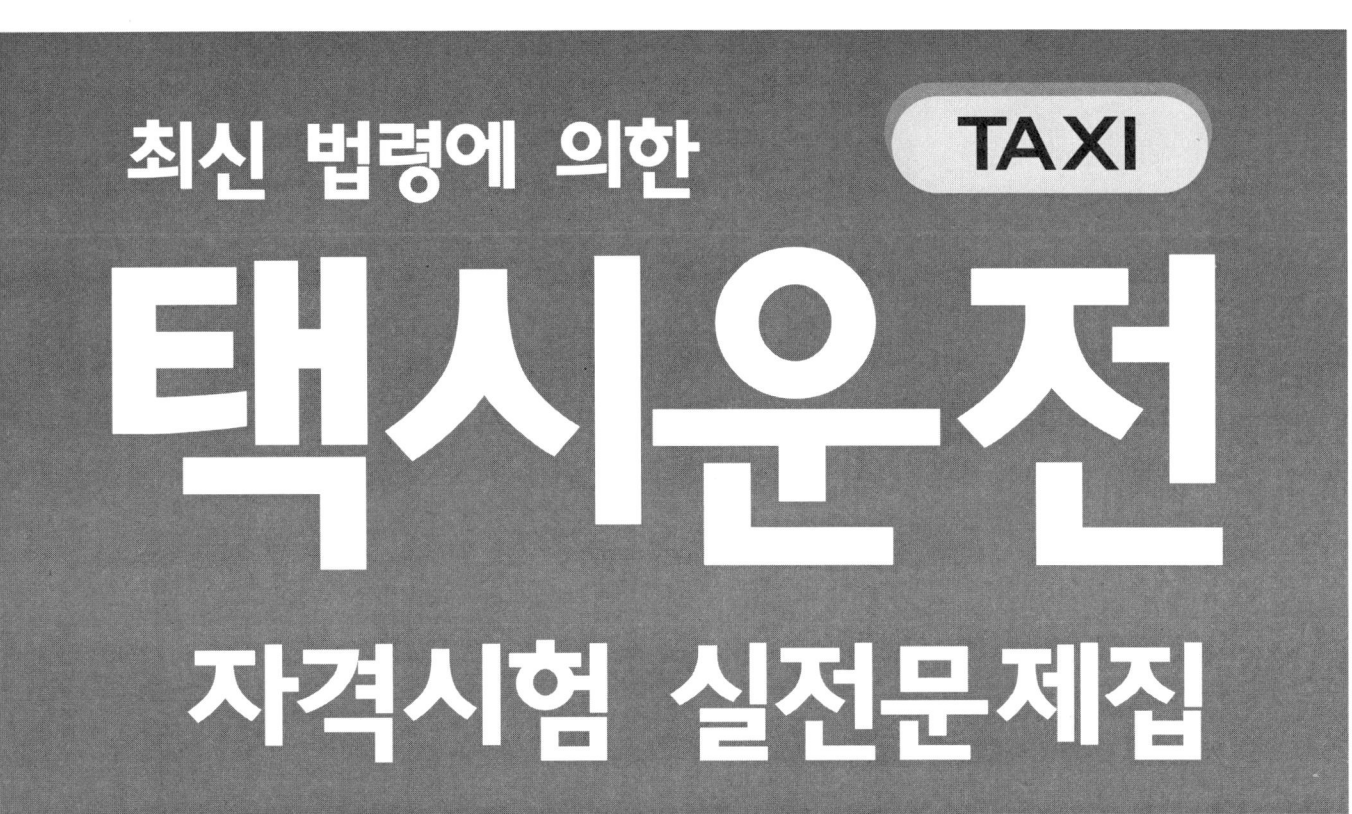

◆ 최근 출제경향에 따른 핵심이론과 출제가 예상되는 문제를 별표로 평점의 난이도를 표시 !!
◆ 최근 개정된 교통법규를 모두 반영하여 새롭게 구성 !!
◆ 자주 출제되는 외국어를 알기 쉽게 일목요연하게 정리하여 수록 !!
◆ 자주 출제되는 중요이론과 암기하기 쉽도록 답을 굵게 표시하여 수록 !!

독자와 함께 하는 ekoin
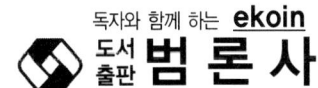
도서출판 범론사

택시운전 자격증 합격의 영광이 있기를 바라며

갈수록 어려워지고 있는 취업의 문제는 다양한 서비스 업종의 개발로 대처할 수 있는데 택시운전도 승객에 대한 서비스로 구직의 문턱을 넘을 수 있다. 택시 운전은 단순히 자동차의 운전이 아니라 승객을 태우고 운전하며 승객이 내릴 때까지의 과정에서 승객에 대한 여러 가지 배려가 있어야 한다. 승차할 때의 인사부터 행선지를 묻고 내릴 때까지 승객이 불편함이 없고 편안하게 갈 수 있게끔 하는 것이 운전이다.

이에 따라 택시 운전자격시험을 시행하게 되었는데 기본 법규는 면허증을 취득할 경우 대부분 알고 있는 내용이고 최근 개정된 새로운 법령, LPG, 응급처치, 간단한 외국어와 그 지역 지리가 시험의 주된 내용이다. 문제가 어렵지 않게 출제되므로 기본적인 내용을 한번 읽어보고 가면 어렵지 않게 합격하리라 본다.

택시 운전면허는 2021년부터 한국교통안전공단에서 시험의 접수와 컴퓨터기반시험으로 필기를 시행하고 있으며 지역별 시험장을 있는 곳을 알아두고 시험에 응시하면 된다.

이 책은 수험생들의 시험공부를 최대한 짧은 시간에 끝낼 수 있도록 다음과 같이 구성하였다.

1. 자주 출제되는 부분을 중심으로 이론과 문제를 구성하였다.
2. 영어, 일본어, 중국어를 일목요연하게 정리하였고 자주 사용하는 대화를 중심으로 문제를 구성하였다.
3. 최근 개정된 법규를 모두 반영하여 공부에 불편함이 없도록 하였다.
4. 중요 이론과 자주 출제되는 문제를 굵게 표시하여 암기하기 쉽게 하였다.
5. 지역의 중요한 지리를 관공서, 학교, 병원, 문화재, 공원, 호텔, 백화점, 도로, 다리 등으로 분류하여 알기 쉽게 하였다.
6. 각 시군별 도로명 주소를 표기하여 문제를 구성하였다.

시험장에 갈 때 긴장하지 않고 차분한 시험으로 합격의 영광이 있기를 바라며 좋은 운전자가 되길 바란다.

택시운전 자격시험 총정리 문제집
Contents

🚕 택시운전 자격시험 안내 / 7

🚕 **제1편** 교통 및 여객자동차 운수사업 법규

◆ 도로교통법 및 교통사고처리특례법 ·················· 11
　제❶장 도로교통법 ·················· 11
　제❷장 교통사고처리특례법 ·················· 50

◆ 여객자동차운수사업법 및 택시발전법 ·················· 52
　제❶장 여객자동차운수사업법 ·················· 52
　제❷장 택시운송사업의 발전에 관한 법률(택시발전법) ·················· 78
　★출제예상문제★ ·················· 84

🚕 **제2편** 안전운행 및 LPG 자동차 안전관리
　제❶장 안전운행 ·················· 109
　제❷장 LPG 자동차 안전관리 ·················· 122
　★출제예상문제★ ·················· 124

🚕 **제3편** 운송서비스 및 응급처치법
　제❶장 운전자 준수사항 ·················· 143
　제❷장 응급처치 ·················· 149
　제❸장 자주 출제되는 중국어, 영어, 일본어 ·················· 152
　★출제예상문제★ ·················· 156

🚕 **제4편** 전라북도 주요 지리
　◆ 주요 지리 ·················· 175
　★출제예상문제★ ·················· 194

🚕 **제5편** 제주특별자치도 주요 지리
　◆ 주요 지리 ·················· 209
　★출제예상문제★ ·················· 215

 # 택시운전 자격시험 안내

★ 택시운전 자격시험 개요

□ 응시자격
ㅇ 운전면허/연령 : 운전면허 소지자(제2종 보통 이상) / 만 20세 이상일 것
ㅇ 운전경력 : 운전경력 1년 이상(운전면허 보유기간 기준이며 취소·정지 기간은 제외함)
ㅇ 운전적성정밀검사 : 여객자동차 운수사업법 시행규칙 제49조제3항에 따른 신규검사 기준에 적합한 사람
□ 결격사유 : 여객자동차 운수사업법 제24조제3항 및 제4항 준용
□ 필기시험 : 응시 수수료(11,500원)
ㅇ 일반전형 : 처음으로 택시운전 자격을 취득하려는 자

시험 과목	교통 및 운수 관련 법규	안전운행 요령	운송 서비스	지리	계
문항수	20문항	20문항	20문항	20문항	80문항
배점	문항당 1.25점				100점

ㅇ 특례1전형 : 기존 택시운전 자격소지자 중 타 지역 자격을 취득하려는 자

시험 과목	교통 및 운수 관련 법규	안전운행 요령	운송 서비스	지리	계
문항수	면제	면제	면제	20문항	20문항
배점	문항당 5점				100점

ㅇ 특례2전형 : 4년간 사업용 차량을 3년 이상 무사고로 운전한 자, 도로교통법 제146조에 따른 무사고운전자 또는 유공운전자의 표시장을 받은 자

시험 과목	교통 및 운수 관련 법규	안전운행 요령	운송 서비스	지리	계
문항수	20문항	면제	면제	20문항	40문항
배점	문항당 2.5점				100점

※ 지리과목은 16개 지역(서울, 부산, 대구, 인천, 광주, 대전, 울산, 경기, 강원, 충북, 충남, 경북, 경남, 전북, 전남, 제주) 중 1개 지역 선택
※ 세종시에서 택시운전을 하려는 사람은 충남 택시운전 자격으로 응시

□ 합격자 결정 : 총점의 60% 이상(총 80문항 중 48문항 이상)을 얻은 사람
□ 자격증 발급 신청·교부(필기시험에 합격한 사람, 합격자 발표일로부터 30일 이내)
ㅇ 준비물 : 운전면허증, 택시운전 자격증 발급신청서 1부, 자격증 교부 수수료(10,000원)

★ 택시운전 자격시험 접수 안내

□ 시험 접수
ㅇ 인터넷(휴대폰 사용 가능) : 택시운전 자격시험 홈페이지(https://lic.kotsa.or.kr/road)
※ 인터넷 접수 불가 시 시험장 현장 방문 접수, 인터넷 접수는 2020년 12월 21일부터 이용 가능
ㅇ 인터넷 접수 시작일 : 매월 2개월 전 09:00~ (단, 2021년 시험접수 시작은 2020년 12월 21일(월) 09:00~)
※ 접수인원 초과(선착순)로 접수 불가능 시 : 타 지역 또는 다음 차수 접수 가능, 부득이한 사정으로 인터넷 접수일이 변경될 수 있습니다.
□ 시험 시작일 : 2021년 1월 4일(월)~
※ 부득이한 사정으로 시험 시작일이 변경될 수 있습니다.
□ 시험 장소(주차시설 부족으로 대중교통 이용을 권장)
ㅇ 시험당일 준비물 : 운전면허증, 사진(미 제출자에 한함)
ㅇ CBT(컴퓨터를 활용한 필기시험) 운영

전형	시험 등록	시험 시간	상시 CBT 필기시험일 (공휴일·토요일 제외)		
			전용 CBT 상설 시험장 (서울구로, 수원, 대전, 대구, 부산, 광주, 인천, 강원, 청주, 전주, 창원, 울산, 화성)	기타 CBT 시험장	
				(서울노원, 경기북부, 제주, 상주)	(홍성)
일반전형	시작 20분전	80분	매일 4회 (오전 2회, 오후 2회)	매주 화요일, 목요일 오후 4시	매주 수요일 2회
특례1전형	시작 20분전	20분			
특례2전형	시작 20분전	40분			

※ 시험장 사정에 따라 시험일정 및 인원 등은 변경될 수 있음, 변동사항은 택시운전 자격시험 홈페이지 안내
□ 합격자 발표 : 시험 종료 직후 합격자 발표

★ 기타사항

□ 문의전화 : 1577-0990
□ 시험접수 시간
- 인터넷 접수 : 원서접수 첫날 09:00부터 시험전날 18:00까지
- 방문 접수 : 매일 09:00부터 18:00까지(공휴일·토요일 제외)
※ 시험응시 기회를 균등하게 제공하기 위하여 중복 시험 접수는 불가능함
□ 수수료
○ 시험응시 수수료 : 11,500원
○ 자격증 발급 수수료 : 10,000원 (인터넷 발급 신청 시 등기 우편료 2,480원 별도)
□ 응시수수료 환불
○ 시험 2일 전 23:59까지 응시수수료 전액(이후 환불 불가)
□ 합격자 발표
○ 택시운전 자격시험 홈페이지
 ⇒ https://lic.kotsa.or.kr/road
※ 택시운전자격시험 홈페이지는 2020년 12월 21일부터 이용가능
※ 시험 종료 직후 합격자 발표
□ 응시자격 미달 및 결격사유 해당자 처리
- 시험시작 전 결격사유 확인 동의서 및 서약서를 작성하고 관계기관에 운전경력 및 범죄경력 조회를 실시하여, 조회결과 여객자동차 운수사업법 제24조제1항제1호·제2호에 따른 자격시험 응시자격 미달 또는 여객자동차운수사업법 제24조제3항 및 제4항에 따른 결격사유 해당자는 택시운전 자격시험 합격이 취소되며, 이 경우 기 납부한 수수료는 환불되지 않습니다.
□ 기타사항
○ 자격시험 당일 시험장 및 합격자 교육장 내에는 주차시설이 부족함에 따라 가급적 대중교통을 이용하여 주시고, 교통 혼잡이 예상되므로 미리 입실할 수 있도록 하시기 바랍니다.
○ 응시자는 시험장 위치 및 교통편을 사전에 확인한 후, 시험당일 준비물을 소지하고 시험시작 20분전까지 해당 시험실의 지정된 좌석에 착석하여 시험감독자의 안내에 따라야 하며, 시험시작 후에는 시험 장소에 입실할 수 없습니다.
○ 시험이 시작되면 휴대전화 등 통신장비와 전자기기는 일절 휴대 및 사용할 수 없고, 시험도중 관련 장비를 휴대하다가 적발될 경우 실제사용 여부와 관계없이 부정행위자로 처리될 수 있음을 유의하시기 바랍니다.
○ 부정행위를 한 수험자는 당해 시험을 무효로 하고, 응시자격 2년 제한 등의 조치를 받게 됩니다.
□ 택시운전 자격시험 수험용 참고자료·각종 서식
○ 택시운전 자격시험 홈페이지(2020년 12월 20일까지)
 - https://www.kotsa.or.kr
○ 택시운전 자격시험 홈페이지(2020년 12월 21일부터)
 - https://lic.kotsa.or.kr/road
□ 본 공고에 포함되지 아니한 사항은 관련 법령과 공단의 내부 규정이 정하는 바에 따릅니다.
□ 상기 시행일정은 수험자의 시험 준비를 돕기 위해 사전 안내하는 사항으로 불가피한 사유 발생 시 변경될 수 있으며, 변경이 있을 경우 자격별 인터넷 홈페이지에 별도 게시합니다.
□ 택시운전 자격시험 홈페이지 이용 및 2021년도 시험접수는 2020년 12월 21일부터 이용 가능합니다. 다만, 부득이한 사정으로 일정이 변경될 수 있습니다.

★ 과목별 출제 범위

구 분	과 목	출제범위	문항수
교통 및 여객자동차 운수 사업 법규	교통법규 및 교통사고 처리특례법	·범칙행위별 범칙금 내역 ·교통사고 특례법 ·안전운전관련 사항은 제외 ·도로교통법일반개요 ·운전면허 행정처분 사항 등 (10대 항목 중심)	광역시 (25) 도지역 (20)
	여객 자동차 운수사업 법규 및 택시운송 사업의 발전에 관한 법규	·여객자동차운수사업법 일반개요 ·운수종사자 업요건/교육사항 ·택시운전자격시험관련 사항 ·위반행위별 행정처분 사항 ·운전자 준수사항을 제외한 기타 사항등	
안전운행 및 LPG 자동차 안전관리	안전운행	·교통안전시설 개요 ·신호기, 교통안전표시, 노면표시 ·교통사고 예방을 위한 안전운행 방법 ·차량안전관리 등	광역시 (15) 도지역 (20)
	LPG 자동차 안전관리	·LPG자동차 안전관리 법규 ·LPG자동차 구조와 기능 등 ·LPG자동차 GAS 취급방법 ·LPG자동차의 일반적 특성 등	

운송 서비스 및 응급 처치법	운송 서비스	·여객자동차운수사업법 중 운전자 준수사항 ·승객 서비스 자세 ·차량 고장 시 승객에 대한 조치 ·교통사고 시 승객 및 환자에 대한 조치 (응급처치 관련사항 제외) ·운전자가 알아야 할 일반 상식등 (영어, 일어)	광역시 (15) 도지역 (20)
	응급 처치법	·응급처치방법 ·교통사고 환자 후송절차 ·운전자의 직업병과 예방방법	
해당지역 지리	교통통제 구역	·일방통행로 ·자동차 통행금지구역 ·차종별 통행금지구역 ·사고다발지역 ·주차 정차 금지구역등	광역시 25 도지역 20
	시(도)내 주요지리	·주요 관광서 및 공공건물 위치 ·주요 아파트단지 위치 ·주요 간선도로 명 ·공원 및 문화유적지 ·유원지 및 위락시설 ·주요 호텔 및 관공명소 등	
총 계			80

■ 여객자동차 운수사업법 시행규칙
 [별지 제27호서식]〈개정 2020. 4. 14.〉 (앞 쪽)

(버스운전, 택시운전) 자격시험 응시원서

① 성 명	(한글) (한자)	생년월일		성별		반명함판 사진 (3cm×4cm)
② 주 소						
③ 연 락 처	(전화번호)		(휴대전화)			
④ 운전면허증	(번호)		(종류)			
⑤ 확인사항 및 첨부서류	○ 확인사항 1. 운전면허증 2. 운전경력증명서 3. 운전적성정밀검사 수검사실증명서 ○ 첨부서류(택시운전자격시험 응시자 중 시험과목 일부를 면제 받으려는 자에 한정하며 해당란에 체크) 1. 다른 지역 택시 종사자( ) 2. 사업용 무사고증명관련 서류( ) 3. 도로교통법 제146조 관련 서류( )					
*⑥ 수험번호			*⑦ 시험장소			

「여객자동차 운수사업법 시행규칙」제53조에 따라 운전자격시험에 응시하기 위하여 원서를 제출하며, 만일 시험에 합격 후 거짓으로 기재한 사실이 판명되는 경우에는 합격취소처분을 받더라도 이의를 제기하지 않겠습니다.

년 월 일
응시자 (서명 또는 인)

한국교통안전공단 이사장 귀하

(버스운전, 택시운전) 자격시험 응시표

*⑧ 수험번호		반명함판 사진 (3cm×4cm)
*⑨ 시험일시		
*⑩ 시험장소		
⑪ 성 명		

년 월 일
한국교통안전공단 이사장 [직인]

210mm×297mm[백상지(80g/㎡) 또는 중질지(80g/㎡)]

★ 자격증 신청 및 구비서류

1. 발급처 : 각 시도 택시운송사업조합
2. 합격자 : 합격자는 30일 이내에 자격증을 발급받아야 한다.
3. 구비서류
 ① 택시운전자격증 발급신청서

■ 여객자동차 운수사업법 시행규칙
 [별지 제28호서식]〈개정 2020. 4. 14.〉

□ 버스운전자격증(명) □ 택시운전자격증(명)		□ 발급 □ 정정 및 재발급		신청서	처리기간 즉시
신청인	① 성 명		② 생년월일		
	③ 주 소		(전화번호 :)		
④ 자격증번호 (정정의 경우만 작성합니다)			⑤ 등록연월일 (정정의 경우만 작성합니다)		
⑥ 신청사유	□ 신규발급 □ 정정발급 □ 재 발 급		⑦ 운전면허증 번호		
⑧ 정정내용					

「여객자동차 운수사업법 시행규칙」 제55조 및 제56조에 따라 위와 같이 운전자격증(명) 발급, 정정 또는 재발급을 신청합니다.

년 월 일
신청인 (서명 또는 인)

한국교통안전공단 이사장 귀하

첨부 서류	1. 운전자격증(명)의 발급을 신청하는 경우
	 가. 운전자격증 발급 : 사진(2.5cm×3.0cm) 2장
	 나. 운전자격증명 발급 : 사진(3.5cm×4.5cm) 2장
	
	2. 운전자격증(명)의 정정 또는 재발급을 신청하는 경우
	 가. 운전자격증 정정 또는 재발급
	  1) 운전자격증(운전자격증을 잃어버린 경우는 제외합니다)
	  2) 사진(2.5cm×3.0cm) 2장
	 나. 운전자격증명 정정 또는 재발급
	  1) 운전자격증명(운전자격증명을 잃어버린 경우는 제외합니다)
	  2) 사진(3.5cm×4.5cm) 2장

210mm×297mm[백상지(80g/㎡) 또는 중질지(80g/㎡)]

■ 여객자동차 운수사업법 시행규칙
 [별지 제30호서식] 〈개정 2020. 4. 14.〉 (앞쪽)

(버스, 택시) 운전자격증(휴대용)

성 명:
생년월일:
자격증번호:
자격취득일:

사진
2.5cm×3cm

위의 사람은 「여객자동차 운수사업법」 제24조제1항 및 같은 법 시행규칙 제55조제3항에 따라 자격이 있음을 증명합니다.

년 월 일

한국교통안전공단 이사장 [직인]

85mm×54mm[백상지 150g/m²]

■ 여객자동차 운수사업법 시행규칙
 [별지 제31호서식] 〈개정 2020. 4. 14.〉

(버스, 택시) 운전자격증명

○ 회 사 명:
○ 성 명:
○ 자격증번호:
○ 자격취득일:

사진(여권용)
(3.5cm×4.5cm)

위 사람은 「여객자동차 운수사업법」 제24조제1항 및 같은 법 시행규칙 제55조의2제2항에 따라 자격이 있음을 증명합니다.

년 월 일

한국교통안전공단 이사장 [직인]

※ 1. 개인택시의 경우에는 회사명 대신 면허취득자 성명을 적고, 게시대에는 소속 조합명을 적습니다.
 2. 자동차번호는 개인택시운송사업 외에는 적지 아니할 수 있습니다.

회사명·전화번호		자동차 번호	

210mm×297mm[백상지(150g/m²)]

★ 운전자격의 교육과정 및 교육과목

(제54조의4제1항 관련)

교육과정	교육과목	교육시간
1. 이론교육	소양교육	8시간
2. 실기교육	가. 차량점검 및 기초주행	3시간
	나. 목표제동 및 제동거리	1시간
	다. 미끄럼 주행	1시간
	라. 인지반응 및 위험 회피	1시간
	마. 차량점검 및 응급조치 요령	1시간
	바. 도로유형별 안전운행	3시간
	사. 정속주행	2시간
3. 종합평가	필기시험, 기능시험, 주행시험	4시간
총계		24시간

비고
1. 이론교육은 교육생이 여객자동차 운송과 관련된 지식을 얻을 수 있도록 강의식으로 진행하는 교육을 말한다.
2. 실기교육은 실외의 체험교육시설과 도로에서 진행하는 교육으로서 자동차를 직접 운전하면서 교통사고의 발생 원리를 체험하는 교육을 말한다.
3. 종합평가는 이론 교육 후 필기 평가와 실기 교육 후 자동차를 직접 운전하여 여객을 효율적·안정적으로 운송이 가능한 기능 및 주행 평가를 말한다.
4. 종합평가의 합격기준은 총점의 60퍼센트 이상 득점으로 한다.
5. 수험생이 이론교육 및 실기교육을 모두 이수하고 종합평가에 합격한 경우 교육과정을 수료한 것으로 인정한다.

제1편 교통 및 여객자동차 운수사업 법규
Taxi Driver's License

도로교통법 및 교통사고처리특례법

제1장 도로교통법

1. 목적(법 제1조)

도로에서 일어나는 교통상의 모든 위험과 장해를 방지하고 제거하여 안전하고 원활한 교통을 확보함을 목적으로 한다.

2. 용어의 정의(법 제2조)

(1) 도로
  ① 도로
  ② 유료도로(통행료 징수)
  ③ 농어촌도로
  ④ 그 밖에 현실적으로 불특정 다수의 사람 또는 차마의 통행을 위하여 공개된 장소로서 안전하고 원활한 교통을 확보할 필요가 있는 장소

(2) 자동차 전용도로

자동차만이 다닐 수 있도록 설치된 도로

(3) 고속도로

자동차의 고속교통에만 사용하기 위하여 지정된 도로

(4) 차도

연석선(차도와 보도를 구분하는 돌 등으로 이어진 선을 말한다), 안전표지 또는 그와 비슷한 인공구조물을 이용하여 경계를 표시하여 모든 차가 통행할 수 있도록 설치된 도로의 부분을 말한다.

(5) 중앙선

차마의 통행 방향을 명확하게 구분하기 위하여 도로에 황색 실선이나 황색 점선 등의 안전표지로 표시한 선 또는 중앙분리대나 울타리 등으로 설치한 시설물을 말한다. 다만, 가변차로가 설치된 경우에는 신호기가 지시하는 진행방향의 가장 왼쪽에 있는 황색 점선을 말한다.

(6) 차로

차마가 한 줄로 도로의 정하여진 부분을 통행하도록 차선(車線)으로 구분한 차도의 부분을 말한다.

(7) 차선

차로와 차로를 구분하기 위하여 그 경계지점을 안전표지로 표시한 선을 말한다.

(7의2) 노면전차 전용로

도로에서 궤도를 설치하고, 안전표지 또는 인공구조물로 경계를 표시하여 설치한 「도시철도법」 제18조의2제1항 각 호에 따른 도로 또는 차로를 말한다.

(8) 자전거도로

안전표지, 위험방지용 울타리나 그와 비슷한 인공구조물로 경계를 표시하여 자전거 및 개인형 이동장치가 통행할 수 있도록 설치된 「자전거 이용 활성화에 관한 법률」 제3조 각 호의 도로를 말한다.

(9) 자전거횡단도

자전거 및 개인형 이동장치가 일반도로를 횡단할 수 있도록 안전표지로 표시한 도로의 부분을 말한다.

(10) 보도

연석선, 안전표지나 그와 비슷한 인공구조물로 경계를 표시하여 보행자(유모차와 행정안전부령으로 정하는 보행보조용 의자차를 포함한다.)가 통행할 수 있도록 한 도로의 부분을 말한다.

(11) 길가장자리구역

보도와 차도가 구분되지 아니한 도로에서 보행자의 안전을 확보하기 위하여 안전표지 등으로 경계를 표시한 도로의 가장자리 부분을 말한다.

(12) 횡단보도

보행자가 도로를 횡단할 수 있도록 안전표지로 표시한 도로의 부분을 말한다.

(13) 교차로

'십' 자로, 'T' 자로나 그 밖에 둘 이상의 도로(보도와 차도가 구분되어 있는 도로에서는 차도를 말한다)가 교차하는 부분을 말한다.

(14) 안전지대

도로를 횡단하는 보행자나 통행하는 차마의 안전을 위하여 안전표지나 이와 비슷한 인공구조물로 표시한 도로의 부분을 말한다.

(15) 신호기

도로교통에서 문자·기호 또는 등화를 사용하여 진행·정지·방향전환·주의 등의 신호를 표시하기 위하여 사람이나 전기의 힘으로 조작하는 장치를 말한다.

(16) 안전표지

교통안전에 필요한 주의·규제·지시 등을 표시하는 표지판이나 도로의 바닥에 표시하는 기호·문자 또는 선 등을 말한다.

(17) 차마

① 차 : 자동차, 건설기계, 원동기장치자전거, 자전거, 사람 또는 가축의 힘이나 그 밖의 동력으로 도로에서 운전되는 것. 다만, 철길이나 가설된 선을 이용하여 운전되는 것과 유모차와 행정안전부령으로 정하는 보행보조용 의자차는 제외한다.

② 우마 : 교통이나 운수에 사용되는 가축을 말한다.

(17의2) 노면전차

「도시철도법」 제2조제2호에 따른 노면전차로서 도로에서 궤도를 이용하여 운행되는 차를 말한다.

(18) 자동차

철길이나 가설된 선을 이용하지 아니하고 원동기를 사용하여 운전되는 차(견인되는 자동차도 자동차의 일부로 본다)로서 다음의 차를 말한다.

① 승용자동차, 승합자동차, 화물자동차, 특수자동차, 이륜자동차. 다만, 원동기장치자전거는 제외한다.

② 건설기계 : 덤프트럭, 아스팔트살포기, 노상안정기, 콘크리트믹서트럭, 콘크리트펌프, 천공기(트럭적재식을 말한다), 특수건설기계 중 국토교통부장관이 지정하는 건설기계

(19) 원동기장치자전거

① 이륜자동차 가운데 배기량 125CC 이하의 이륜자동차

② 배기량 125시시 이하(전기를 동력으로 하는 경우에는 최고정격출력 11킬로와트 이하)의 원동기를 단 차(전기자전거는 제외한다)

(19의2) 개인형 이동장치

제19호나목의 원동기장치자전거 중 시속 25킬로미터 이상으로 운행할 경우 전동기가 작동하지 아니하고 차체 중량이 30킬로그램 미만인 것으로서 행정안전부령으로 정하는 것을 말한다.

(20) 자전거

① 자전거 : 사람의 힘으로 페달이나 손페달을 사용하여 움직이는 구동장치와 조향장치 및 제동장치가 있는 바퀴가 둘 이상인 차로서 행정안전부령으로 정하는 크기와 구조를 갖춘 것을 말한다.

② **전기자전거** : 자전거로서 사람의 힘을 보충하기 위하여 전동기를 장착하고 다음의 요건을 모두 충족하는 것을 말한다.
㉠ 페달(손페달을 포함한다)과 전동기의 동시 동력으로 움직이며, 전동기만으로는 움직이지 아니할 것
㉡ 시속 25킬로미터 이상으로 움직일 경우 전동기가 작동하지 아니할 것
㉢ 부착된 장치의 무게를 포함한 자전거의 전체 중량이 30킬로그램 미만일 것

(21) **자동차등**
자동차와 원동기장치자전거를 말한다.

(21의2) **자전거등**
자전거와 개인형 이동장치를 말한다.

(22) **긴급자동차**
다음의 자동차로서 그 본래의 **긴급한 용도**로 사용되고 있는 자동차를 말한다.
① 소방차
② 구급차
③ 혈액 공급차량
④ 그 밖에 대통령령으로 정하는 자동차

(23) **어린이통학버스**
다음 각 목의 시설 가운데 어린이(13세 미만인 사람을 말한다. 이하 같다)를 교육 대상으로 하는 시설에서 어린이의 통학 등에 이용되는 자동차와 「여객자동차 운수사업법」 제4조제3항에 따른 여객자동차운송사업의 한정면허를 받아 어린이를 여객대상으로 하여 운행되는 운송사업용 자동차를 말한다.
① 「유아교육법」에 따른 유치원 및 유아교육진흥원, 「초·중등교육법」에 따른 초등학교, 특수학교, 대안학교 및 외국인학교
② 「영유아보육법」에 따른 어린이집
③ 「학원의 설립·운영 및 과외교습에 관한 법률」에 따라 설립된 학원 및 교습소
④ 「체육시설의 설치·이용에 관한 법률」에 따라 설립된 체육시설

⑤ 「아동복지법」에 따른 아동복지시설(아동보호전문기관은 제외한다)
⑥ 「청소년활동 진흥법」에 따른 청소년수련시설
⑦ 「장애인복지법」에 따른 장애인복지시설(장애인 직업재활시설은 제외한다)
⑧ 「도서관법」에 따른 공공도서관
⑨ 「평생교육법」에 따른 시·도평생교육진흥원 및 시·군·구평생학습관
⑩ 「사회복지사업법」에 따른 사회복지시설 및 사회복지관

(24) **주차**
운전자가 승객을 기다리거나 화물을 싣거나 차가 고장 나거나 그 밖의 사유로 차를 계속 정지 상태에 두는 것 또는 운전자가 차에서 떠나서 즉시 그 차를 운전할 수 없는 상태에 두는 것을 말한다.

(25) **정차**
운전자가 5분을 초과하지 아니하고 차를 정지시키는 것으로서 주차 외의 정지 상태를 말한다.

(26) **운전**
도로(술에 취한 상태에서의 운전 금지·과로한 때 등의 운전 금지·사고발생 시의 조치·벌칙을 받는 경우에는 도로 외의 곳을 포함한다)에서 차마 또는 노면전차를 그 본래의 사용방법에 따라 사용하는 것(조종을 포함한다)을 말한다.

(27) **초보운전자**
처음 운전면허를 받은 날(처음 운전면허를 받은 날부터 2년이 지나기 전에 운전면허의 취소처분을 받은 경우에는 그 후 다시 운전면허를 받은 날을 말한다)부터 2년이 지나지 아니한 사람을 말한다. 이 경우 원동기장치자전거면허만 받은 사람이 원동기장치자전거면허 외의 운전면허를 받은 경우에는 처음 운전면허를 받은 것으로 본다.

(28) **서행**
운전자가 차 또는 **노면전차를 즉시 정지시킬 수 있는 정도의 느린 속도**로 진행하는 것을 말한다.

(29) 앞지르기

차의 운전자가 앞서가는 다른 차의 옆을 지나서 그 차의 앞으로 나가는 것을 말한다.

(30) 일시정지

차 또는 노면전차의 운전자가 그 차 또는 노면전차의 바퀴를 일시적으로 완전히 정지시키는 것을 말한다.

(31) 보행자전용도로

보행자만 다닐 수 있도록 안전표지나 그와 비슷한 인공구조물로 표시한 도로를 말한다.

(32) 자동차운전학원

자동차등의 운전에 관한 지식·기능을 교육하는 시설로서 다음의 시설 외의 시설을 말한다.
① 교육 관계 법령에 따른 학교에서 소속 학생 및 교직원의 연수를 위하여 설치한 시설
② 사업장 등의 시설로서 소속 직원의 연수를 위한 시설
③ 전산장치에 의한 모의운전 연습시설
④ 지방자치단체 등이 신체장애인의 운전교육을 위하여 설치하는 시설 가운데 지방경찰청장이 인정하는 시설
⑤ 대가(代價)를 받지 아니하고 운전교육을 하는 시설
⑥ 운전면허를 받은 사람을 대상으로 다양한 운전경험을 체험할 수 있도록 하기 위하여 도로가 아닌 장소에서 운전교육을 하는 시설

(33) 모범운전자

무사고운전자 또는 유공운전자의 표시장을 받거나 2년 이상 사업용 자동차 운전에 종사하면서 교통사고를 일으킨 전력이 없는 사람으로서 경찰청장이 정하는 바에 따라 선발되어 교통안전 봉사활동에 종사하는 사람을 말한다.

3. 보행자의 통행방법

(1) 보행자의 통행(법 제8조)
① 보행자는 보도와 차도가 구분된 도로에서는 언제나 보도로 통행하여야 한다. 다만, 차도를 횡단하는 경우, 도로공사 등으로 보도의 통행이 금지된 경우나 그 밖의 부득이한 경우에는 그러하지 아니하다.
② 보행자는 보도와 차도가 구분되지 아니한 도로에서는 **차마와 마주보는 방향의 길가장자리 또는 길가장자리구역으로 통행**하여야 한다. 다만, 도로의 통행방향이 일방통행인 경우에는 차마를 마주보지 아니하고 통행할 수 있다.
③ 보행자는 보도에서는 우측통행을 원칙으로 한다.

(2) 행렬 등의 통행(법 제9조)
① 학생의 대열과 그 밖에 보행자의 통행에 지장을 줄 우려가 있다고 인정하여 대통령령으로 정하는 사람이나 행렬은 차도로 통행할 수 있다. 이 경우 행렬 등은 차도의 우측으로 통행하여야 한다.
② 행렬 등은 사회적으로 중요한 행사에 따라 시가를 행진하는 경우에는 도로의 중앙을 통행할 수 있다.
③ 경찰공무원은 도로에서의 위험을 방지하고 교통의 안전과 원활한 소통을 확보하기 위하여 필요하다고 인정할 때에는 행렬 등에 대하여 구간을 정하고 그 구간에서 행렬 등이 도로 또는 차도의 우측(자전거도로가 설치되어 있는 차도에서는 자전거도로를 제외한 부분의 우측을 말한다)으로 붙어서 통행할 것을 명하는 등 필요한 조치를 할 수 있다.

(3) 도로의 횡단(법 제10조)
① 지방경찰청장은 도로를 횡단하는 보행자의 안전을 위하여 행정안전부령으로 정하는 기준에 따라 횡단보도를 설치할 수 있다.
② 보행자는 횡단보도, 지하도, 육교나 그 밖의 도로 횡단시설이 설치되어 있는 도로에서는 그 곳으로 횡단하여야 한다. 다만, **지하도나 육교 등의 도로 횡단시설을 이용할 수 없는 지체장애인의 경우에는 다른 교통에 방해가 되지 아니하는 방법으로 도로 횡단시설을 이용하지 아니하고 도로를 횡단할 수 있다.**
③ 보행자는 횡단보도가 설치되어 있지 아니한 도로에서는 가장 짧은 거리로 횡단하여야 한다.

④ 보행자는 차와 노면전차의 바로 앞이나 뒤로 횡단하여서는 아니 된다. 다만, 횡단보도를 횡단하거나 신호기 또는 경찰공무원등의 신호나 지시에 따라 도로를 횡단하는 경우에는 그러하지 아니하다.
⑤ 보행자는 안전표지 등에 의하여 횡단이 금지되어 있는 도로의 부분에서는 그 도로를 횡단하여서는 아니 된다.

(4) 어린이 등에 대한 보호(법 제11조)
① 어린이의 보호자는 교통이 빈번한 도로에서 어린이를 놀게 하여서는 아니 되며, 영유아(6세 미만인 사람을 말한다. 이하 같다)의 보호자는 교통이 빈번한 도로에서 영유아가 혼자 보행하게 하여서는 아니 된다.
② 앞을 보지 못하는 사람(이에 준하는 사람을 포함한다. 이하 같다)의 보호자는 그 사람이 도로를 보행할 때에는 흰색 지팡이를 갖고 다니도록 하거나 앞을 보지 못하는 사람에게 길을 안내하는 개로서 행정안전부령으로 정하는 개(이하 "장애인보조견"이라 한다)를 동반하도록 하는 등 필요한 조치를 하여야 한다.
③ 어린이의 보호자는 도로에서 어린이가 자전거를 타거나 행정안전부령으로 정하는 위험성이 큰 움직이는 놀이기구를 타는 경우에는 어린이의 안전을 위하여 행정안전부령으로 정하는 인명보호 장구(裝具)를 착용하도록 하여야 한다.
④ 어린이의 보호자는 도로에서 어린이가 개인형 이동장치를 운전하게 하여서는 아니 된다.
⑤ 경찰공무원은 신체에 장애가 있는 사람이 도로를 통행하거나 횡단하기 위하여 도움을 요청하거나 도움이 필요하다고 인정하는 경우에는 그 사람이 안전하게 통행하거나 횡단할 수 있도록 필요한 조치를 하여야 한다.
⑥ 경찰공무원은 다음 각 호의 어느 하나에 해당하는 사람을 발견한 경우에는 그들의 안전을 위하여 적절한 조치를 하여야 한다.
  ㉠ 교통이 빈번한 도로에서 놀고 있는 어린이
  ㉡ 보호자 없이 도로를 보행하는 영유아
  ㉢ 앞을 보지 못하는 사람으로서 흰색 지팡이를 가지지 아니하거나 장애인보조견을 동반하지 아니하는 등 필요한 조치를 하지 아니하고 다니는 사람
  ㉣ 횡단보도나 교통이 빈번한 도로에서 보행에 어려움을 겪고 있는 노인(65세 이상인 사람을 말한다. 이하 같다)

(5) 어린이 보호구역의 지정 및 관리(법 제12조)
① 시장등은 교통사고의 위험으로부터 어린이를 보호하기 위하여 필요하다고 인정하는 경우에는 다음 각 호의 어느 하나에 해당하는 시설의 주변도로 가운데 일정 구간을 어린이 보호구역으로 지정하여 자동차등과 노면전차의 통행속도를 시속 30킬로미터 이내로 제한할 수 있다.
  ㉠ 「유아교육법」 제2조에 따른 유치원, 「초·중등교육법」 제38조 및 제55조에 따른 초등학교 또는 특수학교
  ㉡ 「영유아보육법」 제10조에 따른 어린이집 가운데 행정안전부령으로 정하는 어린이집
  ㉢ 「학원의 설립·운영 및 과외교습에 관한 법률」 제2조에 따른 학원 가운데 행정안전부령으로 정하는 학원
  ㉣ 「초·중등교육법」 제60조의2 또는 제60조의3에 따른 외국인학교 또는 대안학교, 「제주특별자치도 설치 및 국제자유도시 조성을 위한 특별법」 제223조에 따른 국제학교 및 「경제자유구역 및 제주국제자유도시의 외국교육기관 설립·운영에 관한 특별법」 제2조제2호에 따른 외국교육기관 중 유치원·초등학교 교과과정이 있는 학교
② 제1항에 따른 어린이 보호구역의 지정절차 및 기준 등에 관하여 필요한 사항은 교육부, 행정안전부 및 국토교통부의 공동부령으로 정한다.
③ 차마 또는 노면전차의 운전자는 어린이 보호구역에서 제1항에 따른 조치를 준수하고 어린이의 안전에 유의하면서 운행하여야 한다.

④ 지방경찰청장, 경찰서장 또는 시장등은 제3항을 위반하는 행위 등의 단속을 위하여 어린이 보호구역의 도로 중에서 행정안전부령으로 정하는 곳에 우선적으로 제4조의2에 따른 무인 교통단속용 장비를 설치하여야 한다.
⑤ 시장등은 제1항에 따라 지정한 어린이 보호구역에 어린이의 안전을 위하여 다음 각 호에 따른 시설 또는 장비를 우선적으로 설치하거나 관할 도로관리청에 해당 시설 또는 장비의 설치를 요청하여야 한다.
　㉠ 어린이 보호구역으로 지정한 시설의 주출입문과 가장 가까운 거리에 있는 간선도로상 횡단보도의 신호기
　㉡ 속도 제한 및 횡단보도에 관한 안전표지
　㉢ 「도로법」 제2조제2호에 따른 도로의 부속물 중 과속방지시설 및 차마의 미끄럼을 방지하기 위한 시설
　㉣ 그 밖에 교육부, 행정안전부 및 국토교통부의 공동부령으로 정하는 시설 또는 장비

(6) **노인 및 장애인 보호구역의 지정 및 관리 (법 제12조의2)**
① 시장등은 교통사고의 위험으로부터 노인 또는 장애인을 보호하기 위하여 필요하다고 인정하는 경우에는 제1호부터 제3호까지 및 제3호의2에 따른 시설의 주변도로 가운데 일정 구간을 노인 보호구역으로, 제4호에 따른 시설의 주변도로 가운데 일정 구간을 장애인 보호구역으로 각각 지정하여 차마와 노면전차의 통행을 제한하거나 금지하는 등 필요한 조치를 할 수 있다.
　㉠ 「노인복지법」 제31조에 따른 노인복지시설 중 행정안전부령으로 정하는 시설
　㉡ 「자연공원법」 제2조제1호에 따른 자연공원 또는 「도시공원 및 녹지 등에 관한 법률」 제2조제3호에 따른 도시공원
　㉢ 「체육시설의 설치・이용에 관한 법률」 제6조에 따른 생활체육시설
　㉣ 그 밖에 노인이 자주 왕래하는 곳으로서 조례로 정하는 시설
　㉤ 「장애인복지법」 제58조에 따른 장애인복지시설 중 행정안전부령으로 정하는 시설
② 제1항에 따른 노인 보호구역 또는 장애인 보호구역의 지정절차 및 기준 등에 관하여 필요한 사항은 행정안전부, 보건복지부 및 국토교통부의 공동부령으로 정한다.
③ 차마 또는 노면전차의 운전자는 노인 보호구역 또는 장애인 보호구역에서 제1항에 따른 조치를 준수하고 노인 또는 장애인의 안전에 유의하면서 운행하여야 한다.

4. 차마의 통행방법 등
(1) **차마의 통행(법 제13조)**
① 차마의 운전자는 보도와 차도가 구분된 도로에서는 차도로 통행하여야 한다. 다만, 도로 외의 곳으로 출입할 때에는 보도를 횡단하여 통행할 수 있다.
② 차마의 운전자는 보도를 횡단하기 직전에 일시정지하여 좌측과 우측 부분 등을 살핀 후 보행자의 통행을 방해하지 아니하도록 횡단하여야 한다.
③ 차마의 운전자는 도로(보도와 차도가 구분된 도로에서는 차도를 말한다)의 중앙(중앙선이 설치되어 있는 경우에는 그 중앙선을 말한다.) 우측 부분을 통행하여야 한다.
④ 차마의 운전자는 다음의 어느 하나에 해당하는 경우에는 도로의 중앙이나 좌측 부분을 통행할 수 있다.
　㉠ 도로가 일방통행인 경우
　㉡ 도로의 파손, 도로공사나 그 밖의 장애 등으로 도로의 우측 부분을 통행할 수 없는 경우
　㉢ **도로 우측 부분의 폭이 6미터가 되지 아니하는** 도로에서 다른 차를 앞지르려는 경우. 다만, 다음의 어느 하나에 해당하는 경우에는 그러하지 아니하다.
　　ⓐ 도로의 좌측 부분을 확인할 수 없는 경우
　　ⓑ 반대 방향의 교통을 방해할 우려가 있는 경우
　　ⓒ 안전표지 등으로 앞지르기를 금지하

거나 제한하고 있는 경우
ⓔ 도로 우측 부분의 폭이 차마의 통행에 충분하지 아니한 경우
ⓜ 가파른 비탈길의 구부러진 곳에서 교통의 위험을 방지하기 위하여 지방경찰청장이 필요하다고 인정하여 구간 및 통행방법을 지정하고 있는 경우에 그 지정에 따라 통행하는 경우
⑤ 차마의 운전자는 안전지대 등 안전표지에 의하여 진입이 금지된 장소에 들어가서는 아니 된다.
⑥ 차마(자전거등은 제외한다)의 운전자는 안전표지로 통행이 허용된 장소를 제외하고는 자전거도로 또는 길가장자리구역으로 통행하여서는 아니 된다. 다만, 「자전거 이용 활성화에 관한 법률」 제3조제4호에 따른 자전거 우선도로의 경우에는 그러하지 아니하다.

(2) 차로에 따른 통행구분(규칙 제16조)
① 차로를 설치한 경우 그 도로의 중앙에서 오른쪽으로 2 이상의 차로(전용차로가 설치되어 운용되고 있는 도로에서는 전용차로를 제외한다)가 설치된 도로 및 일방통행도로에 있어서 그 차로에 따른 통행차의 기준은 다음과 같다.

차로에 따른 통행차의 기준
(제16조제1항 및 제39조제1항 관련)

도로	차로 구분	통행할 수 있는 차종
고속도로 외의 도로	왼쪽 차로	ㅇ 승용자동차 및 경형·소형·중형 승합자동차(개인형 이동장치는 제외한다.)
	오른쪽 차로	ㅇ 대형승합자동차, 화물자동차, 특수자동차, 법 제2조제18호나목에 따른 건설기계, 이륜자동차, 원동기장치자전거
고속도로 편도 2차로	1차로	ㅇ 앞지르기를 하려는 모든 자동차. 다만, 차량통행량 증가 등 도로상황으로 인하여 부득이하게 시속 80킬로미터 미만으로 통행할 수밖에 없는 경우에는 앞지르기를 하는 경우가 아니라도 통행할 수 있다.
	2차로	ㅇ 모든 자동차
편도 3차로 이상	1차로	ㅇ 앞지르기를 하려는 승용자동차 및 앞지르기를 하려는 경형·소형·중형 승합자동차. 다만, 차량통행량 증가 등 도로상황으로 인하여 부득이하게 시속 80킬로미터 미만으로 통행할 수밖에 없는 경우에는 앞지르기를 하는 경우가 아니라도 통행할 수 있다.
	왼쪽 차로	ㅇ 승용자동차 및 경형·소형·중형 승합자동차
	오른쪽 차로	ㅇ 대형 승합자동차, 화물자동차, 특수자동차, 법 제2조제18호나목에 따른 건설기계

※ 비고
1. 위 표에서 사용하는 용어의 뜻은 다음 각 목과 같다.
  가. "왼쪽 차로"란 다음에 해당하는 차로를 말한다.
   1) 고속도로 외의 도로의 경우 : 차로를 반으로 나누어 1차로에 가까운 부분의 차로. 다만, 차로수가 홀수인 경우 가운데 차로는 제외한다.
   2) 고속도로의 경우 : 1차로를 제외한 차로를 반으로 나누어 그 중 1차로에 가까운 부분의 차로. 다만, 1차로를 제외한 차로의 수가 홀수인 경우 그 중 가운데 차로는 제외한다.
  나. "오른쪽 차로"란 다음에 해당하는 차로를 말한다.
   1) 고속도로 외의 도로의 경우 : 왼쪽 차로를 제외한 나머지 차로
   2) 고속도로의 경우 : 1차로와 왼쪽 차로를 제외한 나머지 차로
2. 모든 차는 위 표에서 지정된 차로보다 오른쪽에 있는 차로로 통행할 수 있다.
3. 앞지르기를 할 때에는 위 표에서 지정된 차로의 왼쪽 바로 옆 차로로 통행할 수 있다.
4. 도로의 진출입 부분에서 진출입하는 때와 정차 또는 주차한 후 출발하는 때의 상당한 거리 동안은 이 표에서 정하는 기준에 따르지 아니할 수 있다.
5. 이 표 중 승합자동차의 차종 구분은 「자동차관리법 시행규칙」 별표 1에 따른다.
6. 다음 각 목의 차마는 도로의 가장 오른쪽에 있는 차로로 통행하여야 한다.
  가. 자전거
  나. 우마
  다. 법 제2조제18호 나목에 따른 건설기계 이외의 건설기계
  라. 다음의 위험물 등을 운반하는 자동차
   1) 「위험물안전관리법」 제2조제1항제1호 및 제2호에 따른 지정수량 이상의 위험물
   2) 「총포·도검·화약류 등의 안전관리에 관한 법률」 제2조제3항에 따른 화약류

3) 「화학물질관리법」 제2조제2호에 따른 유독물질
4) 「폐기물관리법」 제2조제4호에 따른 지정폐기물과 같은 조 제5호에 따른 의료폐기물
5) 「고압가스 안전관리법」 제2조 및 같은 법 시행령 제2조에 따른 고압가스
6) 「액화석유가스의 안전관리 및 사업법」 제2조제1호에 따른 액화석유가스
7) 「원자력안전법」 제2조제5호에 따른 방사성물질 또는 그에 따라 오염된 물질
8) 「산업안전보건법」 제37조제1항 및 같은 법 시행령 제29조에 따른 제조 등의 금지 유해물질과 「산업안전보건법」 제38조제1항 및 같은 법 시행령 제30조에 따른 허가대상 유해물질
9) 「농약관리법」 제2조제3호에 따른 원제
마. 그 밖에 사람 또는 가축의 힘이나 그 밖의 동력으로 도로에서 운행되는 것
7. 좌회전 차로가 2차로 이상 설치된 교차로에서 좌회전하려는 차는 그 설치된 좌회전 차로 내에서 위 표 중 고속도로 외의 도로에서의 차로 구분에 따라 좌회전하여야 한다.

② 모든 차의 운전자는 통행하고 있는 차로에서 느린 속도로 진행하여 다른 차의 정상적인 통행을 방해할 우려가 있는 때에는 그 통행하던 차로의 오른쪽 차로로 통행하여야 한다.
③ 차로의 순위는 도로의 중앙선쪽에 있는 차로부터 1차로로 한다. 다만, 일방통행도로에서는 도로의 왼쪽부터 1차로로 한다.

(3) 전용차로통행차 외에 전용차로로 통행할 수 있는 경우
① 긴급자동차가 그 본래의 긴급한 용도로 운행되고 있는 경우
② 전용차로통행차의 통행에 장해를 주지 아니하는 범위에서 택시가 승객을 태우거나 내려주기 위하여 일시 통행하는 경우. 이 경우 택시 운전자는 승객이 타거나 내린 즉시 전용차로를 벗어나야 한다.
③ 도로의 파손, 공사, 그 밖의 부득이한 장애로 인하여 전용차로가 아니면 통행할 수 없는 경우

(4) 전용차로의 종류와 전용차로로 통행할 수 있는 차

전용차로의 종류와 전용차로로 통행할 수 있는 차

(제9조제1항 관련)

전용차로의 종류	통행할 수 있는 차	
	고속도로	고속도로 외의 도로

1. 버스전용차로	9인승 이상 승용자동차 및 승합자동차(승용자동차 또는 12인승 이하의 승합자동차는 6명 이상이 승차한 경우로 한정한다)	가. 「자동차관리법」 제3조에 따른 36인승 이상의 대형승합자동차
		나. 「여객자동차 운수사업법」 제3조 및 같은 법 시행령 제3조제1호에 따른 36인승 미만의 사업용 승합자동차
		다. 법 제52조에 따라 증명서를 발급받아 어린이를 운송할 목적으로 운행 중인 어린이통학버스
		라. 대중교통수단으로 이용하기 위한 자율주행자동차로서 「자동차관리법」 제27조제1항 단서에 따라 시험·연구 목적으로 운행하기 위하여 국토교통부장관의 임시운행허가를 받은 자율주행자동차
		마. 가목부터 라목까지에서 규정한 차 외의 차로서 도로에서의 원활한 통행을 위하여 지방경찰청장이 지정한 다음의 어느 하나에 해당하는 승합자동차
		  1) 노선을 지정하여 운행하는 통학·통근용 승합자동차 중 16인승 이상 승합자동차
		  2) 국제행사 참가인원 수송 등 특히 필요하다고 인정되는 승합자동차(지방경찰청장이 정한 기간 이내로 한정한다)
		  3) 「관광진흥법」 제3조제1항제2호에 따른 관광숙박업자 또는 「여객자동차 운수사업법 시행령」 제3조제2호가목에 따른 전세버스운송사업자가 운행하는 25인승 이상의 외국인 관광객 수송용 승합자동차(외국인 관광객이 승차한 경우만 해당한다)

2. 다인승전용차로	3명 이상 승차한 승용·승합자동차(다인승전용차로와 버스전용차로가 동시에 설치되는 경우에는 버스전용차로를 통행할 수 있는 차는 제외한다)	
3. 자전거전용차로	자전거	

비고
1. 경찰청장은 설날·추석 등의 특별교통관리기간 중 특히 필요하다고 인정할 때에는 고속도로 버스전용차로를 통행할 수 있는 차를 따로 정하여 고시할 수 있다.
2. 시장등은 고속도로 버스전용차로와 연결되는 고속도로 외의 도로에 버스전용차로를 설치하는 경우에는 교통의 안전과 원활한 소통을 위하여 그 버스전용차로를 통행할 수 있는 차의 종류, 설치구간 및 시행시기 등을 따로 정하여 고시할 수 있다.
3. 시장등은 교통의 안전과 원활한 소통을 위하여 고속도로 외의 도로에 설치된 버스전용차로로 통행할 수 있는 자율주행자동차의 운행 가능 구간, 기간 및 통행시간 등을 따로 정하여 고시할 수 있다.
4. 시장등은 차도의 일부 차로를 구간과 기간 및 통행시간 등을 정하여 자전거전용차로로 운영할 수 있다.

5. 자동차등의 속도(규칙 제19조)

(1) 자동차 등의 운행속도
   ① 일반도로(고속도로 및 자동차전용도로 외의 모든 도로를 말한다) : 매시 50킬로미터 이내. 다만, 지방경찰청장이 원활한 소통을 위하여 특히 필요하다고 인정하여 지정한 노선 또는 구간에서는 매시 60킬로미터 이내. 가목 외의 일반도로에서는 매시 60킬로미터 이내. 다만, 편도 2차로 이상의 도로에서는 매시 80킬로미터 이내.
   ② **자동차전용도로** : 최고속도는 **매시 90킬로미터**, 최저속도는 매시 30킬로미터
   ③ 고속도로
      ㉠ 편도 1차로 고속도로 : 최고속도는 매시 80킬로미터, 최저속도는 매시 50킬로미터
      ㉡ 편도 2차로 이상 고속도로 : 최고속도는 매시 100킬로미터[화물자동차(적재중량 1.5톤을 초과하는 경우에 한한다.)·특수자동차·위험물운반자동차(위험물 등을 운반하는 자동차를 말한다.) 및 건설기계의 최고속도는 매시 80킬로미터], 최저속도는 매시 50킬로미터
      ㉢ 편도 2차로 이상의 고속도로로서 경찰청장이 고속도로의 원활한 소통을 위하여 특히 필요하다고 인정하여 지정·고시한 노선 또는 구간 : 최고속도는 매시 120킬로미터(화물자동차·특수자동차·위험물운반자동차 및 건설기계의 최고속도는 매시 90킬로미터) 이내, 최저속도는 매시 50킬로미터

(2) 감속운행
   ① 비·안개·눈 등으로 인한 악천후 시에는 다음의 기준에 의하여 감속운행하여야 한다. 다만, 경찰청장 또는 지방경찰청장이 가변형 속도제한표지로 최고속도를 정한 경우에는 이에 따라야 하며, 가변형 속도제한표지로 정한 최고속도와 그 밖의 안전표지로 정한 최고속도가 다를 때에는 가변형 속도제한표지에 따라야 한다.
      ㉠ 최고속도의 **100분의 20**을 줄인 속도로 운행하여야 하는 경우
         ⓐ 비가 내려 노면이 젖어있는 경우
         ⓑ 눈이 20밀리미터 미만 쌓인 경우
      ㉡ 최고속도의 **100분의 50**을 줄인 속도로 운행하여야 하는 경우
         ⓐ 폭우·폭설·안개 등으로 가시거리가 100미터 이내인 경우
         ⓑ 노면이 얼어붙은 경우
         ⓒ 눈이 20밀리미터 이상 쌓인 경우
   ② 경찰청장 또는 지방경찰청장이 구역 또는 구간을 지정하여 자동차등의 속도를 제한하려는 경우에는 설계속도, 실제 주행속도, 교통사고 발생 위험성, 도로주변 여건 등을 고려하여야 한다.

6. 진로 양보의 의무(법 제20조)

(1) 양보의무

모든 차(긴급자동차는 제외한다)의 운전자는 뒤에서 따라오는 차보다 느린 속도로 가려는 경우에는 도로의 우측 가장자리로 피하여 진로를 양보하여야 한다. 다만, 통행 구분이 설치된 도로의 경우에는 그러하지 아니하다.

(2) 좁은 도로에서의 양보

좁은 도로에서 긴급자동차 외의 자동차가 서로 마주보고 진행할 때에는 다음의 구분에 따른 자동차가 도로의 우측 가장자리로 피하여 진로를

양보하여야 한다.
① 비탈진 좁은 도로에서 자동차가 서로 마주보고 진행하는 경우에는 올라가는 자동차
② 비탈진 좁은 도로 외의 좁은 도로에서 사람을 태웠거나 물건을 실은 자동차와 동승자가 없고 물건을 싣지 아니한 자동차가 서로 마주보고 진행하는 경우에는 동승자가 없고 물건을 싣지 아니한 자동차

7. 앞지르기 방법 등

(1) 앞지르기(법 제21조)

① 모든 차의 운전자는 다른 차를 앞지르려면 앞차의 좌측으로 통행하여야 한다.
② 자전거등의 운전자는 서행하거나 정지한 다른 차를 앞지르려면 앞차의 우측으로 통행할 수 있다. 이 경우 자전거등의 운전자는 정지한 차에서 승차하거나 하차하는 사람의 안전에 유의하여 서행하거나 필요한 경우 일시정지하여야 한다.
③ 앞지르려고 하는 모든 차의 운전자는 반대방향의 교통과 앞차 앞쪽의 교통에도 주의를 충분히 기울여야 하며, 앞차의 속도·진로와 그 밖의 도로상황에 따라 방향지시기·등화 또는 경음기를 사용하는 등 안전한 속도와 방법으로 앞지르기를 하여야 한다.
④ 모든 차의 운전자는 앞지르기를 하는 차가 있을 때에는 속도를 높여 경쟁하거나 그 차의 앞을 가로막는 등의 방법으로 앞지르기를 방해하여서는 아니 된다.

(2) 앞지르기 금지의 시기 및 장소(법 제22조)

① 모든 차의 운전자는 다음의 어느 하나에 해당하는 경우에는 앞차를 앞지르지 못한다.
  ㉠ 앞차의 좌측에 다른 차가 앞차와 나란히 가고 있는 경우
  ㉡ 앞차가 다른 차를 앞지르고 있거나 앞지르려고 하는 경우
② 모든 차의 운전자는 다음의 어느 하나에 해당하는 다른 차를 앞지르지 못한다.
  ㉠ 이 법이나 이 법에 따른 명령에 따라 정지하거나 서행하고 있는 차
  ㉡ 경찰공무원의 지시에 따라 정지하거나 서행하고 있는 차
  ㉢ 위험을 방지하기 위하여 정지하거나 서행하고 있는 차
③ 모든 차의 운전자는 다음의 어느 하나에 해당하는 곳에서는 다른 차를 앞지르지 못한다.
  ㉠ **교차로**
  ㉡ **터널 안**
  ㉢ **다리 위**
  ㉣ **도로의 구부러진 곳**, 비탈길의 고갯마루 부근 또는 가파른 비탈길의 내리막 등 지방경찰청장이 도로에서의 위험을 방지하고 교통의 안전과 원활한 소통을 확보하기 위하여 필요하다고 인정하는 곳으로서 안전표지로 지정한 곳

8. 통행방법 등

(1) 철길 건널목의 통과(법 제24조)

① 모든 차 또는 노면전차의 운전자는 철길 건널목을 통과하려는 경우에는 건널목 앞에서 일시정지하여 안전한지 확인한 후에 통과하여야 한다. 다만, 신호기 등이 표시하는 신호에 따르는 경우에는 정지하지 아니하고 통과할 수 있다.
② 모든 차 또는 노면전차의 운전자는 건널목의 차단기가 내려져 있거나 내려지려고 하는 경우 또는 건널목의 경보기가 울리고 있는 동안에는 그 건널목으로 들어가서는 아니 된다.
③ 모든 차 또는 노면전차의 운전자는 건널목을 통과하다가 고장 등의 사유로 건널목 안에서 차 또는 노면전차를 운행할 수 없게 된 경우에는 즉시 승객을 대피시키고 비상신호기 등을 사용하거나 그 밖의 방법으로 철도공무원이나 경찰공무원에게 그 사실을 알려야 한다.

(2) 교차로 통행방법(법 제25조)

① 모든 차의 운전자는 교차로에서 우회전을 하려는 경우에는 미리 도로의 **우측 가장자리를 서행하면서 우회전**하여야 한다. 이 경우

우회전하는 차의 운전자는 신호에 따라 정지하거나 진행하는 보행자 또는 자전거에 주의하여야 한다.
② 모든 차의 운전자는 교차로에서 좌회전을 하려는 경우에는 미리 도로의 중앙선을 따라 서행하면서 교차로의 중심 안쪽을 이용하여 좌회전하여야 한다. 다만, 지방경찰청장이 교차로의 상황에 따라 특히 필요하다고 인정하여 지정한 곳에서는 교차로의 중심 바깥쪽을 통과할 수 있다.
③ 자전거등의 운전자는 교차로에서 좌회전하려는 경우에는 미리 도로의 우측 가장자리로 붙어 서행하면서 교차로의 가장자리 부분을 이용하여 좌회전하여야 한다.
④ 우회전이나 좌회전을 하기 위하여 손이나 방향지시기 또는 등화로써 신호를 하는 차가 있는 경우에 그 뒤차의 운전자는 신호를 한 앞차의 진행을 방해하여서는 아니 된다.
⑤ 모든 차 또는 노면전차의 운전자는 신호기로 교통정리를 하고 있는 교차로에 들어가려는 경우에는 진행하려는 진로의 앞쪽에 있는 차 또는 노면전차의 상황에 따라 교차로(정지선이 설치되어 있는 경우에는 그 정지선을 넘은 부분을 말한다)에 정지하게 되어 다른 차 또는 노면전차의 통행에 방해가 될 우려가 있는 경우에는 그 교차로에 들어가서는 아니 된다.
⑥ 모든 차의 운전자는 교통정리를 하고 있지 아니하고 일시정지나 양보를 표시하는 안전표지가 설치되어 있는 교차로에 들어가려고 할 때에는 다른 차의 진행을 방해하지 아니하도록 일시정지하거나 양보하여야 한다.

(3) **교통정리가 없는 교차로에서의 양보운전**(법 제26조)
① 교통정리를 하고 있지 아니하는 교차로에 들어가려고 하는 차의 운전자는 이미 교차로에 들어가 있는 다른 차가 있을 때에는 그 차에 진로를 양보하여야 한다.
② 교통정리를 하고 있지 아니하는 교차로에 들어가려고 하는 차의 운전자는 그 차가 통행하고 있는 도로의 폭보다 교차하는 도로의 폭이 넓은 경우에는 서행하여야 하며, 폭이 넓은 도로로부터 교차로에 들어가려고 하는 다른 차가 있을 때에는 그 차에 **진로를 양보**하여야 한다.
③ 교통정리를 하고 있지 아니하는 교차로에 동시에 들어가려고 하는 차의 운전자는 우측도로의 차에 진로를 양보하여야 한다.
④ 교통정리를 하고 있지 아니하는 교차로에서 좌회전하려고 하는 차의 운전자는 그 교차로에서 직진하거나 우회전하려는 다른 차가 있을 때에는 그 차에 진로를 양보하여야 한다.

9. 보행자의 보호(법 제27조)

(1) **횡단보도에서 일시정지**

모든 차 또는 노면전차의 운전자는 보행자(자전거등에서 내려서 자전거를 끌거나 들고 통행하는 자전거등의 운전자를 포함한다)가 횡단보도를 통행하고 있을 때에는 보행자의 횡단을 방해하거나 위험을 주지 아니하도록 그 횡단보도 앞(정지선이 설치되어 있는 곳에서는 그 정지선을 말한다)에서 일시정지 하여야 한다.

(2) **신호나 지시 따를 의무**

모든 차 또는 노면전차의 운전자는 교통정리를 하고 있는 교차로에서 좌회진이나 우회전을 하려는 경우에는 신호기 또는 경찰공무원 등의 신호나 지시에 따라 도로를 횡단하는 보행자의 통행을 방해하여서는 아니 된다.

(3) **보행자의 통행방해 금지**

모든 차의 운전자는 교통정리를 하고 있지 아니하는 교차로 또는 그 부근의 도로를 횡단하는 보행자의 통행을 방해하여서는 아니 된다.

(4) **안전거리 확보**

모든 차의 운전자는 도로에 설치된 안전지대에 보행자가 있는 경우와 차로가 설치되지 아니한 좁은 도로에서 보행자의 옆을 지나는 경우에는 안전한 거리를 두고 서행하여야 한다.

(5) 횡단보도가 설치되어 있지 아니한 도로

모든 차 또는 노면전차의 운전자는 보행자가 횡단보도가 설치되어 있지 아니한 도로를 횡단하고 있을 때에는 안전거리를 두고 일시정지 하여 보행자가 안전하게 횡단할 수 있도록 하여야 한다.

10. 긴급자동차의 통행

(1) 긴급자동차의 우선 통행(법 제29조)

① 긴급자동차는 긴급하고 부득이한 경우에는 도로의 중앙이나 좌측 부분을 통행할 수 있다.

② 긴급자동차는 이 법이나 이 법에 따른 명령에 따라 정지하여야 하는 경우에도 불구하고 긴급하고 부득이한 경우에는 정지하지 아니할 수 있다.

③ 긴급자동차의 운전자는 교통안전에 특히 주의하면서 통행하여야 한다.

④ 교차로나 그 부근에서 긴급자동차가 접근하는 경우에는 차마와 노면전차의 운전자는 교차로를 피하여 일시정지하여야 한다.

⑤ 모든 차와 노면전차의 운전자는 ④에 따른 곳 외의 곳에서 긴급자동차가 접근한 경우에는 긴급자동차가 우선통행할 수 있도록 진로를 양보하여야 한다.

⑥ 긴급자동차의 자동차 운전자는 해당 자동차를 그 본래의 긴급한 용도로 운행하지 아니하는 경우에는 경광등을 켜거나 사이렌을 작동하여서는 아니 된다. 다만, 대통령령으로 정하는 바에 따라 범죄 및 화재 예방 등을 위한 순찰·훈련 등을 실시하는 경우에는 그러하지 아니하다.

(2) 긴급자동차에 대한 특례(법 제30조)

긴급자동차에 대하여는 다음의 사항을 적용하지 아니한다.

① **자동차등의 속도 제한.** 다만, 긴급자동차에 대하여 속도를 제한한 경우에는 같은 규정을 적용한다.

② **앞지르기의 금지**

③ **끼어들기의 금지**

11. 서행 또는 일시정지 할 장소(법 제31조)

(1) 서행운전

모든 차 또는 노면전차의 운전자는 다음의 어느 하나에 해당하는 곳에서는 서행하여야 한다.

① 교통정리를 하고 있지 아니하는 교차로

② 도로가 구부러진 부근

③ 비탈길의 고갯마루 부근

④ 가파른 비탈길의 내리막

⑤ 지방경찰청장이 도로에서의 위험을 방지하고 교통의 안전과 원활한 소통을 확보하기 위하여 필요하다고 인정하여 안전표지로 지정한 곳

(2) 일시정지

모든 차 또는 노면전차의 운전자는 다음의 어느 하나에 해당하는 곳에서는 일시정지 하여야 한다.

① 교통정리를 하고 있지 아니하고 좌우를 확인할 수 없거나 교통이 빈번한 교차로

② 지방경찰청장이 도로에서의 위험을 방지하고 교통의 안전과 원활한 소통을 확보하기 위하여 필요하다고 인정하여 안전표지로 지정한 곳

12. 정차 및 주차의 금지

(1) 주차 및 정차금지(법 제32조)

모든 차의 운전자는 다음의 어느 하나에 해당하는 곳에서는 차를 정차하거나 주차하여서는 아니 된다. 다만, 이 법이나 이 법에 따른 명령 또는 경찰공무원의 지시를 따르는 경우와 위험방지를 위하여 일시정지 하는 경우에는 그러하지 아니하다.

① 교차로·횡단보도·건널목이나 보도와 차도가 구분된 도로의 보도(차도와 보도에 걸쳐서 설치된 노상주차장은 제외한다)

② 교차로의 가장자리나 도로의 모퉁이로부터 5미터 이내인 곳

③ 안전지대가 설치된 도로에서는 그 안전지대의 사방으로부터 각각 10미터 이내인 곳

④ 버스여객자동차의 정류지임을 표시하는 기둥이나 표지판 또는 선이 설치된 곳으로부터

10미터 이내인 곳. 다만, 버스여객자동차의 운전자가 그 버스여객자동차의 운행시간 중에 운행노선에 따르는 정류장에서 승객을 태우거나 내리기 위하여 차를 정차하거나 주차하는 경우에는 그러하지 아니하다.
⑤ 건널목의 가장자리 또는 횡단보도로부터 10미터 이내인 곳
⑥ 다음의 곳으로부터 5미터 이내인 곳
    ㉠ 소방용수시설 또는 비상소화장치가 설치된 곳
    ㉡ 소방시설로서 대통령령으로 정하는 시설이 설치된 곳
⑦ 지방경찰청장이 도로에서의 위험을 방지하고 교통의 안전과 원활한 소통을 확보하기 위하여 필요하다고 인정하여 지정한 곳

(2) 주차금지의 장소(법 제33조)

모든 차의 운전자는 다음의 어느 하나에 해당하는 곳에 차를 주차해서는 아니 된다.
① **터널 안 및 다리 위**
② 다음의 곳으로부터 5미터 이내인 곳
    ㉠ 도로공사를 하고 있는 경우에는 그 공사 구역의 양쪽 가장자리
    ㉡ 다중이용업소의 영업장이 속한 건축물로 소방본부장의 요청에 의하여 지방경찰청장이 지정한 곳
③ 지방경찰청장이 도로에서의 위험을 방지하고 교통의 안전과 원활한 소통을 확보하기 위하여 필요하다고 인정하여 지정한 곳

13. 차와 노면전차의 등화(법 제37조)

(1) 차의 등화

모든 차 또는 노면전차의 운전자는 다음의 어느 하나에 해당하는 경우에는 대통령령으로 정하는 바에 따라 **전조등, 차폭등, 미등과 그 밖의 등화**를 켜야 한다.
① 밤(해가 진 후부터 해가 뜨기 전까지를 말한다.)에 도로에서 차 또는 노면전차를 운행하거나 고장이나 그 밖의 부득이한 사유로 도로에서 차 또는 노면전차를 정차 또는 주차하는 경우
② 안개가 끼거나 비 또는 눈이 올 때에 도로에서 차 또는 노면전차를 운행하거나 고장이나 그 밖의 부득이한 사유로 도로에서 차 또는 노면전차를 정차 또는 주차하는 경우
③ 터널 안을 운행하거나 고장 또는 그 밖의 부득이한 사유로 터널 안 도로에서 차 또는 노면전차를 정차 또는 주차하는 경우

(2) 등화조절 등

모든 차 또는 노면전차의 운전자는 밤에 차 또는 노면전차가 서로 마주보고 진행하거나 앞차의 바로 뒤를 따라가는 경우에는 대통령령으로 정하는 바에 따라 **등화의 밝기를 줄이거나 잠시 등화를 끄는 등의 필요한 조작**을 하여야 한다.

14. 차의 신호

(1) 차의 신호(법 제38조 제1항)

모든 차의 운전자는 좌회전·우회전·횡단·유턴·서행·정지 또는 후진을 하거나 같은 방향으로 진행하면서 진로를 바꾸려고 하는 경우에는 손이나 방향지시기 또는 등화로써 그 행위가 끝날 때까지 신호를 하여야 한다.

(2) 신호의 시기 및 방법(영 별표2)

신호를 하는 경우	신호를 하는 시기	신호의 방법
1. 좌회전·횡단·유턴 또는 같은 방향으로 진행하면서 진로를 왼쪽으로 바꾸려는 때	그 행위를 하려는 지점(좌회전할 경우에는 그 교차로의 가장자리)에 이르기 전 30미터(고속도로에서는 100미터) 이상의 지점에 이르렀을 때	왼팔을 수평으로 펴서 차체의 왼쪽 밖으로 내밀거나 오른팔을 차체의 오른쪽 밖으로 내어 팔꿈치를 굽혀 수직으로 올리거나 왼쪽의 방향지시기 또는 등화를 조작할 것
2. 우회전 또는 같은 방향으로 진행하면서 진로를 오른쪽으로 바꾸려는 때	그 행위를 하려는 지점(우회전할 경우에는 그 교차로의 가장자리)에 이르기 전 30미터(고속도로에서는 100미터) 이상의 지점에 이르렀을 때	오른팔을 수평으로 펴서 차체의 오른쪽 밖으로 내밀거나 왼팔을 차체의 왼쪽 밖으로 내어 팔꿈치를 굽혀 수직으로 올리거나 오른쪽의 방향지시기 또는 등화를 조작할 것

3. 정지할 때	그 행위를 하려는 때	팔을 차체의 밖으로 내어 45도 밑으로 펴거나 자동차안전기준에 따라 장치된 제동등을 켤 것	
4. 후진할 때	그 행위를 하려는 때	팔을 차체의 밖으로 내어 45도 밑으로 펴서 손바닥을 뒤로 향하게 하여 그 팔을 앞뒤로 흔들거나 자동차안전기준에 따라 장치된 후진등을 켤 것	
5. 뒤차에게 앞지르기를 시키려는 때	그 행위를 시키려는 때	오른팔 또는 왼팔을 차체의 왼쪽 또는 오른쪽 밖으로 수평으로 펴서 손을 앞뒤로 흔들 것	
6. 서행할 때	그 행위를 하려는 때	팔을 차체의 밖으로 내어 45도 밑으로 펴서 위아래로 흔들거나 자동차안전기준에 따라 장치된 제동등을 깜박일 것	

(3) 경찰공무원등이 표시하는 수신호의 종류·표시방법 및 신호의 뜻(제9조 관련)

구분	신호의 종류	표시의 방법	신호의 뜻
손으로 할 때	진행	손바닥은 아래로 한 팔을 수평으로 올려서 측면을 지적하며 주목한 다음 팔꿈치를 굽히며 손을 위로 치켜들어 턱 앞 또는 머리뒤를 가리키는 동작을 반복한다.	지적하며 주목을 받은 측의 보행자, 차마는 가리키는 방향으로 진행할 수 있다는 것
	좌·우회전	손바닥을 아래로 한 팔을 수평으로 올려서 측면(전면 또는 다리와 상체만을 뒤로 돌리면서 후면)을 지적하며 주목한 다음 손과 팔을 수평으로 유지하면서 전면 또는 다리와 상체만을 뒤로 돌리면서 후면(측면 또는 다리와 상체만을 원위치로 돌리면서 측면)을 가리키는 동작을 한다.	지적하며 주목을 받는 측의 차마는 가리키는 방향으로 좌회전 또는 우회전할 수 있다는 것
	정지	팔을 수평선상 45도의 각도로 측면(전면 또는 다리와 상체만을 뒤로 돌리며 후면)으로 펴서 올리고 팔꿈치를 넓은 각도로 약간 굽혀 머리보다 높이 올린 손을 수직으로 하고 손바닥을 외측으로 향하게 하며 주목한다.	손바닥과 대면하여 주목을 받은 측의 보행자는 도로를 횡단하여서는 아니되고 차마는 정지선에 정지하여야 한다는 것
신호봉으로 할 때	진행	신호봉을 수평선상 45도가 되도록 잡고 손으로 할 때의 진행신호를 한다.	지적하며 주목을 받은 측의 보행자, 차마는 가리키는 방향으로 진행할 수 있다는 것
	좌·우회전	신호봉을 수평선상 45도가 되도록 잡고 손으로 할 때의 좌·우회전 신호를 표시하는 동작을 한다.	지적하며 주목을 받는 측의 차마는 가리키는 방향으로 좌회전 또는 우회전 할 수 있다는 것
	정지	우측 팔꿈치를 옆구리에 가볍게 붙이고 신호봉을 잡은 손목을 상의 둘째단추 높이의 앞으로 올린 후 신호봉을 안면 중앙의 수직선에서 45도 각도(이하 같다)의 좌우로 흔든다. 다리와 상체만을 뒤로 돌리고 신호봉을 잡은 우측 손목을 어깨높이 45도 각도 앞으로 올리고 신호봉을 좌우로 흔든다. 상체만을 측면으로 돌리고 신호봉을 잡은 우측 손목을 어깨높이로 올리고 신호봉을 좌우로 흔든다.	좌우로 흔드는 신호봉 및 안면과 대면하는 보행자는 도로를 횡단하여서는 아니되고 차마는 정지선에 정지하여야 한다는 것

(4) 신호등의 신호순서(제7조제2항 관련)

신호등	신호 순서
적색・황색・녹색화살표・녹색의 사색등화로 표시되는 신호등	녹색등화、황색등화、적색 및 녹색화살표등화、적색 및 황색등화、적색등화의 순서로 한다.
적색・황색・녹색(녹색화살표)의 삼색등화로 표시되는 신호등	녹색(적색 및 녹색화살표)등화、황색등화、적색등화의 순서로 한다.
적색화살표・황색화살표・녹색화살표의 삼색등화로 표시되는 신호등	녹색화살표등화、황색화살표등화、적색화살표등화의 순서로 한다.
적색 및 녹색의 이색등화로 표시되는 신호등	녹색등화、녹색등화의 점멸、적색등화의 순서로 한다.
황색T자형・백색가로막대형・백색점형・백색세로막대형의 등화로 표시되는 신호등	백색세로막대형등화、백색점형등화、백색가로막대형등화 및 황색T자형등화、백색가로막대형등화 및 황색T자형등화의 점멸의 순서로 한다.
황색T자형・백색가로막대형・백색점형・백색세로막대형・백색사선막대형의 등화로 표시되는 신호등	백색세로막대형등화 또는 백색사선막대형등화、백색점형등화、백색가로막대형등화、백색가로막대형등화 및 황색T자형등화、백색가로막대형등화 및 황색T자형등화의 점멸의 순서로 한다.

비고
교차로와 교통 여건을 고려하여 특별히 필요하다고 인정되는 장소에서는 신호의 순서를 달리하거나 녹색화살표 및 녹색등화를 동시에 표시할 수 있다.

15. 승차 또는 적재방법과 제한

(1) 승차 또는 적재방법(법 제39조)
① 모든 차의 운전자는 승차 인원, 적재중량 및 적재용량에 관하여 운행상의 안전기준을 넘어서 승차시키거나 적재한 상태로 운전하여서는 아니 된다. 다만, 출발지를 관할하는 경찰서장의 허가를 받은 경우에는 그러하지 아니하다.
② 허가를 받으려는 차가 운행허가를 받아야 하는 차에 해당하는 경우를 준용한다.
③ 모든 차 또는 노면전차의 운전자는 운전 중 타고 있는 사람 또는 타고 내리는 사람이 떨어지지 아니하도록 하기 위하여 문을 정확히 여닫는 등 필요한 조치를 하여야 한다.
④ 모든 차의 운전자는 운전 중 실은 화물이 떨어지지 아니하도록 덮개를 씌우거나 묶는 등 확실하게 고정될 수 있도록 필요한 조치를 하여야 한다.
⑤ 모든 차의 운전자는 영유아나 동물을 안고 운전 장치를 조작하거나 운전석 주위에 물건을 싣는 등 안전에 지장을 줄 우려가 있는 상태로 운전하여서는 아니 된다.
⑥ 지방경찰청장은 도로에서의 위험을 방지하고 교통의 안전과 원활한 소통을 확보하기 위하여 필요하다고 인정하는 경우에는 차의 운전자에 대하여 승차 인원, 적재중량 또는 적재용량을 제한할 수 있다.

(2) 운행상의 안전기준(영 제22조)
① 자동차(고속버스 운송사업용 자동차 및 화물자동차는 제외한다)의 **승차인원은 승차정원의 110퍼센트 이내일 것.** 다만, 고속도로에서는 승차정원을 넘어서 운행할 수 없다.
② 고속버스 운송사업용 자동차 및 화물자동차의 승차인원은 승차정원 이내일 것
③ 화물자동차의 적재중량은 구조 및 성능에 따르는 적재중량의 110퍼센트 이내일 것
④ 자동차(화물자동차, 이륜자동차 및 소형 3륜 자동차만 해당한다)의 적재용량은 다음의 구분에 따른 기준을 넘지 아니할 것
  ㉠ 길이 : 자동차 길이에 그 길이의 10분의 1을 더한 길이. 다만, 이륜자동차는 그 승차장치의 길이 또는 적재장치의 길이에 30센티미터를 더한 길이를 말한다.
  ㉡ 너비 : 자동차의 후사경으로 뒤쪽을 확인할 수 있는 범위(후사경의 높이보다 화물을 낮게 적재한 경우에는 그 화물을, 후사경의 높이보다 화물을 높게 적재한 경우에는 뒤쪽을 확인할 수 있는 범위를 말한다)의 너비
  ㉢ 높이 : 화물자동차는 지상으로부터 4미터(도로구조의 보전과 통행의 안전에 지

장이 없다고 인정하여 고시한 도로노선의 경우에는 4미터 20센티미터), 소형 3륜자동차는 지상으로부터 2미터 50센티미터, 이륜자동차는 지상으로부터 2미터의 높이

16. 운전자 및 고용주 등의 의무

(1) 무면허운전 등의 금지(법 제43조)

누구든지 지방경찰청장으로부터 운전면허를 받지 아니하거나 운전면허의 효력이 정지된 경우에는 자동차등(개인형 이동장치는 제외한다.)을 운전하여서는 아니 된다.

(2) 술에 취한 상태에서의 운전 금지(법 제44조)
① 누구든지 술에 취한 상태에서 자동차등(건설기계 외의 건설기계를 포함한다.), 노면전차 또는 자전거를 운전하여서는 아니 된다.
② 경찰공무원은 교통의 안전과 위험방지를 위하여 필요하다고 인정하거나 술에 취한 상태에서 자동차등, 노면전차 또는 자전거를 운전하였다고 인정할 만한 상당한 이유가 있는 경우에는 운전자가 술에 취하였는지를 호흡조사로 측정할 수 있다. 이 경우 운전자는 경찰공무원의 측정에 응하여야 한다.
③ 측정 결과에 불복하는 운전자에 대하여는 그 운전자의 동의를 받아 혈액 채취 등의 방법으로 다시 측정할 수 있다.
④ 운전이 금지되는 술에 취한 상태의 기준은 운전자의 혈중알코올농도가 0.03퍼센트 이상인 경우로 한다.

(3) 과로한 때 등의 운전 금지(법 제45조)

자동차등(개인형 이동장치는 제외한다.) 또는 노면전차의 운전자는 술에 취한 상태 외에 과로, 질병 또는 약물(마약, 대마 및 향정신성의약품과 그 밖에 행정안전부령으로 정하는 것을 말한다.)의 영향과 그 밖의 사유로 정상적으로 운전하지 못할 우려가 있는 상태에서 자동차등 또는 노면전차를 운전하여서는 아니 된다.

(4) 공동 위험행위의 금지(법 제46조)
① 자동차등(개인형 이동장치는 제외한다.)의 운전자는 도로에서 2명 이상이 공동으로 2대 이상의 자동차등을 정당한 사유 없이 앞뒤로 또는 좌우로 줄지어 통행하면서 다른 사람에게 위해를 끼치거나 교통상의 위험을 발생하게 하여서는 아니 된다.
② 자동차등의 동승자는 공동 위험행위를 주도하여서는 아니 된다.

(5) 교통단속용 장비의 기능방해 금지(법 제46조의2)

누구든지 교통단속을 회피할 목적으로 교통단속용 장비의 기능을 방해하는 장치를 제작·수입·판매 또는 장착하여서는 아니 된다.

(6) 난폭운전 금지(법 제46조의3)

자동차등(개인형 이동장치는 제외한다.)의 운전자는 다음 중 둘 이상의 행위를 연달아 하거나, 하나의 행위를 지속 또는 반복하여 다른 사람에게 위협 또는 위해를 가하거나 교통상의 위험을 발생하게 하여서는 아니 된다.
① 신호 또는 지시 위반
② 중앙선 침범
③ 속도의 위반
④ 횡단·유턴·후진 금지 위반
⑤ 안전거리 미확보, 진로변경 금지 위반, 급제동 금지 위반
⑥ 앞지르기 방법 또는 앞지르기의 방해금지 위반
⑦ 정당한 사유 없는 소음 발생
⑧ 고속도로에서의 앞지르기 방법 위반
⑨ 고속도로 등에서의 횡단·유턴·후진 금지 위반

(7) 위험방지를 위한 조치(법 제47조)
① 경찰공무원은 자동차등(개인형 이동장치는 제외한다.) 또는 노면전차의 운전자가 제43조부터 제45조까지의 규정을 위반하여 자동차등 또는 노면전차를 운전하고 있다고 인정되는 경우에는 자동차등 또는 노면전차를 일시정지 시키고 그 운전자에게 자동차 운전면허증을 제시할 것을 요구할 수 있다.
② 경찰공무원은 자동차등 또는 노면전차를 운전하는 사람이나 자전거를 운전하는 사람에

대하여는 정상적으로 운전할 수 있는 상태가 될 때까지 운전의 금지를 명하고 차를 이동시키는 등 필요한 조치를 할 수 있다.

(8) 안전운전 및 친환경 경제운전의 의무(법 제48조)
① 모든 차 또는 노면전차의 운전자는 차 또는 노면전차의 조향장치와 제동장치, 그 밖의 장치를 정확하게 조작하여야 하며, 도로의 교통상황과 차 또는 노면전차의 구조 및 성능에 따라 다른 사람에게 위험과 장해를 주는 속도나 방법으로 운전하여서는 아니 된다.
② 모든 차의 운전자는 차를 친환경적이고 경제적인 방법으로 운전하여 연료소모와 탄소배출을 줄이도록 노력하여야 한다.

(9) 모든 운전자의 준수사항 등(법 제49조)
① 모든 차 또는 노면전차의 운전자는 다음의 사항을 지켜야 한다.
   ㉠ 물이 고인 곳을 운행할 때에는 고인 물을 튀게 하여 다른 사람에게 피해를 주는 일이 없도록 할 것
   ㉡ 다음의 어느 하나에 해당하는 경우에는 일시정지 할 것
      ⓐ 어린이가 보호자 없이 도로를 횡단할 때, 어린이가 도로에서 앉아 있거나 서 있을 때 또는 어린이가 도로에서 놀이를 할 때 등 어린이에 대한 교통사고의 위험이 있는 것을 발견한 경우
      ⓑ 앞을 보지 못하는 사람이 흰색 지팡이를 가지거나 장애인보조견을 동반하는 등의 조치를 하고 도로를 횡단하고 있는 경우
      ⓒ 지하도나 육교 등 도로 횡단시설을 이용할 수 없는 지체장애인이나 노인 등이 도로를 횡단하고 있는 경우
   ㉢ 자동차의 앞면 창유리와 운전석 좌우 옆면 창유리의 가시광선의 투과율이 대통령령으로 정하는 기준보다 낮아 교통안전 등에 지장을 줄 수 있는 차를 운전하지 아니할 것. 다만, 요인 경호용, 구급용 및 장의용 자동차는 제외한다.
   ㉣ 교통단속용 장비의 기능을 방해하는 장치를 한 차나 그 밖에 안전운전에 지장을 줄 수 있는 것으로서 행정안전부령으로 정하는 기준에 적합하지 아니한 장치를 한 차를 운전하지 아니할 것. 다만, 자율주행자동차의 신기술 개발을 위한 장치를 장착하는 경우에는 그러하지 아니하다.
   ㉤ 도로에서 자동차등(개인형 이동장치는 제외한다.) 또는 노면전차를 세워둔 채 시비·다툼 등의 행위를 하여 다른 차마의 통행을 방해하지 아니할 것
   ㉥ 운전자가 차 또는 노면전차를 떠나는 경우에는 교통사고를 방지하고 다른 사람이 함부로 운전하지 못하도록 필요한 조치를 할 것
   ㉦ 운전자는 안전을 확인하지 아니하고 차 또는 노면전차의 문을 열거나 내려서는 아니 되며, 동승자가 교통의 위험을 일으키지 아니하도록 필요한 조치를 할 것
   ㉧ 운전자는 정당한 사유 없이 다음의 어느 하나에 해당하는 행위를 하여 다른 사람에게 피해를 주는 소음을 발생시키지 아니할 것
      ⓐ 자동차등을 급히 출발시키거나 속도를 급격히 높이는 행위
      ⓑ 자동차등의 원동기 동력을 차의 바퀴에 전달시키지 아니하고 원동기의 회전수를 증가시키는 행위
      ⓒ 반복적이거나 연속적으로 경음기를 울리는 행위
   ㉨ 운전자는 승객이 차 안에서 안전운전에 현저히 장해가 될 정도로 춤을 추는 등 소란행위를 하도록 내버려두고 차를 운행하지 아니할 것
   ㉩ 운전자는 자동차등 또는 노면전차의 운전 중에는 **휴대용 전화(자동차용 전화를 포함한다)를 사용하지 아니할 것**. 다만, 다음의 어느 하나에 해당하는 경우에는 그러하지 아니하다.
      ⓐ 자동차등 또는 노면전차가 정지하고

있는 경우
ⓑ 긴급자동차를 운전하는 경우
ⓒ 각종 범죄 및 재해 신고 등 긴급한 필요가 있는 경우
ⓓ 안전운전에 장애를 주지 아니하는 장치로서 대통령령으로 정하는 장치를 이용하는 경우
㉠ 자동차등 또는 노면전차의 운전 중에는 방송 등 영상물을 수신하거나 재생하는 장치(운전자가 휴대하는 것을 포함한다)를 통하여 운전자가 운전 중 볼 수 있는 위치에 영상이 표시되지 아니하도록 할 것. 다만, 다음의 어느 하나에 해당하는 경우에는 그러하지 아니하다.
ⓐ 자동차등 또는 노면전차가 정지하고 있는 경우
ⓑ 자동차등 또는 노면전차에 장착하거나 거치하여 놓은 영상표시장치에 다음의 영상이 표시되는 경우
㉮ 지리안내 영상 또는 교통정보안내 영상
㉯ 국가비상사태·재난상황 등 긴급한 상황을 안내하는 영상
㉰ 운전을 할 때 자동차등 또는 노면전차의 좌우 또는 전후방을 볼 수 있도록 도움을 주는 영상
㉡ 자동차등 또는 노면전차의 운전 중에는 **영상표시장치를 조작하지 아니할 것.** 다만, 다음의 어느 하나에 해당하는 경우에는 그러하지 아니하다.
㉮ 자동차등과 노면전차가 정지하고 있는 경우
㉯ 노면전차 운전자가 운전에 필요한 영상표시장치를 조작하는 경우
㉢ 운전자는 자동차의 화물 적재함에 사람을 태우고 운행하지 아니할 것
㉣ 그 밖에 지방경찰청장이 교통안전과 교통질서 유지에 필요하다고 인정하여 지정·공고한 사항에 따를 것
② 경찰공무원은 가시광선의 투과율 및 교통단속용 장비의 기능을 방해를 위반한 자동차를 발견한 경우에는 그 현장에서 운전자에게 위반사항을 제거하게 하거나 필요한 조치를 명할 수 있다. 이 경우 운전자가 그 명령을 따르지 아니할 때에는 경찰공무원이 직접 위반사항을 제거하거나 필요한 조치를 할 수 있다.

(10) 특정 운전자의 준수사항(법 제50조)
① 자동차(이륜자동차는 제외한다)의 **운전자는 자동차를 운전할 때에는 좌석안전띠를 매어야 하며, 모든 좌석의 동승자에게도 좌석안전띠(영유아인 경우에는 유아보호용 장구를 장착한 후의 좌석안전띠를 말한다.)를 매도록 하여야 한다.** 다만, 질병 등으로 인하여 좌석안전띠를 매는 것이 곤란하거나 행정안전부령으로 정하는 사유가 있는 경우에는 그러하지 아니하다.
② 이륜자동차와 원동기장치자전거(개인형 이동장치는 제외한다.)의 운전자는 행정안전부령으로 정하는 인명보호 장구를 착용하고 운행하여야 하며, 동승자에게도 착용하도록 하여야 한다.
③ 자전거의 운전자는 자전거도로 및 「도로법」에 따른 도로를 운전할 때에는 행정안전부령으로 정하는 인명보호 장구를 착용하여야 하며, 자전거의 운전자는 동승자에게도 이를 착용하도록 하여야 한다.
④ 운송사업용 자동차, 화물자동차 및 노면전차 등으로서 행정안전부령으로 정하는 자동차 또는 노면전차의 운전자는 다음의 어느 하나에 해당하는 행위를 하여서는 아니 된다. 다만, 승차를 거부하는 행위는 사업용 승합자동차와 노면전차의 운전자에 한정한다.
㉠ 운행기록계가 설치되어 있지 아니하거나 고장 등으로 사용할 수 없는 운행기록계가 설치된 자동차를 운전하는 행위
㉡ 운행기록계를 원래의 목적대로 사용하지 아니하고 자동차를 운전하는 행위
㉢ 승차를 거부하는 행위
⑤ 사업용 승용자동차의 운전자는 합승행위 또는 승차거부를 하거나 신고한 요금을 초과하는

요금을 받아서는 아니 된다.
⑥ 자전거등의 운전자는 행정안전부령으로 정하는 크기와 구조를 갖추지 아니하여 교통안전에 위험을 초래할 수 있는 자전거등을 운전하여서는 아니 된다.
⑦ 자전거등의 운전자는 약물의 영향과 그 밖의 사유로 정상적으로 운전하지 못할 우려가 있는 상태에서 자전거등을 운전하여서는 아니 된다.
⑧ 자전거등의 운전자는 밤에 도로를 통행하는 때에는 전조등과 미등을 켜거나 야광띠 등 발광장치를 착용하여야 한다.
⑨ 개인형 이동장치의 운전자는 행정안전부령으로 정하는 승차정원을 초과하여 동승자를 태우고 개인형 이동장치를 운전하여서는 아니 된다.

(11) 휴대용 전화 사용금지(법 제49조 제1항 제10호)
운전자는 자동차등의 운전 중에는 휴대용 전화(자동차용 전화를 포함한다)를 사용하지 아니할 것. 다만, 다음의 어느 하나에 해당하는 경우에는 그러하지 아니하다.
① 자동차등이 정지하고 있는 경우
② 긴급자동차를 운전하는 경우
③ 각종 범죄 및 재해 신고 등 긴급한 필요가 있는 경우
④ 안전운전에 장애를 주지 아니하는 장치로서 대통령령으로 정하는 장치를 이용하는 경우

(12) 어린이통학버스의 특별보호(법 제51조)
① 어린이통학버스가 도로에 정차하여 어린이나 영유아가 타고 내리는 중임을 표시하는 점멸등 등의 장치를 작동 중일 때에는 어린이통학버스가 정차한 차로와 그 차로의 바로 옆 차로로 통행하는 차의 운전자는 어린이통학버스에 이르기 전에 일시정지하여 안전을 확인한 후 서행하여야 한다.
② 제1항의 경우 중앙선이 설치되지 아니한 도로와 편도 1차로인 도로에서는 반대방향에서 진행하는 차의 운전자도 어린이통학버스에 이르기 전에 일시정지하여 안전을 확인한 후 서행하여야 한다.
③ 모든 차의 운전자는 어린이나 영유아를 태우고 있다는 표시를 한 상태로 도로를 통행하는 어린이통학버스를 앞지르지 못한다.

17. 사고발생 시의 조치

(1) 사고조치(법 제54조)
① 차 또는 노면전차의 운전 등 교통으로 인하여 사람을 사상하거나 물건을 손괴한 경우에는 그 차 또는 노면전차의 운전자나 그 밖의 승무원은 즉시 정차하여 다음의 조치를 하여야 한다.
  ㉠ 사상자를 구호하는 등 필요한 조치
  ㉡ 피해자에게 인적 사항(성명·전화번호·주소 등을 말한다.) 제공
② 그 차 또는 노면전차의 운전자등은 경찰공무원이 현장에 있을 때에는 그 경찰공무원에게, 경찰공무원이 현장에 없을 때에는 가장 가까운 국가경찰관서(지구대, 파출소 및 출장소를 포함한다.)에 다음의 사항을 지체 없이 신고하여야 한다. 다만, 차 또는 노면전차만 손괴된 것이 분명하고 도로에서의 위험방지와 원활한 소통을 위하여 필요한 조치를 한 경우에는 그러하지 아니하다.
  ㉠ 사고가 일어난 곳
  ㉡ 사상자 수 및 부상 정도
  ㉢ 손괴한 물건 및 손괴 정도
  ㉣ 그 밖의 조치사항 등
③ 신고를 받은 국가경찰관서의 경찰공무원은 부상자의 구호와 그 밖의 교통위험 방지를 위하여 필요하다고 인정하면 경찰공무원(자치경찰공무원은 제외한다)이 현장에 도착할 때까지 신고한 운전자 등에게 현장에서 대기할 것을 명할 수 있다.
④ 경찰공무원은 교통사고를 낸 차 또는 노면전차의 운전자등에 대하여 그 현장에서 부상자의 구호와 교통안전을 위하여 필요한 지시를 명할 수 있다.
⑤ 긴급자동차, 부상자를 운반 중인 차, 우편물자동차 및 노면전차 등의 운전자는 긴급한 경우에는 동승자 등으로 하여금 조치나 신고를 하게 하고 운전을 계속할 수 있다.

⑥ 경찰공무원(자치경찰공무원은 제외한다)은 교통사고가 발생한 경우에는 대통령령으로 정하는 바에 따라 필요한 조사를 하여야 한다.

(2) **사고발생 시 조치에 대한 방해의 금지**(법 제55조)
교통사고가 일어난 경우에는 누구든지 운전자등의 조치 또는 신고행위를 방해하여서는 아니 된다.

(3) **고장자동차의 표지**(규칙 제40조)
① 자동차의 운전자는 고장이나 그 밖의 사유로 고속도로 또는 자동차전용도로에서 자동차를 운행할 수 없게 되었을 때에는 다음의 표지를 설치하여야 한다.
　㉠ 안전삼각대(국토교통부장관이 정하여 고시하는 기준을 충족하도록 제작된 안전삼각대를 포함한다)
　㉡ 사방 500미터 지점에서 식별할 수 있는 적색의 섬광신호·전기제등 또는 불꽃신호. 다만, 밤에 고장이나 그 밖의 사유로 고속도로 등에서 자동차를 운행할 수 없게 되었을 때로 한정한다.
② 자동차의 운전자는 표지를 설치하는 경우 그 자동차의 후방에서 접근하는 자동차의 운전자가 확인할 수 있는 위치에 설치하여야 한다.

18. 고속도로 및 자동차전용도로에서의 특례

(1) **위험방지 등의 조치**(법 제58조)
경찰공무원(자치경찰공무원은 제외한다)은 도로의 손괴, 교통사고의 발생이나 그 밖의 사정으로 고속도로 등에서 교통이 위험 또는 혼잡하거나 그러할 우려가 있을 때에는 교통의 위험 또는 혼잡을 방지하고 교통의 안전 및 원활한 소통을 확보하기 위하여 필요한 범위에서 진행 중인 자동차의 통행을 일시 금지 또는 제한하거나 그 자동차의 운전자에게 필요한 조치를 명할 수 있다.

(2) **교통안전시설의 설치 및 관리**(법 제59조)
① 고속도로의 관리자는 고속도로에서 일어나는 위험을 방지하고 교통의 안전과 원활한 소통을 확보하기 위하여 교통안전시설을 설치·관리하여야 한다. 이 경우 고속도로의 관리자가 교통안전시설을 설치하려면 경찰청장과 협의하여야 한다.
② 경찰청장은 고속도로의 관리자에게 교통안전시설의 관리에 필요한 사항을 지시할 수 있다.

(3) **갓길 통행금지 등**(법 제60조)
① 자동차의 운전자는 고속도로 등에서 자동차의 고장 등 부득이한 사정이 있는 경우를 제외하고는 행정안전부령으로 정하는 차로에 따라 통행하여야 하며, 갓길(길어깨를 말한다)로 통행하여서는 아니 된다. 다만, 긴급자동차와 고속도로 등의 보수·유지 등의 작업을 하는 자동차를 운전하는 경우에는 그러하지 아니하다.
② 자동차의 운전자는 고속도로에서 다른 차를 앞지르려면 방향지시기, 등화 또는 경음기를 사용하여 행정안전부령으로 정하는 차로로 안전하게 통행하여야 한다.

(4) **횡단 등의 금지**(법 제62조)
자동차의 운전자는 그 차를 운전하여 고속도로 등을 횡단하거나 유턴 또는 후진하여서는 아니 된다. 다만, 긴급자동차 또는 도로의 보수·유지 등의 작업을 하는 자동차 가운데 고속도로 등에서의 위험을 방지·제거하거나 교통사고에 대한 응급조치작업을 위한 자동차로서 그 목적을 위하여 반드시 필요한 경우에는 그러하지 아니하다.

(5) **통행 등의 금지**(법 제63조)
자동차(이륜자동차는 긴급자동차만 해당한다) 외의 차마의 운전자 또는 보행자는 고속도로 등을 통행하거나 횡단하여서는 아니 된다.

(6) **고속도로 등에서의 정차 및 주차의 금지**(법 제64조)
자동차의 운전자는 고속도로 등에서 차를 정차하거나 주차시켜서는 아니 된다. 다만, 다음의 어느 하나에 해당하는 경우에는 그러하지 아니하다.
① 법령의 규정 또는 경찰공무원(자치경찰공무원은 제외한다)의 지시에 따르거나 위험을

방지하기 위하여 일시 정차 또는 주차시키는 경우
② 정차 또는 주차할 수 있도록 안전표지를 설치한 곳이나 정류장에서 정차 또는 주차시키는 경우
③ 고장이나 그 밖의 부득이한 사유로 길가장자리구역(갓길을 포함한다)에 정차 또는 주차시키는 경우
④ 통행료를 내기 위하여 통행료를 받는 곳에서 정차하는 경우
⑤ 도로의 관리자가 고속도로 등을 보수·유지 또는 순회하기 위하여 정차 또는 주차시키는 경우
⑥ 경찰용 긴급자동차가 고속도로 등에서 범죄수사, 교통단속이나 그 밖의 경찰임무를 수행하기 위하여 정차 또는 주차시키는 경우
⑥의2. 소방차가 고속도로등에서 화재진압 및 인명 구조·구급 등 소방활동, 소방지원활동 및 생활안전활동을 수행하기 위하여 정차 또는 주차시키는 경우
⑥의3. 경찰용 긴급자동차 및 소방차를 제외한 긴급자동차가 사용 목적을 달성하기 위하여 정차 또는 주차시키는 경우
⑦ 교통이 밀리거나 그 밖의 부득이한 사유로 움직일 수 없을 때에 고속도로 등의 차로에 일시 정차 또는 주차시키는 경우

(7) 고장 등의 조치(법 제66조)

자동차의 운전자는 고장이나 그 밖의 사유로 고속도로 등에서 자동차를 운행할 수 없게 되었을 때에는 행정안전부령으로 정하는 표지(고장자동차의 표지)를 설치하여야 하며, 그 자동차를 고속도로 등이 아닌 다른 곳으로 옮겨 놓는 등의 필요한 조치를 하여야 한다.

(8) 운전자의 고속도로 등에서의 준수사항(법 제67조)

고속도로 등을 운행하는 자동차의 운전자는 교통의 안전과 원활한 소통을 확보하기 위하여 고장자동차의 표지를 항상 비치하며, 고장이나 그 밖의 부득이한 사유로 자동차를 운행할 수 없게 되었을 때에는 자동차를 도로의 우측 가장자리에 정지시키고 행정안전부령으로 정하는 바에 따라 그 표지를 설치하여야 한다.

19. 운전면허의 결격사유(법 제82조)

(1) 운전면허의 결격사유

다음의 어느 하나에 해당하는 사람은 운전면허를 받을 수 없다.
① 18세 미만(원동기장치자전거의 경우에는 16세 미만)인 사람
② 교통상의 위험과 장해를 일으킬 수 있는 정신질환자 또는 뇌전증 환자로서 대통령령으로 정하는 사람
③ 듣지 못하는 사람(제1종 운전면허 중 대형면허·특수면허만 해당한다), 앞을 보지 못하는 사람(한쪽 눈만 보지 못하는 사람의 경우에는 제1종 운전면허 중 대형면허·특수면허만 해당한다)이나 그 밖에 대통령령으로 정하는 신체장애인
④ 양쪽 팔의 팔꿈치관절 이상을 잃은 사람이나 양쪽 팔을 전혀 쓸 수 없는 사람. 다만, 본인의 신체장애 정도에 적합하게 제작된 자동차를 이용하여 정상적인 운전을 할 수 있는 경우에는 그러하지 아니하다.
⑤ 교통상의 위험과 장해를 일으킬 수 있는 마약·대마·향정신성의약품 또는 알코올 중독자로서 대통령령으로 정하는 사람
⑥ 제1종 대형면허 또는 제1종 특수면허를 받으려는 경우로서 19세 미만이거나 자동차(이륜자동차는 제외한다)의 운전경험이 1년 미만인 사람
⑦ 대한민국의 국적을 가지지 아니한 사람 중 「출입국관리법」 제31조에 따라 외국인등록을 하지 아니한 사람(외국인등록이 면제된 사람은 제외한다)이나 「재외동포의 출입국과 법적 지위에 관한 법률」 제6조제1항에 따라 국내거소신고를 하지 아니한 사람

(2) 면허응시 제한기간

다음의 어느 하나의 경우에 해당하는 사람은 해당에 규정된 기간이 지나지 아니하면 운전면허를 받을 수 없다. 다만, 다음의 사유로 인하여 벌금 미만의 형이 확정되거나 선고유예의 판결

이 확정된 경우 또는 기소유예나 보호처분의 결정이 있는 경우에는 다음에 규정된 기간 내라도 운전면허를 받을 수 있다.

① **무면허운전 또는 운전면허의 취소·정지를 위반**하여 자동차등을 운전한 경우에는 그 위반한 날(운전면허효력 정지기간에 운전하여 취소된 경우에는 그 취소된 날을 말한다)부터 1년(원동기장치자전거면허를 받으려는 경우에는 6개월로 하되, 공동위험행위를 위반한 경우에는 그 위반한 날부터 1년). 다만, 사람을 사상한 후 필요한 조치 및 신고를 하지 아니한 경우에는 그 위반한 날부터 **5년**으로 한다.

② **무면허운전 또는 운전면허의 취소·정지를 3회 이상 위반**하여 자동차등을 운전한 경우에는 그 위반한 날부터 **2년**

③ 다음의 경우에는 운전면허가 취소된 날(무면허운전 또는 면허결격사유를 함께 위반한 경우에는 그 위반한 날을 말한다)부터 **5년**
  ㉠ **술에 취하여 운전금지**, 과로한 때 운전금지 또는 공동위험행위의 금지를 위반(무면허운전 또는 면허결격사유를 함께 위반한 경우도 포함한다)하여 운전을 하다가 사람을 사상한 후 필요한 조치 및 신고를 하지 아니한 경우
  ㉡ **술에 취하여 운전금지를 위반**(무면허운전 또는 면허결격사유를 함께 위반한 경우도 포함한다)하여 운전을 하다가 사람을 사망에 이르게 한 경우

④ 무면허, 술에 취한 상태에서의 운전, 과로운전 금지, 공동위험행위가 아닌 다른 사유로 사람을 사상한 후 필요한 조치 및 신고를 하지 아니한 경우에는 운전면허가 취소된 날부터 4년

⑤ 술에 취한 상태에서의 운전 측정을 위반(무면허 또는 운전면허의 취소·정지를 함께 위반한 경우도 포함한다)하여 운전을 하다가 3회 이상 교통사고를 일으킨 경우에는 운전면허가 취소된 날(무면허 또는 운전면허의 취소·정지를 함께 위반한 경우에는 그 위반한 날을 말한다)부터 3년, 자동차 등을 이용하여 범죄행위를 하거나 다른 사람의 자동차 등을 훔치거나 빼앗은 사람이 그 자동차 등을 운전한 경우에는 그 위반한 날부터 3년

⑥ 다음의 경우에는 운전면허가 취소된 날(무면허운전 또는 면허결격사유를 함께 위반한 경우에는 그 위반한 날을 말한다)부터 **2년**
  ㉠ 술에 취하여 운전금지를 **2회** 이상 위반(무면허운전 또는 면허결격사유를 함께 위반한 경우도 포함한다)한 경우
  ㉡ 술에 취하여 운전금지를 위반(무면허운전 또는 면허결격사유를 함께 위반한 경우도 포함한다)하여 운전을 하다가 교통사고를 일으킨 경우
  ㉢ 공동위험행위금지를 2회 이상 위반(무면허운전 또는 면허결격사유를 함께 위반한 경우도 포함한다)한 경우
  ㉣ 운전면허를 받을 수 없는 사람이 운전면허를 받거나 거짓이나 그 밖의 부정한 수단으로 운전면허를 받은 경우 또는 운전면허효력의 정지기간 중 운전면허증 또는 운전면허증을 갈음하는 증명서를 발급받은 사실이 드러난 경우·다른 사람의 자동차등을 훔치거나 빼앗은 경우 또는 다른 사람이 부정하게 운전면허를 받도록 하기 위하여 운전면허시험에 대신 응시한 경우의 사유로 운전면허가 취소된 경우

⑦ ①부터 ⑥까지의 규정에 따른 경우가 아닌 다른 사유로 운전면허가 취소된 경우에는 운전면허가 취소된 날부터 1년(원동기장치자전거면허를 받으려는 경우에는 6개월로 하되, 무면허를 위반하여 운전면허가 취소된 경우에는 1년). 다만, 적성검사를 받지 아니하거나 그 적성검사에 불합격한 경우의 사유로 운전면허가 취소된 사람 또는 제1종 운전면허를 받은 사람이 적성검사에 불합격되어 다시 제2종 운전면허를 받으려는 경우에는 그러하지 아니하다.

⑧ 운전면허효력 정지처분을 받고 있는 경우에는 그 정지기간

(3) 제93조에 따라 운전면허 취소처분을 받은 사람은 제2항에 따른 운전면허 결격기간이 끝났다 하여도 그 취소처분을 받은 이후에 제73조제2항에 따른 특별교통안전 의무교육을 받지 아니하면 운전면허를 받을 수 없다.

20. 특별교통안전교육

(1) 음주운전자 과정
① 의무교육 : 과거 5년 이내 1회 음주운전자 6시간(강의 5시간, 시청각 1시간), 과거 5년 이내 2회 음주운전 전력이 있는 경우 8시간(강의 7시간 시청각 1시간), 과거 5년 이내 3회 이상 음주운전 전력이 있는 경우 16시간(지식 및 체험 교육, 상담프로그램)
② 정지대상자 : **면허정지일 20일 감경**(단, 이의심의위원회, 행정심판, 행정소송으로 감경된 경우 제외)
③ 취소대상자 : 면허취득 과정 중 하나임

(2) 운전면허정지 취소자
① 교육대상
  ㉠ 교통사고와 법규위반으로 운전면허 정지처분을 받게 된 자
  ㉡ 운전면허취소 후 신규면허를 취득하고자 하는 자
② 교육시기
  ㉠ 면허정지자 : 정지처분기간 만료일 전까지
  ㉡ 면허취소자 : 취소처분을 받은 날부터 학과시험 응시 전까지
③ 교육시간
  ㉠ 강의 : **4시간**
  ㉡ 진단 및 해설 : 1시간
  ㉢ 시청각 : 1시간
④ 교육이수시 혜택
  ㉠ 면허정지자 : **정지처분일수 20일 감경**(단, 이의심의위원회, 행정심판, 행정소송으로 감경된 경우 제외)
  ㉡ 면허취소자 : 운전면허 취득을 위한 필수 과정임.
    ※ 단, 취소자의 경우 경찰서 출석 후 지방경찰청에서 취소집행여부 확인 후 교육 가능

(3) 현장참여교육
① 교육대상 : 운전면허 정지처분을 받아 특별교통안전교육(1차)를 이수한 사람 중 희망자
  ※ 현장참여교육, 교통법규교육은 1년(최종 교육수강일로부터 1년)에 1회만 교육 수강 가능
② 교육시간
  ㉠ 현장체험활동 등 : 4시간
  ㉡ 강의 및 시청각 : 4시간
③ 교육이수시 혜택 : **정지처분일수 30일 추가 감경**(단, 이의심의위원회, 행정심판, 행정소송으로 감경된 경우 제외)

(4) 운전면허 벌점감경 과정
① 교육대상 : 정지처분 전 벌점 40점 미만자
  ※ 단, 과거 1년 이내에 교육 후 벌점 감경을 받은 자는 제외
② 교육시간 : 강의 3시간, 시청각 1시간
③ 교육이수시 혜택 : **벌점 20점 감경**

(5) 특별교통안전 의무교육
운전면허 취소처분을 받은 사람은 운전면허 결격기간이 끝났다 하여도 그 취소처분을 받은 이후에 특별교통안전 의무교육을 받지 아니하면 운전면허를 받을 수 없다.

21. 운전면허 취소·정지처분 기준(제91조제1항관련)

[1] 일반기준

(1) 용어의 정의
① "벌점"이라 함은, 행정처분의 기초자료로 활용하기 위하여 법규위반 또는 사고야기에 대하여 그 위반의 경중, 피해의 정도 등에 따라 배점되는 점수를 말한다.
② "누산점수"라 함은, 위반·사고시의 벌점을 누적하여 합산한 점수에서 상계치(무위반·무사고 기간 경과 시에 부여되는 점수 등)를 뺀 점수를 말한다. 다만, [3]의 (1)의 7란에 의한 벌점은 누산점수에 이를 산입하지 아니하되, 범칙금 미납 벌점을 받은 날을 기준으로 과거 3년간 2회 이상 범칙금을

납부하지 아니하여 벌점을 받은 사실이 있는 경우에는 누산점수에 산입한다.

[누산점수=매 위반·사고 시 벌점의 누적 합산치 - 상계치]

③ "처분벌점"이라 함은, 구체적인 법규위반·사고야기에 대하여 앞으로 정지처분기준을 적용하는데 필요한 벌점으로서, 누산점수에서 이미 정지처분이 집행된 벌점의 합계치를 뺀 점수를 말한다.

처분벌점=누산점수 - 이미 처분이 집행된 벌점의 합계치
=매 위반·사고 시 벌점의 누적 합산치 - 상계치 - 이미 처분이 집행된 벌점의 합계치

(2) 벌점의 종합관리

① 누산점수의 관리

법규위반 또는 교통사고로 인한 벌점은 행정처분기준을 적용하고자 하는 당해 위반 또는 사고가 있었던 날을 기준으로 하여 과거 3년간의 모든 벌점을 누산하여 관리한다.

② 무위반·무사고기간 경과로 인한 벌점 소멸

처분벌점이 40점 미만인 경우에, 최종의 위반일 또는 사고일로부터 위반 및 사고 없이 1년이 경과한 때에는 그 처분벌점은 소멸한다.

③ 벌점 공제

㉠ 인적 피해 있는 교통사고를 야기하고 도주한 차량의 운전자를 검거하거나 신고하여 검거하게 한 운전자(교통사고의 피해자가 아닌 경우로 한정한다)에게는 검거 또는 신고할 때마다 40점의 특혜점수를 부여하여 기간에 관계없이 그 운전자가 정지 또는 취소처분을 받게 될 경우 누산점수에서 이를 공제한다. 이 경우 공제되는 점수는 40점 단위로 한다.

㉡ 경찰청장이 정하여 고시하는 바에 따라 무위반·무사고 서약을 하고 1년간 이를 실천한 운전자에게는 실천할 때마다 10점의 특혜점수를 부여하여 기간에 관계없이 그 운전자가 정지처분을 받게 될 경우 누산점수에서 이를 공제하되, 공제되는 점수는 10점 단위로 한다. 다만, 교통사고로 사람을 사망에 이르게 하거나 법 제93조제1항제1호·제5호의2·제10호의2·제11호 및 제12호 중 어느 하나에 해당하는 사유로 정지처분을 받게 될 경우에는 공제할 수 없다.

④ 개별기준 적용에 있어서의 벌점 합산(법규위반으로 교통사고를 야기한 경우)

법규위반으로 교통사고를 야기한 경우에는 [3] 정지처분 개별기준 중 다음의 각 벌점을 모두 합산한다.

㉠ 가. 이 법이나 이 법에 의한 명령을 위반한 때(교통사고의 원인이 된 법규위반이 둘 이상인 경우에는 그 중 가장 중한 것 하나만 적용한다.)

㉡ 나. 교통사고를 일으킨 때 (1) 사고결과에 따른 벌점

㉢ 나. 교통사고를 일으킨 때 (2) 조치 등 불이행에 따른 벌점

⑤ 정지처분 대상자의 임시운전 증명서

경찰서장은 면허 정지처분 대상자가 면허증을 반납한 경우에는 본인이 희망하는 기간을 참작하여 40일 이내의 유효기간을 정하여 별지 제79호서식의 임시운전증명서를 발급하고, 동 증명서의 유효기간 만료일 다음 날부터 소정의 정지처분을 집행하며, 당해 면허 정지처분 대상자가 정지처분을 즉시 받고자 하는 경우에는 임시운전 증명서를 발급하지 않고 즉시 운전면허 정지처분을 집행할 수 있다.

(3) 벌점 등 초과로 인한 운전면허의 취소·정지

① 벌점·누산점수 초과로 인한 면허 취소

1회의 위반·사고로 인한 벌점 또는 연간 누산점수가 다음 표의 벌점 또는 누산점수에 도달한 때에는 그 운전면허를 취소한다.

기 간	벌점 또는 누산점수
1년간	121점 이상
2년간	201점 이상
3년간	271점 이상

② 벌점·처분벌점 초과로 인한 면허 정지
운전면허 정지처분은 1회의 위반·사고로 인한 벌점 또는 처분벌점이 **40점 이상**이 된 때부터 결정하여 집행하되, 원칙적으로 1점을 1일로 계산하여 집행한다.

(4) 처분벌점 및 정지처분 집행일수의 감경
① 특별교통안전교육에 따른 처분벌점 및 정지처분집행일수의 감경
㉠ 처분벌점이 40점 미만인 사람이 특별교통안전 권장교육 중 벌점감경교육을 마친 경우에는 경찰서장에게 교육필증을 제출한 날부터 처분벌점에서 20점을 감경한다.
㉡ 운전면허 정지처분을 받게 되거나 받은 사람이 특별교통안전 의무교육이나 특별교통안전 권장교육 중 법규준수교육(권장)을 마친 경우에는 경찰서장에게 교육필증을 제출한 날부터 정지처분기간에서 20일을 감경한다. 다만, 해당 위반행위에 대하여 운전면허행정처분 이의심의위원회의 심의를 거치거나 행정심판 또는 행정소송을 통하여 행정처분이 감경된 경우에는 정지처분기간을 추가로 감경하지 아니하고, 정지처분이 감경된 때에 한정하여 누산점수를 20점 감경한다.
㉢ 운전면허 정지처분을 받게 되거나 받은 사람이 특별교통안전 의무교육이나 특별교통안전 권장교육 중 법규준수교육(권장)을 마친 후에 특별교통안전 권장교육 중 현장참여교육을 마친 경우에는 경찰서장에게 교육필증을 제출한 날부터 정지처분기간에서 30일을 추가로 감경한다. 다만, 해당 위반행위에 대하여 운전면허행정처분 이의심의위원회의 심의를 거치거나 행정심판 또는 행정소송을 통하여 행정처분이 감경된 경우에는 그러하지 아니하다.
② 모범운전자에 대한 처분집행일수 감경
모범운전자(법 제146조에 따라 무사고운전자 또는 유공운전자의 표시장을 받은 사람으로서 교통안전 봉사활동에 종사하는 사람을 말한다.)에 대하여는 면허 정지처분의 집행기간을 2분의 1로 감경한다. 다만, 처분벌점에 교통사고 야기로 인한 벌점이 포함된 경우에는 감경하지 아니한다.
③ 정지처분 집행일수의 계산에 있어서 단수의 불산입 등
정지처분 집행일수의 계산에 있어서 단수는 이를 산입하지 아니하며, 본래의 정지처분기간과 가산일수의 합계는 1년을 초과할 수 없다.

(5) 행정처분의 취소
교통사고(법규위반을 포함한다)가 법원의 판결로 무죄확정(혐의가 없거나 죄가 되지 아니하여 불기소처분된 경우를 포함한다. 이하 이 목에서 같다)된 경우에는 즉시 그 운전면허 행정처분을 취소하고 당해 사고 또는 위반으로 인한 벌점을 삭제한다. 다만, 법 제82조제1항제2호 또는 제5호에 따른 사유로 무죄가 확정된 경우에는 그러하지 아니하다.

(6) 처분기준의 감경
① 감경사유
㉠ 음주운전으로 운전면허 취소처분 또는 정지처분을 받은 경우
운전이 가족의 생계를 유지할 중요한 수단이 되거나, 모범운전자로서 처분당시 3년 이상 교통봉사활동에 종사하고 있거나, 교통사고를 일으키고 도주한 운전자를 검거하여 경찰서장 이상의 표창을 받은 사람으로서 다음의 어느 하나에 해당되는 경우가 없어야 한다.
ⓐ 혈중알코올농도가 0.1퍼센트를 초과하여 운전한 경우
ⓑ 음주운전 중 인적피해 교통사고를 일으킨 경우
ⓒ 경찰관의 음주측정요구에 불응하거나 도주한 때 또는 단속경찰관을 폭행한 경우
ⓓ 과거 5년 이내에 3회 이상의 인적피

해 교통사고의 전력이 있는 경우
ⓔ 과거 5년 이내에 음주운전의 전력이 있는 경우
ⓛ 벌점·누산점수 초과로 인하여 운전면허 취소처분을 받은 경우
운전이 가족의 생계를 유지할 중요한 수단이 되거나, 모범운전자로서 처분당시 3년 이상 교통봉사활동에 종사하고 있거나, 교통사고를 일으키고 도주한 운전자를 검거하여 경찰서장 이상의 표창을 받은 사람으로서 다음의 어느 하나에 해당되는 경우가 없어야 한다.
ⓐ 과거 5년 이내에 운전면허 취소처분을 받은 전력이 있는 경우
ⓑ 과거 5년 이내에 3회 이상 인적피해 교통사고를 일으킨 경우
ⓒ 과거 5년 이내에 3회 이상 운전면허 정지처분을 받은 전력이 있는 경우
ⓓ 과거 5년 이내에 운전면허행정처분 이의심의위원회의 심의를 거치거나 행정심판 또는 행정소송을 통하여 행정처분이 감경된 경우
ⓒ 그 밖에 정기 적성검사에 대한 연기신청을 할 수 없었던 불가피한 사유가 있는 등으로 취소처분 개별기준 및 정지처분 개별기준을 적용하는 것이 현저히 불합리하다고 인정되는 경우

② 감경기준
위반행위에 대한 처분기준이 운전면허의 취소처분에 해당하는 경우에는 해당 위반행위에 대한 처분벌점을 110점으로 하고, 운전면허의 정지처분에 해당하는 경우에는 처분집행일수의 2분의 1로 감경한다. 다만, (3)의 ①에 따른 벌점·누산점수 초과로 인한 면허취소에 해당하는 경우에는 면허가 취소되기 전의 누산점수 및 처분벌점을 모두 합산하여 처분벌점을 110점으로 한다.

③ 처리절차
①의 감경사유에 해당하는 사람은 행정처분을 받은 날(정기 적성검사를 받지 아니하여 운전면허가 취소된 경우에는 행정처분이 있음을 안 날)부터 60일 이내에 그 행정처분에 관하여 주소지를 관할하는 지방경찰청장에게 이의신청을 하여야 하며, 이의신청을 받은 지방경찰청장은 제96조에 따른 운전면허행정처분 이의심의위원회의 심의·의결을 거쳐 처분을 감경할 수 있다.

[2] 취소처분 개별기준

일련번호	위반사항	적용법조 (도로교통법)	내 용
1	교통사고를 일으키고 구호조치를 하지 아니한 때	제93조	○교통사고로 사람을 죽게 하거나 다치게 하고, 구호조치를 하지 아니한 때
2	술에 취한 상태에서 운전한 때	제93조	○술에 취한 상태의 기준 (혈중알코올농도 0.03 퍼센트 이상)을 넘어서 운전을 하다가 교통사고로 사람을 죽게 하거나 다치게 한 때 ○혈중알코올농도 0.08 퍼센트 이상의 상태에서 운전한 때 ○술에 취한 상태의 기준을 넘어 운전하거나 술에 취한 상태의 측정에 불응한 사람이 다시 술에 취한 상태(혈중알코올농도 0.03퍼센트 이상)에서 운전한 때
3	술에 취한 상태의 측정에 불응한 때	제93조	○술에 취한 상태에서 운전하거나 술에 취한 상태에서 운전하였다고 인정할 만한 상당한 이유가 있음에도 불구하고 경찰공무원의 측정 요구에 불응한 때
4	다른 사람에게 운전면허증 대여(도난, 분실 제외)	제93조	○면허증 소지자가 다른 사람에게 면허증을 대여하여 운전하게 한 때 ○면허 취득자가 다른 사람의 면허증을 대여 받거나 그 밖에 부정한 방법으로 입수한 면허증으로 운전한 때

5	결격사유에 해당	제93조	○교통상의 위험과 장해를 일으킬 수 있는 정신질환자 또는 뇌전증 환자로서 영 제42조제1항에 해당하는 사람 ○앞을 보지 못하는 사람(한쪽 눈만 보지 못하는 사람의 경우에는 제1종 운전면허 중 대형면허·특수면허로 한정한다) ○듣지 못하는 사람(제1종 운전면허 중 대형면허·특수면허로 한정한다) ○양 팔의 팔꿈치 관절 이상을 잃은 사람, 또는 양팔을 전혀 쓸 수 없는 사람. 다만, 본인의 신체장애 정도에 적합하게 제작된 자동차를 이용하여 정상적으로 운전할 수 있는 경우는 제외한다. ○다리, 머리, 척추 그 밖의 신체장애로 인하여 앉아 있을 수 없는 사람 ○교통상의 위험과 장해를 일으킬 수 있는 마약, 대마, 향정신성 의약품 또는 알코올 중독자로서 영 제42조제3항에 해당하는 사람
6	약물을 사용한 상태에서 자동차등(개인형 이동장치는 제외한다. 이하 이 표에서 같다)을 운전한 때	제93조	○약물(마약·대마·향정신성 의약품 및 「유해화학물질 관리법 시행령」 제25조에 따른 환각물질)의 투약·흡연·섭취·주사 등으로 정상적인 운전을 하지 못할 염려가 있는 상태에서 자동차등(개인형 이동장치는 제외한다. 이하 이 표에서 같다)을 운전한 때
6의2	공동위험행위	제93조	○법 제46조제1항을 위반하여 공동위험행위로 구속된 때
6의3	난폭운전	제93조	○법 제46조의3을 위반하여 난폭운전으로 구속된 때
6의4	속도위반	제93조	○법 제17조제3항을 위반하여 최고속도보다 100km/h를 초과한 속도로 3회 이상 운전한 때
7	정기적성검사 불합격 또는 정기적성검사 기간 1년경과	제93조	○정기적성검사에 불합격하거나 적성검사기간 만료일 다음 날부터 적성검사를 받지 아니하고 1년을 초과한 때
8	수시적성검사 불합격 또는 수시적성검사 기간 경과	제93조	○수시적성검사에 불합격하거나 수시적성검사 기간을 초과한 때
9	삭제 〈2011.12.9〉		
10	운전면허 행정처분기간중 운전행위	제93조	○운전면허 행정처분 기간중에 운전한 때
11	허위 또는 부정한 수단으로 운전면허를 받은 경우	제93조	○허위·부정한 수단으로 운전면허를 받은 때 ○법 제82조에 따른 결격사유에 해당하여 운전면허를 받을 자격이 없는 사람이 운전면허를 받은 때 ○운전면허 효력의 정지기간중에 면허증 또는 운전면허증에 갈음하는 증명서를 교부받은 사실이 드러난 때
12	등록 또는 임시운행 허가를 받지 아니한 자동차를 운전한 때	제93조	○「자동차관리법」에 따라 등록되지 아니하거나 임시운행 허가를 받지 아니한 자동차(이륜자동차를 제외한다)를 운전한 때
12의2	**자동차등을 이용하여 형법상 특수상해 등을 행한 때(보복운전)**	제93조	○자동차등을 이용하여 형법상 특수상해, 특수폭행, 특수협박, 특수손괴를 행하여 구속된 때

13	삭제 ⟨2018. 9. 28.⟩		
14	삭제 ⟨2018. 9. 28.⟩		
15	다른 사람을 위하여 운전면허시험에 응시한 때	제93조	○운전면허를 가진 사람이 다른 사람을 부정하게 합격시키기 위하여 운전면허 시험에 응시한 때
16	운전자가 단속 경찰공무원 등에 대한 폭행	제93조	○단속하는 경찰공무원 등 및 시·군·구 공무원을 폭행하여 형사입건된 때
17	연습면허 취소 사유가 있었던 경우	제93조	○제1종 보통 및 제2종 보통면허를 받기 이전에 연습면허의 취소사유가 있었던 때(연습면허에 대한 취소절차 진행중 제1종 보통 및 제2종 보통면허를 받은 경우를 포함한다)

[3] 정지처분 개별기준

(1) 이 법이나 이 법에 의한 명령을 위반한 때

위반사항	적용법조 (도로교통법)	벌점
1. 속도위반(100km/h 초과)	제17조제3항	100
2. 술에 취한 상태의 기준을 넘어서 운전한 때(**혈중알코올농도 0.03퍼센트 이상 0.08퍼센트 미만**)	제44조제1항	
2의2. **자동차 등을 이용하여 형법상 특수상해 등(보복운전)을 하여 입건된 때**	제93조	
3. 속도위반(80km/h 초과 100km/h 이하)	제17조제3항	80
3의2. 속도위반(60km/h 초과 80km/h 이하)	제17조제3항	60
4. 정차·주차위반에 대한 조치불응(단체에 소속되거나 다수인에 포함되어 경찰공무원의 3회이상의 이동명령에 따르지 아니하고 교통을 방해한 경우에 한한다)	제35조제1항	40
4의2. 공동위험행위로 형사입건된 때	제46조제1항	
4의3. 난폭운전으로 형사입건된 때	제46조의3	
5. 안전운전의무위반(단체에 소속되거나 다수인에 포함되어 경찰공무원의 3회 이상의 안전운전 지시에 따르지 아니하고 타인에게 위험과 장해를 주는 속도나 방법으로 운전한 경우에 한한다)	제48조	40
6. 승객의 차내 소란행위 방치운전	제49조제1항 제9호	
7. 출석기간 또는 범칙금 납부기간 만료일부터 60일이 경과될 때까지 즉결심판을 받지 아니한 때	제138조 및 제165조	
8. 통행구분 위반(중앙선 침범에 한함)	제13조제3항	30
9. 속도위반(40km/h 초과 60km/h 이하)	제17조제3항	
10. 철길건널목 통과방법위반	제24조	
10의2. 어린이통학버스 특별보호 위반	제51조	
10의3. 어린이통학버스 운전자의 의무위반(좌석안전띠를 매도록 하지 아니한 운전자는 제외한다)	제53조제1항·제2항·제4항·제5항 및 제53조의5	
11. 고속도로·자동차전용도로 갓길통행	제60조제1항	
12. 고속도로 버스전용차로·다인승 전용차로 통행위반	제61조제2항	
13. 운전면허증 등의 제시의무위반 또는 운전자 신원확인을 위한 경찰공무원의 질문에 불응	제92조제2항	
14. 신호·지시위반	제5조	15
15. 속도위반(20km/h 초과 40km/h 이하)	제17조제3항	
15의2. 속도위반(어린이보호구역 안에서 오전 8시부터 오후 8시까지 사이에 제한속도를 20km/h 이내에서 초과한 경우에 한정한다)	제17조제3항	
16. 앞지르기 금지시기·장소위반	제22조	
16의2. 적재 제한 위반 또는 적재물 추락 방지 위반	제39조제1항·제4항	
17. 운전 중 휴대용 전화 사용	제49조제1항 제10호	
17의2. 운전 중 운전자가 볼 수 있는 위치에 영상 표시	제49조제1항 제11호	
17의3. 운전 중 영상표시장치 조작	제49조제1항 제11호의2	
18. 운행기록계 미설치 자동차 운전 금지 등의 위반	제50조제5항	
19. 삭제 ⟨2014.12.31.⟩		

20. 통행구분 위반(보도침범, 보도 횡단방법 위반)	제13조제1항·제2항	
21. 지정차로 통행위반(진로변경 금지장소에서의 진로변경 포함)	제14조제2항·제5항, 제60조제1항	
22. 일반도로 전용차로 통행위반	제15조제3항	
23. 안전거리 미확보(진로변경 방법 위반 포함)	제19조제1항·제3항·제4항	
24. 앞지르기 방법위반	제21조제1항·제3항, 제60조제2항	
25. 보행자 보호 불이행(정지선위반 포함)	제27조	10
26. 승객 또는 승하차자 추락방지조치위반	제39조제3항	
27. 안전운전 의무 위반	제48조	
28. 노상 시비·다툼 등으로 차마의 통행 방해행위	제49조제1항 제5호	
29. 삭제 〈2014.12.31.〉		
30. 돌·유리병·쇳조각이나 그 밖에 도로에 있는 사람이나 차마를 손상시킬 우려가 있는 물건을 던지거나 발사하는 행위	제68조제3항 제4호	
31. 도로를 통행하고 있는 차마에서 밖으로 물건을 던지는 행위	제68조제3항 제5호	

(주)
1. 삭제 〈2011.12.9〉
2. 범칙금 납부기간 만료일부터 60일이 경과될 때까지 즉 결심판을 받지 아니하여 징지처분 대상자가 되었거나, 정지처분을 받고 정지처분 기간중에 있는 사람이 위반 당시 통고받은 범칙금액에 그 100분의 50을 더한 금액 을 납부하고 증빙서류를 제출한 때에는 정지처분을 하지 아니하거나 그 잔여기간의 집행을 면제한다. 다만, 다른 위반행위로 인한 벌점이 합산되어 정지처분을 받은 경우 그 다른 위반행위로 인한 정지처분 기간에 대하여는 집행을 면제하지 아니한다.
3. 제7호, 제8호, 제10호, 제12호, 제14호, 제16호, 제20 호부터 제27호까지 및 제29호부터 제31호까지의 위반 행위에 대한 벌점은 자동차등을 운전한 경우에 한하여 부과한다.
4. 어린이보호구역 및 노인·장애인보호구역 안에서 오전 8시부터 오후 8시까지 사이에 제3호의2, 제9호, 제14 호, 제15호 또는 제25호의 어느 하나에 해당하는 위반 행위를 한 운전자에 대해서는 위 표에 따른 벌점의 2 배에 해당하는 벌점을 부과한다.

(2) 자동차등의 운전 중 교통사고를 일으킨 때
① 사고결과에 따른 벌점기준

구 분		벌점	내 용
인적피해교통사고	사망 1명마다	90	사고발생 시부터 **72시간** 이내에 사망한 때
	중상 1명마다	15	**3주 이상**의 치료를 요하는 의사의 진단이 있는 사고
	경상 1명마다	5	3주 미만 5일 이상의 치료를 요하는 의사의 진단이 있는 사고
	부상신고 1명마다	2	5일 미만의 치료를 요하는 의사의 진단이 있는 사고

(비고)
1. 교통사고 발생 원인이 불가항력이거나 피해자의 명백한 과실인 때에는 행정처분을 하지 아니한다.
2. 자동차등 대 사람 교통사고의 경우 쌍방과실인 때에는 그 벌점을 2분의 1로 감경한다.
3. 자동차등 대 자동차등 교통사고의 경우에는 그 사고원인 중 중한 위반행위를 한 운전자만 적용한다.
4. 교통사고로 인한 벌점산정에 있어서 처분 받을 운전자 본인의 피해에 대하여는 벌점을 산정하지 아니한다.

② 조치 등 불이행에 따른 벌점기준

불이행사항	적용법조 (도로교통법)	벌점	내 용
교통사고 야기시 조치 불이행	제54조제1항	15	1. 물적 피해가 발생한 교통사고를 일으킨 후 도주한 때
		30	2. 교통사고를 일으킨 즉시(그때, 그 자리에서 곧)사상자를 구호하는 등의 조치를 하지 아니하였으나 그 후 자진신고를 한 때 가. 고속도로, 특별시·광역시 및 시의 관할구역과 군(광역시의 군을 제외한다)의 관할구역 중 경찰관서가 위치하는 리 또는 동 지역에서 3시간(그 밖의 지역에서는 12시간) 이내에 자진신고를 한 때
		60	나. 가목에 따른 시간 후 48시간 이내에 자진신고를 한 때

[4] 자동차 등 이용 범죄 및 자동차 등 강도·절도 시의 운전면허 행정처분 기준

(1) 취소처분 기준

일련번호	위반사항	적용법조 (도로교통법)	내 용
1	자동차 등을 다음 범죄의 도구나 장소로 이용한 경우 ○「국가보안법」 중 제4조부터 제9조까지의 죄 및 같은 법 제12조 중 증거를 날조·인멸·은닉한 죄 ○「형법」 중 다음 어느 하나의 범죄 · 살인, 사체유기, 방화 · 강도, 강간, 강제추행 · 약취·유인·감금 · 상습절도(절취한 물건을 운반한 경우에 한정한다) · 교통방해(단체 또는 다중의 위력으로써 위반한 경우에 한정한다)	제93조 제1항 제11호	○자동차 등을 법정형 상한이 유기징역 10년을 초과하는 범죄의 도구나 장소로 이용한 경우 ○자동차 등을 범죄의 도구나 장소로 이용하여 운전면허 취소·정지 처분을 받은 사실이 있는 사람이 다시 자동차 등을 범죄의 도구나 장소로 이용한 경우. 다만, 일반교통방해죄의 경우는 제외한다.
2	다른 사람의 자동차 등을 훔치거나 빼앗은 경우	제93조 제1항 제12호	○다른 사람의 자동차 등을 빼앗아 이를 운전한 경우 ○다른 사람의 자동차 등을 훔치거나 빼앗아 이를 운전하여 운전면허 취소·정지 처분을 받은 사실이 있는 사람이 다시 자동차 등을 훔치고 이를 운전한 경우

(2) 정지처분 기준

일련번호	위반사항	적용법조 (도로교통법)	내 용	벌점
1	자동차 등을 다음 범죄의 도구나 장소로 이용한 경우 ○「국가보안법」 중 제5조, 제6조, 제8조, 제9조 및 같은 법 제12조 중 증거를 날조·인멸·은닉한 죄 ○「형법」 중 다음 어느 하나의 범죄 · 살인, 사체유기, 방화 · 강간·강제추행 · 약취·유인·감금 · 상습절도(절취한 물건을 운반한 경우에 한정한다) · 교통방해(단체 또는 다중의 위력으로써 위반한 경우에 한정한다)	제93조 제1항 제11호	○자동차 등을 법정형 상한이 유기징역 10년 이하인 범죄의 도구나 장소로 이용한 경우	100
2	다른 사람의 자동차 등을 훔친 경우	제93조 제1항 제12호	○다른 사람의 자동차 등을 훔치고 이를 운전한 경우	100

(비고)
가. 행정처분의 대상이 되는 범죄행위가 2개 이상의 죄에 해당하는 경우, 실체적 경합관계에 있으면 각각의 범죄행위의 법정형 상한을 기준으로 행정처분을 하고, 상상적 경합관계에 있으면 가장 중한 죄에서 정한 법정형 상한을 기준으로 행정처분을 한다.
나. 범죄행위가 예비·음모에 그치거나 과실로 인한 경우에는 행정처분을 하지 아니한다.
다. 범죄행위가 미수에 그친 경우 위반행위에 대한 처분기준이 운전면허의 취소처분에 해당하면 해당 위반행위에 대한 처분벌점을 110점으로 하고, 운전면허의 정지처분에 해당하면 처분 집행일수의 2분의 1로 감경한다.

[5] 범칙행위 및 범칙금액(운전자)(제93조제1항 관련)

범칙행위	근거 법조문 (도로교통법)	차량 종류별 범칙금액
1. 속도위반(60km/h 초과)	제17조제3항	1) 승합자동차등 : 13만원 2) 승용자동차등 : 12만원 3) 이륜자동차등 : 8만원
1의2. 어린이통학버스 운전자의 의무 위반(좌석안전띠를 매도록 하지 않은 경우는 제외한다)	제53조제1항 ·제2항, 제53조의5	
1의3. 삭제 〈2020. 11. 10.〉		
1의4. 인적 사항 제공의무 위반(주·정차된 차만 손괴한 것이 분명한 경우에 한정한다)	제54조제1항	
2. 속도위반(40km/h 초과 60km/h 이하) 3. 승객의 차 안 소란행위 방치 운전	제17조제3항 제49조제1항 제9호	1) 승합자동차등 : 10만원 2) 승용자동차등 : 9만원 3) 이륜자동차등 : 6만원
3의2. 어린이통학버스 특별보호 위반	제51조	
3의3. 제10조의3제2항에 따라 안전표지가 설치된 곳에서의 정차·주차 금지 위반	제32조제6호	1) 승합자동차등 : 9만원 2) 승용자동차등 : 8만원 3) 이륜자동차등 : 6만원 4) 자전거등 및 손수레등 : 4만원
4. 신호·지시 위반 5. 중앙선 침범, 통행구분 위반 6. 속도위반(20km/h 초과 40km/h 이하) 7. 횡단·유턴·후진 위반 8. 앞지르기 방법 위반 9. 앞지르기 금지 시기·장소 위반	제5조 제13조제1항부터 제3항까지 및 제5항 제17조제3항 제18조 제21조제1항·제3항, 제60조제2항 제22조	1) 승합자동차등 : 7만원 2) 승용자동차등 : 6만원 3) 이륜자동차등 : 4만원 4) 자전거등 및 손수레등 : 3만원
10. 철길건널목 통과방법 위반	제24조	
11. 횡단보도 보행자 횡단 방해(신호 또는 지시에 따라 도로를 횡단하는 보행자의 통행 방해를 포함한다)	제27조제1항·제2항	
12. 보행자전용도로 통행 위반(보행자전용도로 통행방법 위반을 포함한다)	제28조제2항·제3항	
12의2. 긴급자동차에 대한 양보·일시정지 위반	제29조제4항·제5항	
12의3. 긴급한 용도나 그 밖에 허용된 사항 외에 경광등이나 사이렌 사용	제29조제6항	
13. 승차 인원 초과, 승객 또는 승하차자 추락 방지조치 위반	제39조제1항·제3항·제6항	
14. 어린이·앞을 보지 못하는 사람 등의 보호 위반	제49조제1항 제2호	
15. 운전 중 휴대용 전화 사용	제49조제1항 제10호	
15의2. 운전 중 운전자가 볼 수 있는 위치에 영상 표시	제49조제1항 제11호	
15의3. 운전 중 영상표시장치 조작	제49조제1항 제11호의2	
16. 운행기록계 미설치 자동차 운전 금지 등의 위반	제50조제5항 제1호·제2호	
17. 삭제 〈2014.12.31.〉		
18. 삭제 〈2014.12.31.〉		
19. 고속도로·자동차전용도로 갓길 통행	제60조제1항	
20. 고속도로버스전용차로·다인승전용차로 통행 위반	제61조제2항	
21. 통행 금지·제한 위반	제6조제1항·제2항·제4항	1) 승합자동차등 : 5만원 2) 승용자동차등 : 4만원 3) 이륜자동차등 : 3만원 4) 자전거등 및 손수레등 : 2만원
22. 일반도로 전용차로 통행 위반	제15조제3항	
22의2. 노면전차 전용로 통행 위반	제16조제2항	
23. 고속도로·자동차전용도로 안전거리 미확보	제19조제1항	

24. 앞지르기의 방해 금지 위반	제21조제4항	
25. 교차로 통행방법 위반	제25조	
26. 교차로에서의 양보운전 위반	제26조	
27. 보행자의 통행 방해 또는 보호 불이행	제27조제3항부터 제5항까지	
28. 삭제 〈2016.2.11.〉		
29. 정차·주차 금지 위반(제10조의3제2항에 따라 안전표지가 설치된 곳에서의 정차·주차 금지 위반은 제외한다)	제32조	
30. 주차금지 위반	제33조	
31. 정차·주차방법 위반	제34조	
31의2. 경사진 곳에서의 정차·주차방법 위반	제34조의3	
32. 정차·주차 위반에 대한 조치 불응	제35조제1항	
33. 적재 제한 위반, 적재물 추락 방지 위반 또는 영유아나 동물을 안고 운전하는 행위	제39조제1항 및 제4항부터 제6항까지	
34. 안전운전의무 위반	제48조제1항	
35. 도로에서의 시비·다툼 등으로 인한 차마의 통행 방해 행위	제49조제1항 제5호	
36. 급발진, 급가속, 엔진 공회전 또는 반복적·연속적인 경음기 울림으로 인한 소음 발생 행위	제49조제1항 제8호	
37. 화물 적재함에의 승객 탑승 운행 행위	제49조제1항 제12호	
38. 삭제 〈2014.12.31.〉		
39. 고속도로 지정차로 통행 위반	제60조제1항	
40. 고속도로·자동차전용도로 횡단·유턴·후진 위반	제62조	
41. 고속도로·자동차전용도로 정차·주차 금지 위반	제64조	
42. 고속도로 진입 위반	제65조	
43. 고속도로·자동차전용도로에서의 고장 등의 경우 조치 불이행	제66조	
44. 혼잡 완화조치 위반	제7조	1) 승합자동차등 : 3만원 2) 승용자동차등 : 3만원 3) 이륜자동차등 : 2만원 4) 자전거등 및 손수레등 : 1만원
45. 지정차로 통행 위반, 차로 너비보다 넓은 차 통행 금지 위반(진로 변경 금지 장소에서의 진로 변경을 포함한다)	제14조제2항·제3항·제5항	
46. 속도위반(20km/h 이하)	제17조제3항	
47. 진로 변경방법 위반	제19조제3항	
48. 급제동 금지 위반	제19조제4항	
49. 끼어들기 금지 위반	제23조	
50. 서행의무 위반	제31조제1항	
51. 일시정지 위반	제31조제2항	
52. 방향전환·진로변경 시 신호 불이행	제38조제1항	
53. 운전석 이탈 시 안전 확보 불이행	제49조제1항 제6호	
54. 동승자 등의 안전을 위한 조치 위반	제49조제1항 제7호	
55. 지방경찰청 지정·공고 사항 위반	제49조제1항 제13호	
56. 좌석안전띠 미착용	제50조제1항	
57. 이륜자동차·원동기장치자전거 인명보호 장구 미착용	제50조제3항 제52조제4항	
58. 어린이통학버스와 비슷한 도색·표지 금지 위반		
59. 최저속도 위반	제17조제3항	1) 승합자동차등 : 2만원 2) 승용자동차등 : 2만원 3) 이륜자동차등 : 1만원 4) 자전거등 및 손수레등 : 1만원
60. 일반도로 안전거리 미확보	제19조제1항	
61. 등화 점등·조작 불이행(안개가 끼거나 비 또는 눈이 올 때는 제외한다)	제37조제1항 제1호·제3호	
62. 불법부착장치 차 운전(교통단속용 장비의 기능을 방해하는 장치를 한 차의 운전은 제외한다)	제49조제1항 제4호	
62의2. 사업용 승합자동차 또는 노면전차의 승차 거부	제50조제5항 제3호	
63. 택시의 합승(장기 주차·정차하여 승객을 유치하는 경우로 한정한다)·승차거부·부당요금징수행위	제50조제6항	

64. 운전이 금지된 위험한 자전거등의 운전	제50조제7항	
64의2. 술에 취한 상태에서의 자전거등 운전	제44조제1항	자전거등 : 3만원
64의3. 술에 취한 상태에 있다고 인정할만한 상당한 이유가 있는 자전거등 운전자가 경찰공무원의 호흡조사 측정에 불응	제44조제2항	자전거등 : 10만원
65. 돌, 유리병, 쇳조각, 그 밖에 도로에 있는 사람이나 차마를 손상시킬 우려가 있는 물건을 던지거나 발사하는 행위	제68조제3항 제4호	모든 차마 : 5만원
66. 도로를 통행하고 있는 차마에서 밖으로 물건을 던지는 행위	제68조제3항 제5호	
67. 특별교통안전교육의 미이수 가. 과거 5년 이내에 법 제44조를 1회 이상 위반하였던 사람으로서 다시 같은 조를 위반하여 운전면허효력 정지처분을 받게 되거나 받은 사람이 그 처분기간이 끝나기 전에 특별교통안전교육을 받지 않은 경우 나. 가목 외의 경우	제73조제2항	차종 구분 없음 : 6만원 4만원
68. 경찰관의 실효된 면허증 회수에 대한 거부 또는 방해	제95조제2항	차종 구분 없음 : 3만원

비고
1. 위 표에서 "승합자동차등"이란 승합자동차, 4톤 초과 화물자동차, 특수자동차, 건설기계 및 노면전차를 말한다.
2. 위 표에서 "승용자동차등"이란 승용자동차 및 4톤 이하 화물자동차를 말한다.
3. 위 표에서 "이륜자동차등"이란 이륜자동차 및 원동기장치자전거(개인형 이동장치는 제외한다)를 말한다.
4. 위 표에서 "손수레등"이란 손수레, 경운기 및 우마차를 말한다.
5. 위 표 제65호 및 제66호의 경우 동승자를 포함한다.

[6] 범칙행위 및 범칙금액(보행자)(제93조제1항 관련)

범칙행위	근거 법조문 (도로교통법)	범칙금액
1. 돌, 유리병, 쇳조각, 그 밖에 도로에 있는 사람이나 차마를 손상시킬 우려가 있는 물건을 던지거나 발사하는 행위	제68조제3항제4호	5만원
2. 신호 또는 지시 위반	제5조	3만원
3. 차도 통행	제8조제1항 본문	
4. 육교 바로 밑 또는 지하도 바로 위로의 횡단	제10조제2항 본문	
5. 횡단이 금지되어 있는 도로부분의 횡단	제10조제5항	
6. 술에 취하여 도로에서 갈팡질팡하는 행위	제68조제3항제1호	
7. 도로에서 교통에 방해되는 방법으로 눕거나 앉거나 서있는 행위	제68조제3항제2호	
8. 교통이 빈번한 도로에서 공놀이 또는 썰매타기 등의 놀이를 하는 행위	제68조제3항제3호	
9. 도로를 통행하고 있는 차마에 뛰어오르거나 매달리거나 차마에서 뛰어내리는 행위	제68조제3항제6호	
10. 통행 금지 또는 제한의 위반	제6조	2만원
11. 도로 횡단시설이 아닌 곳으로의 횡단 (제4호의 행위는 제외한다)	제10조제2항 본문	
12. 차의 바로 앞이나 뒤로의 횡단	제10조제4항	
13. 교통혼잡을 완화시키기 위한 조치 위반	제7조	1만원
14. 행렬등의 차도 우측 통행 의무 위반(지휘자를 포함한다)	제9조제1항 후단	

[7] 과태료의 부과기준(제88조제4항 본문 관련)

위반행위 및 행위자	근거 법조문 (도로교통법)	과태료 금액
1. 법 제5조를 위반하여 신호 또는 지시를 따르지 않은 차 또는 노면전차의 고용주등	제160조 제3항	1) 승합자동차등 : 8만원 2) 승용자동차등 : 7만원 3) 이륜자동차등 : 5만원
1의2. 법 제13조제1항을 위반하여 보도를 침범한 차의 고용주등	제160조 제3항	1) 승합자동차등 : 8만원 2) 승용자동차등 : 7만원 3) 이륜자동차등 : 5만원
2. 다음 각 목의 어느 하나에 해당하는 차의 고용주등 　가. 법 제13조제3항을 위반하여 중앙선을 침범한 차 　나. 법 제60조제1항을 위반하여 고속도로에서 갓길로 통행한 차 　다. 법 제61조제2항에서 준용되는 제15조제3항을 위반하여 고속도로에서 전용차로로 통행한 차	제160조 제3항	1) 승합자동차등 : 10만원 2) 승용자동차등 : 9만원
2의2. 다음 각 목의 어느 하나에 해당하는 차의 고용주등 　가. 법 제14조제2항 본문을 위반하여 차로를 따라 통행하지 않은 차 　나. 법 제14조제2항 단서를 위반하여 지방경찰청장이 지정한 통행방법에 따라 통행하지 않은 차	제160조 제3항	1) 승합자동차등 : 4만원 2) 승용자동차등 : 4만원 3) 이륜자동차등 : 3만원
3. 법 제15조제3항을 위반하여 일반도로에서 전용차로로 통행한 차의 고용주등	제160조 제3항	1) 승합자동차등 : 6만원 2) 승용자동차등 : 5만원 3) 이륜자동차등 : 4만원
4. 법 제17조제3항을 위반하여 제한속도를 준수하지 않은 차 또는 노면전차의 고용주등 　가. 60km/h 초과	제160조 제3항	1) 승합자동차등 : 14만원 2) 승용자동차등 : 13만원 3) 이륜자동차등 : 9만원
나. 40km/h 초과 60km/h 이하		1) 승합자동차등 : 11만원 2) 승용자동차등 : 10만원 3) 이륜자동차등 : 7만원
다. 20km/h 초과 40km/h 이하		1) 승합자동차등 : 8만원 2) 승용자동차등 : 7만원 3) 이륜자동차등 : 5만원
라. 20km/h 이하		1) 승합자동차등 : 4만원 2) 승용자동차등 : 4만원 3) 이륜자동차등 : 3만원
4의2. 법 제23조를 위반하여 끼어들기를 한 차의 고용주등	제160조 제3항	1) 승합자동차등 : 4만원 2) 승용자동차등 : 4만원 3) 이륜자동차등 : 3만원
4의3. 다음 각 목의 어느 하나에 해당하는 차 또는 노면전차의 고용주등 　가. 법 제25조제1항을 위반하여 우회전을 한 차 　나. 법 제25조제2항을 위반하여 좌회전을 한 차 　다. 법 제25조제5항을 위반하여 다른 차 또는 노면전차의 통행에 방해가 될 우려가 있음에도 교차로(정지선이 설치되어 있는 경우에는 그 정지선을 넘은 부분을 말한다)에 들어간 차 또는 노면전차	제160조 제3항	1) 승합자동차등 : 6만원 2) 승용자동차등 : 5만원 3) 이륜자동차등 : 4만원

위반행위	근거 법조문	차량 종류별 범칙금액
4의4. 법 제27조제1항을 위반하여 보행자의 횡단을 방해하거나 위험을 줄 우려가 있음에도 일시정지하지 않은 차 또는 노면전차의 고용주등	제160조 제3항	1) 승합자동차등 : 8만원 2) 승용자동차등 : 7만원 3) 이륜자동차등 : 5만원
5. 법 제29조제4항 및 제5항을 위반하여 도로의 오른쪽 가장자리에 일시정지하지 않거나 진로를 양보하지 않은 차 또는 노면전차의 고용주등	제160조 제3항	1) 승합자동차등 : 8만원 2) 승용자동차등 : 7만원 3) 이륜자동차등 : 5만원
6. 법 제32조(제6호는 제외한다)부터 제34조까지의 규정을 위반하여 정차 또는 주차를 한 차의 고용주등	제160조 제3항	1) 승합자동차등 : 5만원(6만원) 2) 승용자동차등 : 4만원(5만원)
6의2. 법 제32조제6호를 위반하여 정차 또는 주차를 한 차의 고용주등	제160조 제3항	
가. 제10조의3제2항에 따라 안전표지가 설치된 곳에 정차 또는 주차를 한 경우		1) 승합자동차등 : 9만원(10만원) 2) 승용자동차등 : 8만원(9만원)
나. 가목 외의 곳에 정차 또는 주차를 한 경우		1) 승합자동차등 : 5만원(6만원) 2) 승용자동차등 : 4만원(5만원)
6의3. 법 제39조제4항을 위반하여 운전 중 실은 화물이 떨어지지 않도록 덮개를 씌우거나 묶는 등 확실하게 고정될 수 있도록 필요한 조치를 하지 않은 차의 고용주등	제160조 제3항	1) 승합자동차등 : 6만원 2) 승용자동차등 : 5만원 3) 이륜자동차등 : 4만원
7. 법 제49조제1항제1호를 위반하여 고인 물 등을 튀게 하여 다른 사람에게 피해를 준 차 또는 노면전차의 운전자	제160조 제2항 제1호	1) 승합자동차등 : 2만원 2) 승용자동차등 : 2만원 3) 이륜자동차등 : 1만원
8. 법 제49조제1항제3호를 위반하여 창유리의 가시광선 투과율 기준을 위반한 차의 운전자	제160조 제2항 제1호	2만원
9. 법 제50조제1항을 위반하여 동승자에게 좌석안전띠를 매도록 하지 않은 운전자	제160조 제2항 제2호	
가. 동승자가 13세 미만인 경우		6만원
나. 동승자가 13세 이상인 경우		3만원
10. 법 제50조제3항을 위반하여 동승자에게 인명보호 장구를 착용하도록 하지 않은 운전자	제160조 제2항 제3호	2만원
10의2. 법 제52조제1항을 위반하여 어린이통학버스를 신고하지 않고 운행한 운영자	제160조 제1항 제7호	30만원
11. 법 제52조제2항을 위반하여 어린이통학버스 안에 신고증명서를 갖추어 두지 않은 어린이통학버스의 운영자	제160조 제2항 제4호	3만원
11의2. 법 제52조제3항에 따른 요건을 갖추지 아니하고 어린이통학버스를 운행한 운영자	제160조 제1항 제8호	30만원
11의3. 법 제53조제2항을 위반하여 어린이통학버스에 탑승한 어린이나 유아의 좌석안전띠를 매도록 하지 않은 운전사	제160조 제2항 제4호의2	6만원
11의4. 법 제53조제7항을 위반하여 안전운행기록을 제출하지 아니한 어린이통학버스 운영자	제160조 제2항 제4호의5	8만원
11의5. 법 제53조의3제1항을 위반하여 어린이통학버스 안전교육을 받지 않은 사람	제160조 제2항 제4호의3	8만원
11의6. 법 제53조의3제3항을 위반하여 어린이통학버스 안전교육을 받지 않은 사람에게 어린이통학버스를 운전하게 하거나 어린이통학버스에 동승하게 한 어린이통학버스의 운영자	제160조 제2항 제4호의4	8만원

번호	위반사항	근거 법조문	과태료
11의7.	법 제60조제1항을 위반하여 고속도로등에서 자동차의 고장 등 부득이한 사정이 없음에도 행정안전부령으로 정하는 차로에 따라 통행하지 않은 차의 고용주등	제160조 제3항	1) 승합자동차등 : 6만원 2) 승용자동차등 : 5만원
12.	법 제67조제2항에 따른 고속도로등에서의 준수사항을 위반한 운전자	제160조 제2항 제5호	1) 승합자동차등 : 2만원 2) 승용자동차등 : 2만원 3) 이륜자동차등 : 1만원
12의2.	법 제73조제4항을 위반하여 긴급자동차의 안전운전 등에 관한 교육을 받지 않은 사람	제160조 제2항 제6호	8만원
13.	법 제78조를 위반하여 교통안전교육기관 운영의 정지 또는 폐지 신고를 하지 않은 사람	제160조 제1항 제1호	100만원
14.	법 제87조제1항을 위반하여 운전면허증 갱신기간에 운전면허를 갱신하지 않은 사람	제160조 제2항 제7호	2만원
15.	법 제87조제2항 또는 제88조제1항을 위반하여 정기 적성검사 또는 수시 적성검사를 받지 않은 사람	제160조 제2항 제8호	3만원
16.	법 제109조제2항을 위반하여 강사의 인적 사항과 교육 과목을 게시하지 않은 사람	제160조 제1항 제2호	100만원
17.	법 제110조제2항을 위반하여 수강료등을 게시하지 않거나 같은 조 제3항을 위반하여 게시된 수강료등을 초과한 금액을 받은 사람	제160조 제1항 제3호	100만원
18.	법 제111조를 위반하여 수강료등의 반환 등 교육생 보호를 위하여 필요한 조치를 하지 않은 사람	제160조 제1항 제4호	100만원
19.	법 제112조를 위반하여 학원이나 전문학원의 휴원 또는 폐원 신고를 하지 않은 사람	제160조 제1항 제5호	100만원
20.	법 제115조제1항에 따른 간판이나 그 밖의 표지물의 제거, 시설물의 설치 또는 게시문의 부착을 거부·방해 또는 기피하거나 게시문이나 설치한 시설물을 임의로 제거하거나 못 쓰게 만든 사람	제160조 제1항 제6호	100만원

비고
1. 위 표에서 "승합자동차등"이란 승합자동차, 4톤 초과 화물자동차, 특수자동차, 건설기계 및 노면전차를 말한다.
2. 위 표에서 "승용자동차등"이란 승용자동차 및 4톤 이하 화물자동차를 말한다.
3. 위 표에서 "이륜자동차등"이란 이륜자동차 및 원동기장치자전거(개인형 이동장치는 제외한다)를 말한다.
4. 위 표 제6호 및 제6호의2의 과태료 금액에서 괄호 안의 것은 같은 장소에서 2시간 이상 정차 또는 주차 위반을 하는 경우에 적용한다.

[8] 어린이보호구역 및 노인·장애인보호구역에서의 과태료 부과기준(제88조제4항 단서 관련)

위반행위 및 행위자	근거 법조문 (도로교통법)	차량 종류별 과태료 금액
1. 법 제5조를 위반하여 신호 또는 지시를 따르지 않은 차 또는 노면전차의 고용주등	제160조 제3항	1) 승합자동차등 : 14만원 2) 승용자동차등 : 13만원 3) 이륜자동차등 : 9만원
2. 법 제17조제3항을 위반하여 제한속도를 준수하지 않은 차 또는 노면전차의 고용주등	제160조 제3항	
가. 60km/h 초과		1) 승합자동차등 : 17만원 2) 승용자동차등 : 16만원 3) 이륜자동차등 : 11만원
나. 40km/h 초과 60km/h 이하		1) 승합자동차등 : 14만원 2) 승용자동차등 : 13만원 3) 이륜자동차등 : 9만원
다. 20km/h 초과 40km/h 이하		1) 승합자동차등 : 11만원 2) 승용자동차등 : 10만원 3) 이륜자동차등 : 7만원
라. 20km/h 이하		1) 승합자동차등 : 7만원 2) 승용자동차등 : 7만원 3) 이륜자동차등 : 5만원
3. 법 제32조부터 제34조까지의 규정을 위반하여 정차 또는 주차를 한 차의 고용주등	제160조 제3항	
가. 어린이보호구역에서 위반한 경우		1) 승합자동차등 : 13만원 (14만원) 2) 승용자동차등 : 12만원 (13만원)
나. 노인·장애인보호구역에서 위반한 경우		1) 승합자동차등 : 9만원 (10만원) 2) 승용자동차등 : 8만원 (9만원)

비고
1. 위 표에서 "승합자동차등"이란 승합자동차, 4톤 초과 화물자동차, 특수자동차, 건설기계 및 노면전차를 말한다.
2. 위 표에서 "승용자동차등"이란 승용자동차 및 4톤 이하 화물자동차를 말한다.
3. 위 표에서 "이륜자동차등"이란 이륜자동차 및 원동기장치자전거(개인형 이동장치는 제외한다)를 말한다.
4. 위 표 제3호의 과태료 금액에서 괄호 안의 것은 같은 장소에서 2시간 이상 정차 또는 주차 위반을 하는 경우에 적용한다.

[9] 어린이보호구역 및 노인·장애인보호구역에서의 범칙행위 및 범칙금액(제93조제2항 관련)

범칙행위	근거 법조문 (도로교통법)	차량 종류별 범칙금액
1. 신호·지시 위반 2. 횡단보도 보행자 횡단 방해	제5조 제27조 제1항·제2항	1) 승합자동차등 : 13만원 2) 승용자동차등 : 12만원 3) 이륜자동차등 : 8만원 4) 자전거등 및 손수레등 : 6만원
3. 속도위반	제17조 제3항	
가. 60km/h 초과		1) 승합자동차등 : 16만원 2) 승용자동차등 : 15만원 3) 이륜자동차등 : 10만원
나. 40km/h 초과 60km/h 이하		1) 승합자동차등 : 13만원 2) 승용자동차등 : 12만원 3) 이륜자동차등 : 8만원
다. 20km/h 초과 40km/h 이하		1) 승합자동차등 : 10만원 2) 승용자동차등 : 9만원 3) 이륜자동차등 : 6만원
라. 20km/h 이하		1) 승합자동차등 : 6만원 2) 승용자동차등 : 6만원 3) 이륜자동차등 : 4만원
4. 통행 금지·제한 위반 5. 보행자 통행 방해 또는 보호 불이행 6. 정차·주차금지 위반 7. 주차금지 위반 8. 정차·주차방법 위반 9. 정차·주차 위반에 대한 조치 불응	제6조 제1항·제2항·제4항 제27조 제3항부터 제5항까지 제32조 제33조 제34조 제35조 제1항	1) 승합자동차등 : 9만원 2) 승용자동차등 : 8만원 3) 이륜자동차등 : 6만원 4) 자전거등 및 손수레등 : 4만원

비고
1. 위 표에서 "승합자동차등"이란 승합자동차, 4톤 초과 화물자동차, 특수자동차, 건설기계 및 노면전차를 말한다.
2. 위 표에서 "승용자동차등"이란 승용자동차 및 4톤 이하 화물자동차를 말한다.
3. 위 표에서 "이륜자동차등"이란 이륜자동차 및 원동기장치자전거(개인형 이동장치는 제외한다)를 말한다.
4. 위 표에서 "손수레등"이란 손수레, 경운기 및 우마차를 말한다.
5. 위 표 제3호가목을 위반하여 범칙금 납부 통고를 받은 운전자가 통고처분을 이행하지 않아 제99조제1항에 따라 가산금을 더할 경우 범칙금의 최대 부과금액은 20만원으로 한다.

[10] 수시 적성검사 대상자의 개인정보의 내용(제58조 제2항 관련)

보유기관	보유내용	근거 법조문	장애 종류
1. 각 군 참모총장 및 해병대사령관	군 재직 중 정신질환으로 인하여 전역조치한 사람에 대한 자료	「군인사법」 제37조	시력장애, 치매, 정신분열병, 분열형 정동장애, 양극성 정동장애, 마약류 등 관련 장애(니코틴 관련 장애는 제외한다), 알코올 관련 장애, 뇌전증 등
2. 병무청장	정신질환 또는 시력장애로 징집이 면제된 사람에 대한 자료	「병역법」 제12조 및 제14조	
3. 시장·군수·구청장	정신질환으로 보호의무자의 동의에 의하여 입원·치료 중인 사람으로서 입원기간이 6개월 이상인 사람에 대한 자료 및 정신질환으로 시장·군수·구청장에 의하여 입원·치료 중인 사람에 대한 자료	「정신보건법」 제24조 및 제25조	
4. 특별시장·광역시장·도지사 및 특별자치도지사	마약류 중독으로 치료 중인 사람에 대한 자료	「마약류 관리에 관한 법률」 제40조	
5. 보건복지부장관	마약류 중독자로 판명되거나 마약류 중독으로 의료기관 또는 치료보호기관에서 치료 중인 사람에 대한 자료	「마약류 관리에 관한 법률」 제40조	
	시각장애인(시력으로 인한 장애에 한정한다)으로 등록된 사람에 대한 자료	「장애인복지법」 제32조	
6. 치료감호시설의 장	치료감호 후 완치되지 않고 출소한 사람에 대한 자료	「치료감호 등에 관한 법률」 제2조	
7. 국민연금공단 이사장	시력 감퇴로 장애연금을 지급받는 사람에 대한 장애등급 정보	「국민연금법」 제67조	
7의2. 국민건강보험공단 이사장	노인장기요양 등급을 받은 사람 중 치매질환이 있는 사람에 대한 자료	「노인장기요양보험법」 제15조	치매
8. 근로복지공단 이사장	산업재해로 인하여 장해판정을 받아 보험금을 지급받은 사람에 대한 자료	「산업재해보상보험법」 제57조	「산업재해보상보험법 시행령」 별표 6의 장해등급 중 다음 각 목의 장해 가. 제1급 중 제1호 및 제3호부터 제8호까지 나. 제2급 다. 제3급 중 제1호 및 제3호부터 제5호까지 라. 제4급 중 제1호 및 제3호부터 제7호까지 마. 제5급 중 제1호부터 제5호까지, 제7호 및 제8호

					10. 「화물자동차 운수사업법」 제51조의2 또는 「여객자동차 운수사업법」 제61조에 따라 설립된 공제조합의 이사장	교통사고로 인한 피해로 장애 판정을 받아 공제금을 지급받은 사람에 대한 자료	「화물자동차 운수사업법」 제51조의2 또는 「여객자동차 운수사업법」 제61조	나. 제2급 다. 제3급 중 제1호 및 제3호부터 제5호까지 라. 제4급 중 제1호 및 제3호부터 제7호까지 마. 제5급 중 제1호부터 제5호까지, 제7호 및 제8호 바. 제6급 중 제1호 및 제3호부터 제8호까지 사. 제7급 중 제1호부터 제10호까지 아. 제8급 중 제1호부터 제9호까지 자. 제9급 중 제1호부터 제4호까지, 제7호부터 제11호까지, 제15호 및 제16호 차. 제10급 중 제1호 및 제5호부터 제11호까지 카. 제11급 중 제1호, 제2호 및 제5호 타. 제12급 중 제1호, 제2호, 제6호 및 제7호 파. 제13급 중 제1호 및 제2호
				바. 제6급 중 제1호 및 제3호부터 제8호까지 사. 제7급 중 제1호부터 제10호까지 및 제14호 아. 제8급 중 제1호부터 제9호까지 자. 제9급 중 제1호부터 제4호까지, 제7호부터 제11호까지 및 제15호부터 제17호까지 차. 제10급 중 제1호 및 제7호부터 제14호까지 카. 제11급 중 제1호, 제2호 및 제5호 타. 제12급 중 제1호, 제2호, 제9호 및 제10호 파. 제13급 중 제1호 및 제2호					
9. 보험료율 산출기관의 장(보험개발원장)	교통사고로 인한 피해로 장애 판정을 받아 보험금을 지급받은 사람에 대한 자료	「자동차손해배상 보장법」 제5조	「자동차손해배상 보장법 시행령」 별표 2의 후유장애 등급 중 다음 각 목의 장애 가. 제1급 중 제1호 및 제3호부터 제9호까지					

22. 운전면허증의 갱신과 정기 적성검사(법 제87조)

(1) 운전면허증의 갱신

운전면허를 받은 사람은 다음의 구분에 따른 기간 이내에 대통령령으로 정하는 바에 따라 지방경찰청장으로부터 운전면허증을 갱신하여 발급받아야 한다.

① 최초의 운전면허증 갱신기간은 운전면허시험에 합격한 날부터 기산하여 10년(운전면허시험 합격일에 65세 이상 75세 미만인 사람은 5년, 75세 이상인 사람은 3년, 한쪽 눈만 보지 못하는 사람으로서 제1종 운전면허 중 보통면허를 취득한 사람은 3년)이 되는 날이 속하는 해의 1월 1일부터 12월 31일까지

② ①외의 운전면허증 갱신기간은 직전의 운전면허증 갱신일부터 기산하여 **매 10년**(직전의 운전면허증 갱신일에 65세 이상 75세 미만인 사람은 5년, 75세 이상인 사람은 3년, 한쪽 눈만 보지 못하는 사람으로서 제1종 운전면허 중 보통면허를 취득한 사람은 3년)이 되는 날이 속하는 해의 1월 1일부터 12월 31일까지

(2) 정기적성검사

다음의 어느 하나에 해당하는 사람은 운전면허증 갱신기간에 대통령령으로 정하는 바에 따라 도로교통공단이 실시하는 정기 적성검사를 받아야 한다.

① **제1종 운전면허를 받은 사람**
② 제2종 운전면허를 받은 사람 중 운전면허증 갱신기간에 **70세 이상인 사람**

(3) 운전면허증의 갱신을 받을 수 없는 사람

다음에 해당하는 사람은 운전면허증을 갱신하여 받을 수 없다.

① 교통안전교육을 받지 아니한 사람
② 정기 적성검사를 받지 아니하거나 이에 합격하지 못한 사람

(4) 운전면허증 갱신과 정기 적성검사 연기

운전면허증을 갱신하여 발급받거나 정기 적성검사를 받아야 하는 사람이 해외여행 또는 군 복무 등 대통령령으로 정하는 사유로 그 기간 이내에 운전면허증을 갱신하여 발급받거나 정기 적성검사를 받을 수 없는 때에는 대통령령으로 정하는 바에 따라 이를 미리 받거나 그 연기를 받을 수 있다.

제❷장 교통사고처리특례법

1. 목적(법 제1조)

이 법은 업무상과실 또는 중대한 과실로 교통사고를 일으킨 운전자에 관한 형사처벌 등의 특례를 정함으로써 교통사고로 인한 피해의 신속한 회복을 촉진하고 국민생활의 편익을 증진함을 목적으로 한다.

2. 처벌의 특례(법 제3조)

(1) 특례의 기준

차의 운전자가 교통사고로 인하여 「형법」 제268조(**업무상 과실, 중과실치사상**)의 죄를 범한 경우에는 5년 이하의 금고 또는 2천만원 이하의 벌금에 처한다.

(2) **특례의 배제(12대 중과실 교통사고)**

차의 교통으로 업무상과실치상죄 또는 중과실치상죄와 업무상 필요한 주의를 게을리하거나 중대한 과실로 다른 사람의 건조물이나 그 밖의 재물을 손괴한 운전자에 대하여는 피해자의 명시적인 의사에 반하여 공소를 제기할 수 없다. 다만, 차의 운전자가 업무상과실치상죄 또는 중과실치상죄를 범하고도 피해자를 구하는 등 조치를 하지 아니하고 도주하거나 피해자를 사고 장소로부터 옮겨 유기하고 도주한 경우, 같은 죄를 범하고 음주측정 요구에 따르지 아니한 경우(운전자가 채혈 측정을 요청하거나 동의한 경우는 제외한다)와 다음의 어느 하나에 해당하는 행위로 인하여 같은 죄를 범한 경우에는 그러하지 아니하다.

① 신호기가 표시하는 신호 또는 교통정리를 하는 경찰공무원등의 신호를 위반하거나 통행금지 또는 일시정지를 내용으로 하는 안전표지가 표시하는 지시를 위반하여 운전한 경우

② 중앙선을 침범하거나 횡단, 유턴 또는 후진한 경우
③ 제한속도를 시속 20킬로미터 초과하여 운전한 경우
④ 앞지르기의 방법·금지시기·금지장소 또는 끼어들기의 금지를 위반하거나 고속도로에서의 앞지르기 방법을 위반하여 운전한 경우
⑤ 철길건널목 통과방법을 위반하여 운전한 경우
⑥ 횡단보도에서의 보행자 보호의무를 위반하여 운전한 경우
⑦ 운전면허 또는 건설기계조종사면허를 받지 아니하거나 국제운전면허증을 소지하지 아니하고 운전한 경우. 이 경우 운전면허 또는 건설기계조종사면허의 효력이 정지 중이거나 운전의 금지 중인 때에는 운전면허 또는 건설기계조종사면허를 받지 아니하거나 국제운전면허증을 소지하지 아니한 것으로 본다.
⑧ 술에 취한 상태에서 운전을 하거나 약물의 영향으로 정상적으로 운전하지 못할 우려가 있는 상태에서 운전한 경우
⑨ 보도가 설치된 도로의 보도를 침범하거나 보도 횡단방법을 위반하여 운전한 경우
⑩ 승객의 추락 방지의무를 위반하여 운전한 경우
⑪ 어린이 보호구역에 따른 조치를 준수하고 어린이의 안전에 유의하면서 운전하여야 할 의무를 위반하여 어린이의 신체를 상해(傷害)에 이르게 한 경우
⑫ **자동차의 화물이 떨어지지 아니하도록 필요한 조치를 하지 아니하고 운전한 경우**

3. 보험 등에 가입된 경우의 특례(법 제4조)

(1) 보험가입의 특례

교통사고를 일으킨 차가 보험 또는 공제에 가입된 경우에는 특례 배제에 규정된 죄를 범한 차의 운전자에 대하여 공소를 제기할 수 없다. 다만, 다음의 어느 하나에 해당하는 경우에는 그러하지 아니하다.
① 차의 운전자가 업무상과실치상죄 또는 중과실치상죄를 범하고도 피해자를 구하는 등 조치를 하지 아니하고 도주하거나 피해자를 사고 장소로부터 옮겨 유기하고 도주한 경우, 같은 죄를 범하고 음주측정 요구에 따르지 아니한 경우(운전자가 채혈 측정을 요청하거나 동의한 경우는 제외한다)와 다음의 어느 하나에 해당하는 행위로 인하여 같은 죄를 범한 경우
② 피해자가 신체의 상해로 인하여 생명에 대한 위험이 발생하거나 불구가 되거나 불치 또는 난치의 질병이 생긴 경우
③ 보험계약 또는 공제계약이 무효로 되거나 해지되거나 계약상의 면책 규정 등으로 인하여 보험회사, 공제조합 또는 공제사업자의 보험금 또는 공제금 지급의무가 없어진 경우

(2) 보험 또는 공제

교통사고의 경우 보험회사나 공제조합 또는 공제사업자가 인가된 보험약관 또는 승인된 공제약관에 따라 피보험자와 피해자 간 또는 공제조합원과 피해자 간의 손해배상에 관한 합의 여부와 상관없이 피보험자나 공제조합원을 갈음하여 피해자의 치료비에 관하여는 통상비용의 전액을, 그 밖의 손해에 관하여는 보험약관이나 공제약관으로 정한 지급기준금액을 대통령령으로 정하는 바에 따라 우선 지급하되, 종국적으로는 확정판결이나 그 밖에 이에 준하는 집행권원상 피보험자 또는 공제조합원의 교통사고로 인한 손해배상금 전액을 보상하는 보험 또는 공제를 말한다.

(3) 보험 또는 공제에 가입된 사실의 증명

보험 또는 공제에 가입된 사실은 보험회사, 공제조합 또는 공제사업자가 가입의 취지를 적은 서면에 의하여 증명되어야 한다.

4. 특가법상 가중처벌

(1) 운행 중인 자동차 운전자에 대한 폭행 등의 가중처벌(제5조의10)
① 운행 중(여객자동차운송사업을 위하여 사용되는 자동차를 운행하는 중 운전자가 여객의 승차·하차 등을 위하여 일시 정차한 경우를 포함한다)인 자동차의 운전자를 폭행하거나 협박한 사람은 5년 이하의 징역 또는 2천만원 이하의 벌금에 처한다.

② ①의 죄를 범하여 사람을 상해에 이르게 한 경우에는 3년 이상의 유기징역에 처하고, 사망에 이르게 한 경우에는 무기 또는 5년 이상의 징역에 처한다.

(2) 위험운전 치사상(제5조의11)

음주 또는 약물의 영향으로 정상적인 운전이 곤란한 상태에서 자동차(원동기장치자전거를 포함한다)를 운전하여 사람을 상해에 이르게 한 사람은 10년 이하의 징역 또는 500만원 이상 3천만원 이하의 벌금에 처하고, 사망에 이르게 한 사람은 1년 이상의 유기징역에 처한다.

5. 사망 및 도주사고

(1) 사망사고

교통사고로 인하여 교통사고 발생 후 72시간 이내에 사망한 것을 말한다. 72시간이 이후에 사망하더라도 형사책임을 면할 수 없다.

(2) 도주사고(뺑소니)

① 피해자가 상해를 입었는데 도주한 경우
② 피해자가 사망하였는데도 도주한 경우
③ 상해를 입은 피해자를 사고장소로부터 옮기고 도주한 경우
④ 사망한 피해자를 사고장소로부터 옮기고 도주한 경우
⑤ 나이 어린 피해자를 괜찮다고 하여 조치없이 가버린 경우
⑥ 쌍방과실인 경우 과실이 적은 차량이 도주한 경우
⑦ 피해자를 병원까지만 후송하고 조치없이 도주한 경우
⑧ 현장에 도착한 경찰에게 거짓으로 진술한 경우
⑨ 사고운전자를 바꾸는 경우

(3) 도주가 아닌 경우

① 피해자의 부상이 경미하여 구호조치가 필요하지 않아 연락처를 주고 현장을 벗어난 경우
② 자기차량에 대한 사고인 경우
③ 피해자 일행의 폭언이나 폭행이 두려워 이탈한 경우
④ 급한 용무가 있어 다른 동료에게 처리를 위임하고 떠난 경우
⑤ 사고운전자가 심한 부산을 입어 다른 사람에게 피해자 구호를 부탁한 경우
⑥ 교통이 복잡한 지역에서 발생한 경우 차를 옮긴 후 돌아와 조치한 경우

여객자동차운수사업법 및 택시발전법

제❶장 여객자동차운수사업법

1. 목적(제1조)

여객자동차운수사업에 관한 질서를 확립하고 여객의 원활한 운송과 여객자동차운수사업의 종합적인 발달을 도모함으로써 공공복리를 증진함을 주 목적으로 한다.

2. 용어의 정의(법 제2조)

① 자동차

「자동차관리법」 제3조에 따른 승용자동차와 승합자동차를 말한다.

② 여객자동차 운수사업

여객자동차운송사업, 자동차대여사업, 여객자동차터미널사업 및 여객자동차운송플랫폼사업을 말한다.

③ 여객자동차운송사업

다른 사람의 수요에 응하여 자동차를 사용하여 유상(有償)으로 여객을 운송하는 사업을 말한다.

④ 자동차대여사업

다른 사람의 수요에 응하여 유상으로 자동차를 대여(貸與)하는 사업을 말한다.

⑤ 여객자동차터미널

다음 각 목의 어느 하나에 해당하는 장소가 아닌 곳으로서 승합자동차를 정류(停留)시키거나 여객을 승하차(乘下車)시키기 위하여 제36조에 따라 설치된 시설과 장소를 말하며, 그 종류는 국토교통부령으로 정한다.

㉠ 도로의 노면(路面)
㉡ 그 밖에 일반교통에 사용되는 장소
⑥ 여객자동차터미널사업
여객자동차터미널을 여객자동차운송사업에 사용하게 하는 사업을 말한다.
⑦ 여객자동차운송플랫폼사업
여객의 운송과 관련한 다른 사람의 수요에 응하여 이동통신단말장치, 인터넷 홈페이지 등에서 사용되는 응용프로그램(이하 "운송플랫폼"이라 한다)을 제공하는 사업을 말한다.

3. 여객자동차운송사업의 종류 (법 제3조)

(1) 노선 여객자동차운송사업

자동차를 정기적으로 운행하려는 구간을 정하여 여객을 운송하는 사업

(2) 구역 여객자동차운송사업

사업구역을 정하여 그 사업 구역 안에서 여객을 운송하는 사업

(3) 수요응답형 여객자동차운송사업

다음의 어느 하나에 해당하는 경우로서 운행계통·운행시간·운행횟수를 여객의 요청에 따라 탄력적으로 운영하여 여객을 운송하는 사업
① 농촌과 어촌을 기점 또는 종점으로 하는 경우
② 대중교통현황조사에서 대중교통이 부족하다고 인정되는 지역을 운행하는 경우

(4) 택시운송사업의 구분
① 경형 : 다음의 어느 하나에 해당하는 자동차를 사용하는 택시운송사업
㉠ **배기량 1,000CC 미만**의 승용자동차(승차정원 5인승 이하의 것만 해당한다)
㉡ 길이 3.6미터 이하이면서 너비 1.6미터 이하인 승용자동차(승차정원 5인승 이하의 것만 해당한다)
② 소형 : 다음의 어느 하나에 해당하는 자동차(제1호에 따른 경형 기준에 해당하는 자동차는 제외한다)를 사용하는 택시운송사업
㉠ **배기량 1,600CC 미만**의 승용자동차(승차정원 5인승 이하의 것만 해당한다)
㉡ 길이 4.7미터 이하이거나 너비 1.7미터 이하인 승용자동차(승차정원 5인승 이하의 것만 해당한다)
③ 중형 : 다음의 어느 하나에 해당하는 자동차를 사용하는 택시운송사업
㉠ **배기량 1,600CC 이상**의 승용자동차(승차정원 5인승 이하의 것만 해당한다)
㉡ 길이 4.7미터 초과이면서 너비 1.7미터를 초과하는 승용자동차(승차정원 5인승 이하의 것만 해당한다)
④ 대형 : 다음의 어느 하나에 해당하는 자동차를 사용하는 택시운송사업. 다만, ㉡의 자동차는 광역시의 군이 아닌 군 지역의 택시운송사업에는 해당하지 아니한다.
㉠ **배기량이 2,000CC 이상**인 승용자동차(승차정원 6인승 이상 10인승 이하의 것만 해당한다)
㉡ 배기량이 2,000CC 이상이고 승차정원이 13인승 이하인 승합자동차
⑤ 모범형 : **배기량 1,900CC 이상**의 승용자동차(승차정원 5인승 이하의 것만 해당한다)를 사용하는 택시운송사업
⑥ 고급형 : **배기량 2,800CC 이상**의 승용자동차에 해당하는 자동차를 사용하는 택시운송사업

4. 면허 등의 기준 (법 제5조)

(1) 여객자동차운송사업의 면허기준
① 사업계획이 해당 노선이나 사업구역의 수송 수요와 수송력 공급에 적합할 것
② 최저 면허기준 대수, 보유 차고 면적, 부대시설, 그 밖에 국토교통부령으로 정하는 기준에 적합할 것
③ 대통령령으로 정하는 여객자동차운송사업인 경우에는 운전 경력, 교통사고 유무, 거주지 등 국토교통부령으로 정하는 기준에 적합할 것

(2) 수송력 공급에 관한 산정기준
국토교통부장관은 수송력 공급에 관한 산정기준(대통령령으로 정하는 여객자동차운송사업의 경우로 한정한다)을 정하여 시·도지사에게 통보

할 수 있다.

(3) 수송력 공급계획 수립·공고

수송력 공급에 관한 산정기준을 통보받은 시·도지사는 5년마다 수송력 공급계획을 수립·공고하고, 이를 국토교통부장관에게 보고하여야 한다.

(4) 수송력 공급계획 변경

시·도지사는 사업구역별 택시 총량의 산정 또는 재산정이 있거나 수송 수요의 급격한 변화 등 국토교통부령으로 정하는 사유로 수송력 공급계획을 변경할 필요가 있는 경우에는 국토교통부장관의 승인을 받아 이를 변경할 수 있다. 다만, 사업구역별 택시 총량의 재산정으로 인하여 공급계획을 변경하는 경우에는 국토교통부장관의 승인을 받지 아니하고 수송력 공급계획을 변경할 수 있다.

(5) 여객자동차운송사업의 등록기준

여객자동차운송사업의 등록기준이 되는 최저 등록기준 대수, 보유 차고 면적, 부대시설, 수송력 공급계획의 수립·공고, 그 밖에 필요한 사항은 국토교통부령으로 정한다.

5. 운송사업자의 준수 사항

① 대통령령으로 정하는 운송사업자는 운수종사자가 이용자에게서 받은 운임이나 요금(이하 "운송수입금"이라 한다)의 전액에 대하여 다음 각 호의 사항을 준수하여야 한다.

㉠ 1일 근무시간 동안 택시요금미터(운송수입금 관리를 위하여 설치한 확인 장치를 포함한다. 이하 같다)에 기록된 운송수입금의 전액을 운수종사자의 근무종료 당일 수납할 것

㉡ 일정금액의 운송수입금 기준액을 정하여 수납하지 않을 것

㉢ 차량 운행에 필요한 제반경비(주유비, 세차비, 차량수리비, 사고처리비 등을 포함한다)를 운수종사자에게 운송수입금이나 그 밖의 금전으로 충당하지 않을 것

㉣ 운송수입금 확인기능을 갖춘 운송기록출력장치를 갖추고 운송수입금 자료를 보관(보관기간은 1년으로 한다)할 것

㉤ 운송수입금 수납 및 운송기록을 허위로 작성하지 않을 것

② 운송사업자는 제24조에 따른 운수종사자의 요건을 갖춘 자만 운전업무에 종사하게 하여야 한다.

③ 삭제

④ 삭제

⑤ 삭제

⑥ 운송사업자는 제27조의2에 따라 여객이 착용하는 좌석안전띠가 정상적으로 작동될 수 있는 상태를 유지(여객이 6세 미만의 유아인 경우에는 유아보호용 장구를 장착할 수 있는 상태를 포함한다)하여야 한다.

⑦ 운송사업자는 운수종사자에게 여객의 좌석안전띠 착용에 관한 교육을 하여야 한다. 이 경우 교육의 방법, 내용, 시기 및 주기, 그 밖에 필요한 사항은 국토교통부령으로 정한다.

⑧ 구역 여객자동차운송사업 중 대통령령으로 정하는 여객자동차운송사업에 사용되는 자동차에 대하여는 국토교통부령으로 정하는 바에 따라 운전석 및 그 옆 좌석에 에어백을 설치하여야 한다.

⑨ 구역 여객자동차운송사업 중 대통령령으로 정하는 여객자동차운송사업을 영위하는 운송사업자는 이용자의 요청이 있거나 이용자와 운송계약을 체결하는 경우 해당 차량 및 운전자에 관한 다음 각 호의 교통안전정보를 제공하여야 한다.

㉠ 제24조에 따른 운전업무 종사자격 취득 여부

㉡ 제84조에 따른 차령 및 운행거리 기준 준수 여부

㉢ 「자동차손해배상 보장법」에 따른 의무보험 가입 여부

㉣ 그 밖에 이용자의 교통안전과 관련된 정보로서 국토교통부령으로 정하는 정보

⑩ 구역 여객자동차운송사업 중 대통령령으로 정하는 여객자동차운송사업을 영위하는 운송사업자는 사업용 자동차를 운행하려면 다음 각

호의 운행정보를 시·도지사에게 신고한 후 운행기록증을 발부받아 해당 자동차에 붙여야 한다. 이 경우 운행정보 신고 및 운행기록증 발부·부착의 절차·방법 등에 필요한 사항은 국토교통부령으로 정한다.
  ㉠ 운행 일시·목적 및 경로
  ㉡ 운수종사자의 이름 및 운전자격
  ㉢ 그 밖에 국토교통부령으로 정하는 정보
⑪ 운송사업자는 운수종사자에게 안전운전에 필요한 충분한 휴식시간(이하 "휴식시간"이라 한다)을 보장하여야 한다. 이 경우 운송수단별 휴식시간에 관한 사항은 국토교통부령으로 정한다.
⑫ 운송사업자(자동차 1대를 운송사업자가 직접 운전하는 특수여객자동차운송사업자 및 개인택시운송사업자는 제외한다)는 사업용 자동차를 운행하기 전에 대통령령으로 정하는 바에 따라 운수종사자의 음주 여부를 확인하고 이를 기록하여야 한다. 확인한 결과 운수종사자가 음주로 안전한 운전을 할 수 없다고 판단되는 경우에는 해당 운수종사자가 차량을 운행하도록 하여서는 아니 된다.
⑬ 제1항부터 제12항까지 외에 안전운행과 여객의 편의 또는 서비스 개선 등을 위한 지도·확인에 대하여 운송사업자가 지켜야 할 사항은 국토교통부령으로 정한다.

★ 여객법 시행령에 따라 운송사업자는 차량 운행 전에 운수종사자의 음주여부를 확인하지 않은 경우 '사업정지 30~90일 또는 과징금'에서 '사업정지 60~180일 또는 과징금'으로 현행보다 2배 강화된 처분을 받게 된다.
★ 음주사실을 사전에 확인하고도 운수종사자의 운행을 허용하는 경우 사업정지 기간이 현행보다 최대 3배(30~90일 또는 과징금 → 90~180일 또는 과징금) 늘어난다.
★ 또한, 운수종사자도 자신의 음주사실을 운송사업자에게 알리지 않고 차량을 운행하는 경우 5배가 늘어난 과태료(10→50만원) 처분을 받게 된다.

6. 운송사업자 및 운수종사자의 준수사항(제44조 관련)

[1] 운송사업자의 준수사항

(1) 일반적인 준수사항
  ① 운송사업자는 노약자·장애인 등에 대해서는 특별한 편의를 제공해야 한다.
  ② 운송사업자는 여객에 대한 서비스의 향상 등을 위하여 관할관청이 필요하다고 인정하는 경우에는 운수종사자로 하여금 단정한 복장 및 모자를 착용하게 해야 한다.
  ③ 운송사업자는 자동차를 항상 깨끗하게 유지하여야 하며, 관할관청이 단독으로 실시하거나 관할관청과 조합이 합동으로 실시하는 청결상태 등의 검사에 대한 확인을 받아야 한다.
  ④ 운송사업자[대형(승합자동차를 사용하는 경우로 한정한다) 및 고급형 택시운송사업자는 제외한다]는 다음의 사항을 승객이 자동차 안에서 쉽게 볼 수 있는 위치에 게시하여야 한다. 이 경우 택시운송사업자는 앞좌석의 승객과 뒷좌석의 승객이 각각 볼 수 있도록 2곳 이상에 게시하여야 한다.
    ㉠ 회사명(개인택시운송사업자의 경우는 게시하지 아니한다), 자동차번호, 운전자 성명, 불편사항 연락처 및 차고지 등을 적은 표지판
    ㉡ 운행계통도(노선운송사업자만 해당한다)
  ⑤ 노선운송사업자는 다음의 사항을 일반공중이 보기 쉬운 영업소 등의 장소에 사전에 게시해야 한다.
    ㉠ 사업자 및 영업소의 명칭
    ㉡ 운행시간표(운행횟수가 빈번한 운행계통에서는 첫차 및 마지막차의 출발시각과 운행 간격)
    ㉢ 정류소 및 목적지별 도착시각(시외버스운송사업자만 해당한다)
    ㉣ 사업을 휴업 또는 폐업하려는 경우 그 내용의 예고
    ㉤ 영업소를 이전하려는 경우에는 그 이전의 예고
    ㉥ 그 밖에 이용자에게 알릴 필요가 있는 사항

⑥ 운송사업자는 운수종사자로 하여금 여객을 운송할 때 다음의 사항을 성실하게 지키도록 하고, 이를 항시 지도·감독해야 한다.
  ㉠ 정류소 또는 택시승차대에서 주차 또는 정차할 때에는 질서를 문란하게 하는 일이 없도록 할 것
  ㉡ 정비가 불량한 사업용자동차를 운행하지 않도록 할 것
  ㉢ 위험방지를 위한 운송사업자·경찰공무원 또는 도로관리청 등의 조치에 응하도록 할 것
  ㉣ 교통사고를 일으켰을 때에는 긴급조치 및 신고의 의무를 충실하게 이행하도록 할 것
  ㉤ 자동차의 차체가 헐었거나 망가진 상태로 운행하지 않도록 할 것
⑦ 시외버스운송사업자(「여객자동차 운수사업법」 제46조에 따라 승차권의 판매를 위탁한 경우에는 그 위탁을 받은 자를 말한다)는 운임을 받을 때에는 다음의 사항을 적은 일정한 양식의 승차권을 발행해야 한다.
  ㉠ 사업자의 명칭
  ㉡ 사용구간
  ㉢ 사용기간
  ㉣ 운임액
  ㉤ 반환에 관한 사항
⑧ 시외버스운송사업자가 여객운송에 딸린 우편물·신문(이하 "우편물등" 이라 한다)이나 여객의 휴대화물을 운송할 때에는 특약이 있는 경우를 제외하고는 다음의 사항 중 필요한 사항을 적은 화물표를 우편물등을 보내는 자나 휴대화물을 맡긴 여객에게 줘야 한다.
  ㉠ 운임·요금 및 운송구간
  ㉡ 접수연월일
  ㉢ 품명·개수(個數)와 용적 또는 중량
  ㉣ 보내는 사람과 받는 사람의 성명·명칭 및 주소
⑨ ⑧에 따른 시외버스운송사업자는 해당 영업소에 우편물등의 보관에 필요한 시설을 갖춰야 한다.
⑩ 시외버스운송사업자는 우편물등의 멸실(滅失)·파손 등으로 인하여 그 우편물등을 받을 사람에게 인도할 수 없을 때에는 우편물등을 보낸 사람에게 지체 없이 그 사실을 통지해야 한다.
⑪ 전세버스운송사업자 및 특수여객자동차운송사업자는 운임 또는 요금을 받았을 때에는 영수증을 발급해야 한다.
⑫ 운송사업자는 「자동차안전기준에 관한 규칙」 제54조제2항에 따른 속도제한장치 또는 제56조제1항에 따른 운행기록계가 장착된 운송사업용 자동차를 해당 장치 또는 기기가 정상적으로 작동되는 상태에서 운행되도록 해야 한다.
⑬ 택시운송사업자[대형(승합자동차를 사용하는 경우로 한정한다) 및 고급형 택시운송사업자는 제외한다]는 차량의 입·출고 내역, 영업거리 및 시간 등 택시 미터기에서 생성되는 택시운송사업용 자동차의 운행정보를 1년 이상 보존하여야 한다.
⑭ 일반택시운송사업자는 소속 운수종사자가 아닌 자(형식상의 근로계약에도 불구하고 실질적으로는 소속 운수종사자가 아닌 자를 포함한다)에게 관계 법령상 허용되는 경우를 제외하고는 운송사업용 자동차를 제공하여서는 아니 된다.
⑮ 시외버스운송사업자 및 전세버스운송사업자는 사고 시 대처요령과 비상망치·소화기 등 안전장치의 위치 및 사용방법 등 안전사항에 관한 안내 방송 자료를 제작하여 운수종사자로 하여금 차량 운행 전에 모니터 등 방송장치를 통하여 해당 자료를 방송하게 해야 한다.
⑯ 전세버스운송사업자는 운수종사자가 대열운행(같은 계약에 따라 같은 목적지로 이동하는 2대 이상의 차량이 고속도로, 자동차전용도로 등에서 「도로교통법」 제19조에 따른 안전거리를 확보하지 않고 줄지어 운행하는 것을 말한다. 이하 이 표에서 같다)을 하지 않도록 지도·감독해야 한다.
⑰ 전세버스운송사업자는 운수종사자로 하여금

운행 중인 전세버스운송사업용 자동차 안에서 안전띠를 착용하지 않고 좌석을 이탈하여 돌아다니는 승객을 제지하고 필요한 사항을 안내하도록 지도·감독해야 한다.
⑱ 전세버스운송사업자는 운수종사자로 하여금 운행 중인 전세버스운송사업용 자동차 안에서 가요반주기·스피커·조명시설 등을 이용하여 안전 운전에 현저히 장해가 될 정도로 춤과 노래 등 소란 행위를 하는 승객을 제지하고, 필요한 사항을 안내하도록 지도·감독해야 한다.
⑲ 수요응답형 여객자동차운송사업자는 여객의 운행요청이 있는 경우 이를 거부하여서는 안 된다.
⑳ 운송사업자(개인택시운송사업자 및 특수여객자동차운송사업자는 제외한다)는 차량 운행 전에 운수종사자의 건강상태, 음주 여부 및 운행경로 숙지 여부 등을 확인해야 하고, 확인 결과 운수종사자가 질병·피로·음주 또는 그 밖의 사유로 안전한 운전을 할 수 없다고 판단되는 경우에는 해당 운수종사자가 차량을 운행하도록 해서는 안된다. 이 경우 노선 여객자동차운송사업자는 대체 운수종사자를 투입하여 해당 차량을 운행하도록 해야 한다.
㉑ 운송사업자(개인택시운송사업자 및 특수여객자동차운송사업자는 제외한다)는 운수종사자를 위한 휴게실 또는 대기실에 난방장치, 냉방장치 및 음수대 등 편의시설을 설치해야 한다.

(2) 자동차의 장치 및 설비 등에 관한 준수사항
① 노선버스 및 수요응답형 여객자동차(승합자동차만 해당한다)
㉠ 하차문이 있는 노선버스(시외직행, 시외고속 및 시외우등고속은 제외한다)는 여객이 하차 시 하차문이 닫힘으로써 여객에게 상해를 줄 수 있는 경우에 하차문의 동작이 멈추거나 열리도록 하는 압력감지기 또는 전자감응장치를 설치하고, 하차문이 열려 있으면 가속페달이 작동하지 않도록 하는 가속페달 잠금장치를 설치해야 한다.
㉡ 난방장치 및 냉방장치를 설치해야 한다. 다만, 농어촌버스 및 수요응답형 여객자동차의 경우 도지사가 운행노선상의 도로사정 등으로 냉방장치를 설치하는 것이 적합하지 않다고 인정할 때에는 그 차 안에 냉방장치를 설치하지 않을 수 있다.
㉢ 시내버스, 농어촌버스 및 수요응답형 여객자동차의 차 안에는 안내방송장치를 갖춰야 하며, 정차신호용 버저를 작동시킬 수 있는 스위치를 설치해야 한다.
㉣ 시내버스, 농어촌버스, 마을버스, 일반형시외버스 및 수요응답형 여객자동차의 차실에는 입석 여객의 안전을 위하여 손잡이대 또는 손잡이를 설치해야 한다. 다만, 냉방장치에 지장을 줄 우려가 있다고 인정되는 경우에는 그 손잡이대를 설치하지 않을 수 있다.
㉤ 버스의 앞바퀴에는 재생한 타이어를 사용해서는 안 된다.
㉥ 시외우등고속버스, 시외고속버스 및 시외직행버스의 앞바퀴의 타이어는 튜브리스 타이어를 사용해야 한다.
㉦ 버스의 차체에는 목적지를 표시할 수 있는 설비를 설치해야 한다.
㉧ 시외버스(시외중형버스는 제외한다)의 차 안에는 휴대물품을 둘 수 있는 선반(시외우등고속버스의 경우에는 적재함을 말한다)과 차 밑부분에 별도의 휴대물품 적재함을 설치해야 한다.
㉨ 시외버스의 경우에는 운행형태에 따라 별표 1 제2호에 따른 원동기의 출력기준에 맞는 자동차를 운행해야 한다.
㉩ 시내버스운송사업용 자동차 중 시내일반버스와 수요응답형 여객자동차의 경우에는 국토교통부장관이 정하여 고시하는 설치기준에 따라 운전자의 좌석 주변에 운전자를 보호할 수 있는 구조의 격벽시설을 설치하여야 한다.

ⓒ 수요응답형 여객자동차에는 시·도지사가 정하는 수요응답 시스템을 갖추어야 한다.
② 택시운송사업용 자동차 및 수요응답형 여객자동차(승용자동차만 해당한다)
  ㉠ 택시운송사업용 자동차[대형(승합자동차를 사용하는 경우로 한정한다) 및 고급형 택시운송사업용 자동차는 제외한다]의 안에는 여객이 쉽게 볼 수 있는 위치에 요금미터기를 설치해야 한다.
  ㉡ 대형(승합자동차를 사용하는 경우는 제외한다) 및 모범형 택시운송사업용 자동차에는 요금영수증 발급과 신용카드 결제가 가능하도록 관련기기를 설치해야 한다.
  ㉢ 택시운송사업용 자동차 및 수요응답형 여객자동차 안에는 난방장치 및 냉방장치를 설치해야 한다.
  ㉣ 택시운송사업용 자동차[대형(승합자동차를 사용하는 경우로 한정한다) 및 고급형 택시운송사업용 자동차는 제외한다] 윗부분에는 택시운송사업용 자동차임을 표시하는 설비를 설치하고, 빈차로 운행 중일 때에는 외부에서 빈차임을 알 수 있도록 하는 조명장치가 자동으로 작동되는 설비를 갖춰야 한다.
  ㉤ 대형(승합자동차를 사용하는 경우는 제외한다) 및 모범형 택시운송사업용 자동차에는 호출설비를 갖춰야 한다.
  ㉥ 택시운송사업자[대형(승합자동차를 사용하는 경우로 한정한다) 및 고급형 택시운송사업자는 제외한다]는 택시 미터기에서 생성되는 택시운송사업용 자동차 운행정보의 수집·저장 장치 및 정보의 조작을 막을 수 있는 장치를 갖추어야 한다.
  ㉦ 수요응답형 여객자동차에는 시·도지사가 정하는 수요응답 시스템을 갖추어야 한다.
  ㉧ 그 밖에 국토교통부장관이나 시·도지사가 지시하는 설비를 갖춰야 한다.
③ 전세버스
  ㉠ 난방장치 및 냉방장치를 설치해야 한다.
  ㉡ 앞바퀴는 재생한 타이어를 사용해서는 안 된다.
  ㉢ 앞바퀴의 타이어는 튜브리스 타이어를 사용해야 한다.
  ㉣ 영 제3조제2호가목에 따라 13세 미만의 어린이의 통학을 위하여 학교 및 보육시설의 장과 운송계약을 체결하고 운행하는 전세버스의 경우에는 「도로교통법」 제52조에 따른 어린이통학버스의 신고를 하여야 한다.
④ 장의자동차
  ㉠ 관은 차 외부에서 싣고 내릴 수 있도록 해야 한다.
  ㉡ 관을 싣는 장치는 차 내부에 있는 장례에 참여하는 사람이 접촉할 수 없도록 완전히 격리된 구조로 해야 한다.
  ㉢ 운구전용 장의자동차에는 운전자의 좌석 및 장례에 참여하는 사람이 이용하는 두 종류 이하의 좌석을 제외하고는 다른 좌석을 설치해서는 안 된다.
  ㉣ 차 안에는 난방장치를 설치해야 한다.
  ㉤ 일반장의자동차의 앞바퀴에는 재생한 타이어를 사용해서는 안 된다.

(3) 천연가스 연료를 사용하는 자동차의 점검에 관한 준수사항
① 운송사업자는 천연가스를 연료로 사용하는 자동차의 차령이 5년 이하인 경우에는 3개월 마다 1회 이상, 차령이 5년을 초과하는 경우에는 2개월 마다 1회 이상 내압용기(용기밸브를 포함한다. 이하 같다) 및 연료계통의 손상·부식 및 가스누출 등에 대하여 점검하여야 한다.
② 운송사업자는 「국가기술자격법 시행규칙」 제35조에 따른 가스기능사 이상의 국가기술자격을 가진 사람 또는 「도시가스사업법 시행규칙」 제50조제1항에 따른 특별교육을 이수한 사람으로 하여금 ①에 따른 점검을 하도록 하여야 한다.
③ 내압용기 및 연료계통의 손상·부식 및 가스누출 등을 점검할 때에는 내압용기의 외

면을 세척한 후 점검을 하여야 한다.
④ 내압용기 및 연료계통의 손상·부식 및 가스누출 등에 대한 점검결과 그 손상·부식 및 가스누출 등이 「자동차관리법 시행규칙」 별표 5의7에 따른 내압용기 재검사기준에 적합하지 아니한 경우에는 자동차의 운행을 중지하고 「자동차관리법」 제35조의8제1항제2호에 따른 수시검사를 받아야 한다.
⑤ 내압용기 및 연료계통의 손상·부식 및 가스누출 등을 점검하였을 때에는 국토교통부장관이 정하는 바에 따라 자체점검일지에 기록하고 작성일부터 1년간 그 기록을 보관하여야 한다.

(4) 운수종사자의 휴식시간 보장에 관한 준수사항
① 시내버스운송사업자, 농어촌버스운송사업자 및 마을버스운송사업자는 운수종사자에게 기점부터 종점(종점에서 휴식시간 없이 회차하는 경우에는 기점)까지 1회 운행 종료 후 10분 이상의 휴식시간을 보장해야 한다. 다만, 기점부터 종점(종점에서 휴식시간 없이 회차하는 경우에는 기점)까지의 운행시간이 2시간 이상인 경우에는 운행 종료 후 15분 이상의 휴식시간, 4시간 이상인 경우에는 운행 종료 후 30분 이상의 휴식시간을 보장해야 한다.
② ①에도 불구하고 마을버스운송사업자는 출퇴근 등에 따른 교통수요 변동 및 운행지역·노선별 특성을 고려하여 시·도 또는 시·군·구 조례로 정하는 바에 따라 휴식시간을 탄력적으로 적용할 수 있다. 이 경우 ①의 단서에 상응하는 휴식시간을 보장하여야 한다.
③ 시외버스운송사업자 및 전세버스운송사업자는 운수종사자에게 다음 ㉠ 및 ㉡의 구분에 따라 휴식시간을 보장해야 한다.
  ㉠ 기점부터 종점(종점에서 휴식시간 없이 회차하는 경우에는 기점)까지 1회 운행 종료 후 또는 운행기록증 상의 목적지 도착 후 15분 이상의 휴식시간을 보장할 것.
  ㉡ 운수종사자가 휴식시간 없이 2시간 연속 운전한 경우에는 휴게소 등에서 15분 이상의 휴식시간을 보장할 것. 다만, 천재지변, 교통사고, 차량고장 또는 극심한 교통정체 등의 사유로 휴게소 진입이 불가능한 경우 등 연장운행이 필요한 경우에는 1시간까지 연장운행을 하게 할 수 있으며 운행 후 30분 이상의 휴식시간을 보장해야 한다.
④ 노선 여객자동차운송사업자 및 전세버스운송사업자는 운수종사자의 출근 후 첫 운행 시작 시간이 이전 퇴근 전 마지막 운행 종료 시간으로부터 8시간 이상(광역급행형 및 직행좌석형 시내버스운송사업자의 경우는 10시간 이상)이 되도록 해야 한다.

[2] 운수종사자의 준수사항
① 여객의 안전과 사고예방을 위하여 운행 전 사업용 자동차의 안전설비 및 등화장치 등의 이상 유무를 확인해야 한다.
② 질병·피로·음주나 그 밖의 사유로 안전한 운전을 할 수 없을 때에는 그 사정을 해당 운송사업자에게 알려야 한다.
③ 자동차의 운행 중 중대한 고장을 발견하거나 사고가 발생할 우려가 있다고 인정될 때에는 즉시 운행을 중지하고 적절한 조치를 해야 한다.
④ 운전업무 중 해당 도로에 이상이 있었던 경우에는 운전업무를 마치고 교대할 때에 다음 운전자에게 알려야 한다.
⑤ 여객이 다음 행위를 할 때에는 안전운행과 다른 여객의 편의를 위하여 이를 제지하고 필요한 사항을 안내해야 한다.
  ㉠ 다른 여객에게 위해(危害)를 끼칠 우려가 있는 폭발성 물질, 인화성 물질 등의 위험물을 자동차 안으로 가지고 들어오는 행위
  ㉡ 다른 여객에게 위해를 끼치거나 불쾌감을 줄 우려가 있는 동물(장애인 보조견 및 전용 운반상자에 넣은 애완동물은 제외한다)을 자동차 안으로 데리고 들어오는 행위

ⓒ 자동차의 출입구 또는 통로를 막을 우려가 있는 물품을 자동차 안으로 가지고 들어오는 행위
ⓔ 운행 중인 전세버스운송사업용 자동차 안에서 안전띠를 착용하지 않고 좌석을 이탈하여 돌아다니는 행위
ⓜ 운행 중인 전세버스운송사업용 자동차 안에서 가요반주기·스피커·조명시설 등을 이용하여 안전 운전에 현저히 장해가 될 정도로 춤과 노래를 하는 등 소란스럽게 하는 행위

⑥ 관계 공무원으로부터 운전면허증, 신분증 또는 자격증의 제시 요구를 받으면 즉시 이에 따라야 한다.
⑦ 여객자동차운송사업에 사용되는 자동차 안에서 담배를 피워서는 안 된다.
⑧ 사고로 인하여 사상자가 발생하거나 사업용 자동차의 운행을 중단할 때에는 제41조제1항 각 호의 조치 중 사고의 상황에 따라 적절한 조치를 취해야 한다.
⑨ 영수증발급기 및 신용카드결제기를 설치해야 하는 택시의 경우 승객이 요구하면 영수증의 발급 또는 신용카드결제에 응해야 한다.
⑩ 관할관청이 필요하다고 인정하여 복장 및 모자를 지정할 경우에는 그 지정된 복장과 모자를 착용하고, 용모를 항상 단정하게 해야 한다.
⑪ 택시운송사업의 운수종사자[구간운임제 시행지역 및 시간운임제 시행지역의 운수종사자와 대형(승합자동차를 사용하는 경우로 한정한다) 및 고급형 택시운송사업의 운수종사자는 제외한다]는 승객이 탑승하고 있는 동안에는 미터기를 사용하여 운행해야 한다.
⑫ 전세버스운송사업의 운수종사자는 대열운행을 해서는 안 된다.
⑬ 노선 여객자동차운송사업 및 전세버스운송사업의 운수종사자는 제1호라목에 따른 휴식시간을 준수하여 차량을 운행해야 한다.
⑭ 그 밖에 이 규칙에 따라 운송사업자가 지시하는 사항을 이행해야 한다.

7. 위반행위의 종류와 위반 정도에 따른 과징금의 액수(제46조제1항 관련)

(1) 여객자동차운송사업 및 자동차대여사업

(단위 : 만원)

위반내용	관계 법조문	위반 횟수	과징금의 액수 여객자동차 운송사업	
			일반 택시	개인 택시
1. 여객자동차운송사업자 또는 자동차대여사업자가 사업계획변경 인가 또는 변경등록한 사항을 정당한 사유 없이 실시하지 않은 경우	법 제85조 제1항 제1호	1차 2차 3차 이상	180 360 540	180 360 540
2. 중대한 교통사고 또는 빈번한 교통사고로 많은 사람을 죽거나 다치게 한 경우	법 제85조 제1항 제3호			

가. 5대 이상의 자동차를 보유한 여객자동차운송사업자로서 해당 연도의 교통사고지수(교통사고건수/보유대수×10)가 다음의 기준 이상이 된 경우
1) 시내버스운송사업·농어촌버스운송사업 및 마을버스운송사업의 경우 : 4
2) 시외버스운송사업의 경우
  가) 운행형태가 고속인 경우 : 2
  나) 운행형태가 직행 및 일반인 경우 : 3
3) 일반택시운송사업의 경우 : 2
4) 전세버스운송사업의 경우 : 2
5) 특수여객자동차운송사업의 경우 : 1
			500	

6) 수요응답형 여객자동차 운송사업의 경우 : 1				
나. 5대 미만의 자동차를 보유한 여객자동차운송사업자가 해당 교통사고일 이전 최근 1년간 다음의 구분에 따른 교통사고를 일으킨 경우				
1) 1건의 교통사고			60	60
2) 2건의 교통사고			120	120
다. 1건의 교통사고로 발생한 사망자의 수가 다음에 해당하는 경우(시외버스운송사업 및 농어촌버스운송사업의 경우에는 비고에서 정하는 바에 따른다)				
1) 8명 이상 9명 이하			800	800
2) 5명 이상 7명 이하			400	400
3) 2명 이상 4명 이하			200	200
라. 1건의 교통사고로 발생한 중상자의 수가 다음에 해당하는 경우(시외버스운송사업 및 농어촌버스운송사업의 경우에는 비고에서 정하는 바에 따른다)				
1) 10명 이상 19명 이하			400	400
2) 6명 이상 9명 이하			200	200
3. 법 제4조 또는 제28조에 따라 면허를 받거나 등록한 업종의 범위·노선·운행계통·사업구역·업무범위 및 면허기간(한정면허의 경우에만 해당한다) 등을 위반하여 사업을 한 경우	법 제85조 제1항 제6호			
가. 면허를 받거나 등록한 업종의 범위를 벗어나 사업을 한 경우		1차 2차 3차 이상	180 360 540	180 360 540
나. 여객자동차운송사업자가 면허를 받거나 등록한 노선 또는 운행계통을 위반하여 사업을 한 경우		1차 2차 3차 이상		
다. 여객자동차운송사업자가 면허를 받은 사업구역 외의 행정구역에서 사업을 한 경우		1차 2차 3차 이상	40 80 160	40 80 160
라. 한정면허를 받은 여객자동차운송사업자가 면허를 받은 업무범위 또는 면허기간을 위반하여 사업을 한 경우		1차 2차 3차 이상	180 360 540	180 360 540

마. 면허를 받거나 등록한 차고를 이용하지 않고 차고지가 아닌 곳에서 밤샘주차를 한 경우. 다만, 다음의 어느 하나에 해당하는 경우는 제외한다.
  1) 노선 여객자동차운송사업자가 그 사업에 사용하는 자동차를 등록한 차고지와 인접한 자기 소유의 주차장에 밤샘주차하는 경우
  2) 전세버스운송사업에 사용하는 자동차를 영업 중에 주차장에 밤샘주차하는 경우
  3) 등록관청이 밤샘주차를 할 수 있도록 지정한 공영주차장에서 밤샘주차가 허용된 관할 전세버스운송사업자가 그 사업에 사용하는 자동차를 지정된 구
		1차
		2차
			10
			15
				10
				15

위반내용	근거법조문	차수	금액	금액
역에 밤샘주차하는 경우				
4) 대여사업에 사용하는 자동차가 대여 중인 경우				
바. 법 제4조 및 이 영 제3조제2호라목을 위반하여 신고를 하지 않거나 거짓으로 신고를 하고 개인택시를 대리운전하게 한 경우		1차 2차	120 240	
4. 법 제5조에 따른 여객자동차운송사업의 면허기준 또는 등록기준 중 운수종사자를 위한 휴게실 등 부대시설에 관한 기준을 충족하지 못하게 된 경우. 다만, 3개월 이내에 그 기준을 충족시킨 경우는 제외한다.	법 제85조 제1항 제7호	1차 2차 3차 이상	90 180 270	
5. 법 제8조를 위반하여 운임·요금의 신고 또는 변경신고를 하지 않거나 부당한 요금을 받은 경우 또는 1년에 3회 이상 6세 미만인 아이의 무상운송을 거절한 경우	법 제85조 제1항 제10호			
가. 운임 및 요금에 대한 신고 또는 변경신고를 하지 않고 운송을 개시한 경우		1차 2차 3차 이상	40 80 160	20 40 80
나. 신고한 운임 및 요금 등 외에 부당한 요금을 받은 경우 (택시운송사업은 제외한다)		1차 2차 3차 이상		
다. 1년에 3회 이상 6세 미만인 아이의 무상 운송을 거절한 경우				
6. 법 제9조 또는 제31조를 위반하여 운송약관 또는 대여약관의 신고 또는 변경신고를 하지 않거나 신고한 약관을 이행하지 않은 경우	법 제85조 제1항 제11호			
가. 운송약관 또는 대여약관의 신고 또는 변경신고를 하지 않은 경우		1차 2차	100 150	50 75
나. 신고한 운송약관 또는 대여약관을 이행하지 않은 경우		1차 2차 3차 이상	60 120 180	30 60 90
7. 법 제10조(법 제35조에서 준용하는 경우를 포함한다)를 위반하여 인가·등록 또는 신고를 하지 않고 사업계획을 변경한 경우	법 제85조 제1항 제12호			
가. 임의로 다음 중 어느 하나의 행위를 하여 사업계획을 위반한 경우 1) 결행 2) 도중 회차 3) 노선 또는 운행계통의 단축 또는 연장 운행 4) 감회 또는 증회 운행		1차 2차		
나. 주사무소 또는 영업소 외의 지역에서 상시 주차시켜 영업한 경우		1차 2차 3차 이상		
다. 인가를 받지 않거나 등록 또는 신고를 하지 않고 주사무소(1인 사업자는 제외한다)·영업소·정류소 또는 차고를 신설·이전하거나 사업계획변경의 등록이나 신고를 하지 않고 주사무소나 영업소별 차량대수를 임의로 변경한 경우		1차 2차	100 150	50 75
라. 노후차의 대체 등 자동차의 변경으로 인한 자동차 말소등록 이후 6개월 이내에 자동차를 충당하지 못		1차 2차	120 240	120 240

위반내용	근거 법조문	차수	금액	금액
한 경우. 다만, 부득이한 사유로 자동차의 공급이 현저히 곤란한 경우는 제외한다.				
마. 운행시간에 대하여 사업계획 변경의 인가를 받지 않거나 등록 또는 신고를 하지 않고 미리 운행하거나 임의로 운행시간을 준수하지 않은 경우		1차 2차		
바. 그 밖에 사업계획의 내용을 위반한 경우		1차 2차	10 15	10 15
8. 법 제13조를 위반하여 신고하지 않고 여객자동차운송사업을 관리위탁하거나 운송사업자가 아닌 자에게 관리위탁한 경우	법 제85조제1항제14호	1차 2차 3차 이상	360 720 1,080	
9. 법 제14조(법 제35조에서 준용하는 경우를 포함한다)를 위반하여 인가를 받지 않거나 신고를 하지 않고 여객자동차운송사업을 양도·양수하거나 법인을 합병한 경우	법 제85조제1항제15호			
가. 법 제14조제1항(법 제35조에서 준용하는 경우를 포함한다)을 위반하여 신고를 하지 않고 여객자동차운송사업(개인택시운송사업은 제외한다) 또는 자동차대여사업을 양도하거나 양수한 경우		1차 2차 3차 이상	360 720 1,080	
나. 법 제14조제4항(법 제35조에서 준용하는 경우를 포함한다)을 위반하여 신고를 하지 않고 법인인 여객자동차운송사업자 또는 자동차대여사업자가 법인을 합병한 경우		1차 2차 3차 이상	360 720 1,080	
10. 법 제17조를 위반하여 1년에 3회 이상 사업용 자동차의 표시를 하지 않은 경우	법 제85조제1항제17호		10	10
11. 법 제18조제1항 및 제2항에 따라 운송할 수 있는 소화물이 아닌 소화물을 운송하거나, 같은 조 제3항에 따른 소화물 운송의 금지명령을 따르지 않은 경우	법 제85조제1항제18호			
가. 법 제18조제1항 및 제2항에 따라 운송할 수 있는 소화물이 아닌 소화물을 운송한 경우		1차 2차 3차 이상		
나. 법 제18조제3항에 다른 소화물 운송의 금지명령을 따르지 않은 경우		1차 2차 3차 이상		
12. 법 제21조제2항을 위반하여 운수종사자의 자격요건을 갖추지 않은 사람을 운전업무에 종사하게 한 경우	법 제85조제1항제20호	1차 2차	360 720	360 720
13. 법 제21조제3항을 위반하여 둘 이상의 운송가맹점으로 가입한 경우	법 제85조제1항제20호의2		360	
14. 법 제21조제4항을 위반하여 상호를 변경하지 않거나 상호변경 신고를 하지 않은 경우	법 제85조제1항제20호의3		240	
15. 법 제21조제8항을 위반하여 자동차의 운전석 및 그 옆 좌석에 에어백을 설치하지 않은 경우	법 제85조제1항제20호의4	1차 2차 3차 이상	180 360 540	180 360 540
16. 법 제21조제10항을 위반하여 운행정보를 신고하지 않거나 운행기록증을 부착하지 않고 사업용 자동차를 운행한 경우	법 제85조제1항제20호의5	1차 2차 3차 이상		

위반내용	근거 법조문	차수	과징금(만원)	
17. 노선 여객자동차운송사업자 및 전세버스운송사업자가 법 제21조제11항에 따른 운수종사자의 휴식시간 보장에 관한 의무를 위반한 경우	법 제85조 제1항 제20호의6	1차 2차		
17의2. 운송사업자(자동차 1대를 운송사업자가 직접 운전하는 특수여객자동차운송사업자 및 개인택시운송사업자는 제외한다)가 법 제21조제12항 전단을 위반하여 운수종사자의 음주 여부를 확인하지 않은 경우	법 제85조 제1항 제20호의7	1차 2차 3차 이상	360 720 1,080	
17의3. 운송사업자(자동차 1대를 운송사업자가 직접 운전하는 특수여객자동차운송사업자 및 개인택시운송사업자는 제외한다)가 법 제21조제12항 후단을 위반하여 운수종사자가 음주로 안전한 운전을 할 수 없다고 판단됨에도 사업용 자동차를 운행하게 한 경우	법 제85조 제1항 제20호의8	1차 2차 3차 이상	540 1,080 1,620	
18. 법 제21조제13항에 따른 준수 사항을 위반한 경우	법 제85조 제1항 제21호			
가. 택시운송사업자가 미터기를 부착하지 않거나 사용하지 않고 여객을 운송한 경우(구간운임제 시행지역은 제외한다)		1차 2차 3차 이상	40 80 160	40 80 160
나. 운임 또는 요금을 받고 승차권이나 영수증을 발급하지 않은 경우(시내버스, 농어촌버스 및 마을버스의 경우와 승차권의 판매를 위탁한 자는 제외하며, 수요응답형 여객자동차운송사업의 경우는 여객의 요구가 있는 경우만 해당한다)		1차 2차		
다. 관할관청이 단독으로 실시하거나 관할관청과 조합이 합동으로 실시하는 청결상태 등의 검사에 대한 확인을 거부하는 경우			40	40
라. 자동차 안에 게시해야 할 사항을 게시하지 않은 경우		1차 2차	20 40	20 40
마. 정류소에서 주차 또는 정차 질서를 문란하게 한 경우		1차 2차	20 40	20 40
바. 운송사업자가 속도제한장치 또는 운행기록계가 장착된 운송사업용 자동차를 해당 장치 또는 기기가 정상적으로 작동되지 않은 상태에서 운행한 경우		1차 2차 3차 이상	60 120 180	60 120 180
사. 하차문이 있는 노선버스(시외직행, 시외고속 및 시외우등고속은 제외한다) 및 수요응답형 여객자동차에 압력감지기 또는 전자감응장치, 가속페달 잠금장치를 설치하지 않거나 작동되지 않은 상태에서 운행한 경우		1차 2차 3차 이상		
아. 차실에 냉방·난방장치를 설치하여야 할 자동차에 이를 설치하지 않고 여객을 운송한 경우		1차 2차 3차 이상	60 120 180	60 120 180
자. 차 안에 안내방송장치 및 정차신호용 버저를 작동시킬 수 있는 스위치를 설치해야 하는 자동차에 이를 설치하지 않은 경우		1차 2차		

차. 차내 안내방송 실시 상태가 불량한 경우	1차 2차			버. 운송사업자가 차내에 운전자격증명을 항상 게시하지 않은 경우		10	10
카. 버스의 앞바퀴에 재생 타이어를 사용한 경우	1차 2차 3차 이상			서. 시외버스운송사업자 및 전세버스운송사업자가 운수종사자로 하여금 사고 시 대처요령과 비상망치·소화기 등 안전장치의 위치 및 사용방법 등 안전사항에 관한 안내 방송 자료를 차량 운행 전에 모니터 등 방송장치를 통하여 방송하게 하지 않은 경우	1차 2차 3차 이상		
타. 앞바퀴에 튜브리스 타이어를 사용해야 할 자동차에 이를 사용하지 않은 경우	1차 2차 3차 이상						
파. 원동기의 출력기준에 맞지 않는 자동차를 운행한 경우	1차 2차 3차 이상						
하. 운전자를 보호할 수 있는 구조의 격벽시설을 설치해야 하는 자동차에 이를 설치하지 않은 경우	1차 2차 3차 이상						
거. 그 밖의 설비기준에 적합하지 않은 자동차를 이용하여 운송한 경우	1차 2차	20 30	20 30	어. 전세버스운송사업 운수종사자가 대열 운행(같은 계약에 따라 같은 목적지로 이동하는 2대 이상의 차량이 고속도로, 자동차전용도로 등에서 「도로교통법」 제19조에 따른 안전거리를 확보하지 않고 줄지어 운행하는 것을 말한다)을 하지 않도록 지도·감독하기를 게을리 한 경우	1차 2차 3차 이상		
너. 운행하기 전에 점검 및 확인을 하지 않은 경우	1차 2차	10 15	10 15				
더. 천연가스 연료를 사용하는 자동차의 점검에 대한 준수사항을 위반한 경우	1차 2차 3차 이상	60 120 180	60 120 180				
러. 차량 정비, 운전자의 과로 방지 및 정기적인 차량 운행 금지 등 안전수송을 위한 명령을 위반하여 운행한 경우	1차 2차	20 40	20 40				
머. 일반택시운송사업자가 소속 운수종사자가 아닌 자(형식상의 근로계약에도 불구하고 실질적으로는 소속 운수종사자가 아닌 자를 포함한다)에게 운송사업용 자동차를 제공(관계 법령상 허용되는 경우는 제외한다)한 경우	1차 2차	180 360		저. 전세버스운송사업자가 운수종사자로 하여금 운행 중인 전세버스운송사업용 자동차 안에서 안전띠를 착용하지 않고 좌석을 이탈하여 돌아다니는 승객을 제지하고 필요한 사항을 안내하도록 지도·감독하기를 게을리 한 경우	1차 2차 3차 이상		
				처. 전세버스운송사업자가 운수종사자로	1차 2차		

위반행위	근거 법조문	처분차수	과징금액	
하여금 운행 중인 전세버스운송사업용 자동차 안에서 가요반주기·스피커·조명시설 등을 이용하여 안전 운전에 현저히 장해가 될 정도로 춤과 노래 등 소란 행위를 하는 승객을 제지하고, 필요한 사항을 안내하도록 지도·감독하기를 게을리 한 경우		3차 이상		
커. 수요응답형 운송사업자가 여객의 운행 요청을 거부한 경우		1차 2차 3차 이상		
터. 운송사업자(개인택시운송사업자 및 특수여객자동차운송사업자는 제외한다)가 차량 운행 전에 운수종사자의 건강상태, 운행경로 숙지 여부 등을 확인하지 않거나, 확인 결과 운수종사자가 질병·피로 또는 그 밖의 사유로 안전한 운전을 할 수 없다고 판단됨에도 해당 운수종사자로 하여금 차량을 운행하게 한 경우 또는 해당 운수종사자를 대신하여 대체 운수종사자를 투입(노선 여객자동차운송사업자만 해당한다)하지 않은 경우		1차 2차 3차 이상	180 360 540	
퍼. 운송사업자(개인택시운송사업자 및 특수여객자동차운송사업자는 제외한다)가 운수종사자를 위한 휴게실 또는 대기실에 난방장치, 냉방장치 및 음수대 등 편의시설을 설치하지 않은 경우		1차 2차 3차 이상	60 120 180	
허. 노선 여객자동차운송사업자 및 전세버스운송사업자가 운수종사자의 휴식시간 보장에 관한 준수사항을 위반한 경우		1차 2차 이상		
19. 법 제23조 또는 제33조에 따른 개선명령 또는 운행명령을 이행하지 않은 경우	법 제85조 제1항 제22호	1차 2차 3차 이상	120 240 360	120 240 360
20. 법 제25조제2항에 따른 운수종사자의 교육에 필요한 조치를 하지 않은 경우	법 제85조 제1항 제23호	1차 2차 3차 이상	30 60 90	
20의2. 법 제27조의3제1항을 위반하여 영상기록장치를 설치하지 않은 경우	법 제85조 제1항 제23호 의2	1차 2차 3차 이상		
20의3. 법 제27조의3제7항을 위반하여 영상기록장치의 운영·관리 지침을 마련하지 않은 경우	법 제85조 제1항 제23호 의3	1차 2차 3차 이상		
21. 법 제32조를 위반하여 관리위탁 허가를 받지 않고 자동차대여사업을 관리위탁하거나 자동차대여사업자가 아닌 자에게 관리위탁한 경우	법 제85조 제1항 제25호	1차 2차 3차 이상		
22. 법 제34조제3항을 위반하여 자동차대여사업자가 사업용자동차를 사용하여 유상으로 여객을 운송하거나 이를 알선한 경우	법 제85조 제1항 제26호	1차 2차 3차 이상		
23. 법 제50조에 따른 보조금 또는 융자금을 보조 또는 융자받은 목적 외의 용도로 사용한 경우	법 제85조 제1항 제32호 의2	1차 2차	180 360	180 360

24. 1년에 3회 이상 법 제79조제1항에 따른 보고나 서류제출을 하지 않거나 거짓으로 한 경우	법 제85조 제1항 제33호		20	10
25. 법 제79조제2항에 따른 검사를 거부·방해 또는 기피하거나 질문에 응하지 않거나 거짓으로 진술을 한 경우	법 제85조 제1항 제34호			
가. 검사를 거부·방해 또는 기피한 경우		1차 2차 3차 이상	60 120 180	30 60 90
나. 질문에 응하지 않거나 거짓으로 진술을 한 경우		1차 2차	40 80	40 80
26. 법 제84조에 따른 차령 또는 운행거리를 초과하여 운행한 경우. 다만, 같은 조 제3항에 따라 차령을 초과하여 운행하는 경우는 제외한다.	법 제85조 제1항 제36호	1차 2차	180 360	180 360
27. 관할 관청이 면허·허가·인가 등에 붙인 조건을 위반한 경우	법 제85조 제1항 제38호	1차 2차 3차 이상	180 360 540	180 360 540

비고
1. 천재지변이나 그 밖의 부득이한 사유로 발생한 위반행위는 위 표의 처분대상에서 제외한다.
2. 위반행위란의 제2호가목 및 나목에 따른 교통사고건수의 산정은 경상사고인 경우에는 0.3건, 중상사고인 경우에는 0.7건, 사망사고인 경우에는 1건으로 각각 계산한다.
3. 1건의 교통사고로 1명이 사망하고 3명 이상 5명 이하의 인원이 중상을 입은 경우에는 위반행위란의 제2호 라목2)에 따라 처분한다.
4. 위반내용란의 제7호가목을 적용할 때에는 같은 목의 위반행위별로 구분하여 산정하되, 위반행위별로 같은 위반행위의 횟수가 최초 위반행위를 한 날부터 1년 이내에 1회 이상인 경우에는 그 추가 위반횟수(과징금 부과처분이 이루어진 위반행위의 횟수는 제외한다) 1회당 위 표의 처분기준 금액의 50%를 더하여 일괄 처분한다.
5. 고의·중과실로 위반내용란의 제12호, 제17호 및 제18호바목·허목에 해당하는 경우에는 2분의 1의 범위에서 과징금의 액수를 가중하여 처분하여야 한다.

8. 여객자동차운송사업 결격사유 (법 제6조)

다음의 어느 하나에 해당하는 자는 여객자동차운송사업의 면허를 받거나 등록을 할 수 없다. 법인의 경우 그 임원 중에 다음의 어느 하나에 해당하는 자가 있는 경우에도 또한 같다.
① 피성년후견인
② 파산선고를 받고 복권되지 아니한 자
③ 이 법을 위반하여 징역 이상의 실형을 선고받고 그 집행이 끝나거나(집행이 끝난 것으로 보는 경우를 포함한다) 면제된 날부터 2년이 지나지 아니한 자
④ 이 법을 위반하여 징역 이상의 형의 집행유예를 선고받고 그 집행유예 기간 중에 있는 자
⑤ 여객자동차운송사업의 면허나 등록이 취소된 후 그 취소일부터 2년이 지나지 아니한 자. 다만, ① 또는 ②에 해당하여 여객자동차운송사업의 면허나 등록이 취소된 경우는 제외한다.

9. 사고 시의 조치 등 (법 제19조)

① 운송사업자는 사업용 자동차의 고장, 교통사고 또는 천재지변으로 다음 각 호의 어느 하나에 해당하는 상황이 발생하는 경우 국토교통부령으로 정하는 바에 따라 같은 호에 따른 조치를 하여야 한다.
  ㉠ 사상자(死傷者)가 발생하는 경우 : 신속하게 유류품(遺留品)을 관리할 것
  ㉡ 사업용 자동차의 운행을 재개할 수 없는 경우 : 대체 운송수단을 확보하여 여객에게 제공하는 등 필요한 조치를 할 것. 다만, 여객이 동의하는 경우에는 그러하지 아니하다.
② 운송사업자는 그 사업용 자동차에 다음 각 호의 어느 하나에 해당하는 사고(이하 "중대한 교통사고"라 한다)가 발생한 경우 국토교통부령으로 정하는 바에 따라 지체 없이 국토교통부장관 또는 시·도지사에게 보고하여야 한다.
  ㉠ 전복(顚覆) 사고
  ㉡ 화재가 발생한 사고
  ㉢ 대통령령으로 정하는 수(數) 이상의 사람이 죽거나 다친 사고

10. 여객자동차운송사업의 운전업무 종사자격 (법 제24조)

(1) 요건

여객자동차운송사업의 운전업무에 종사하려는 사람은 ① 및 ②의 요건을 모두 갖추고, ③ 또는 ④(국토교통부령으로 정하는 여객자동차운송사업에 한정한다)의 요건을 갖추어야 한다.

① 국토교통부령으로 정하는 나이와 운전경력 등 운전업무에 필요한 요건을 갖출 것
② 국토교통부령으로 정하는 바에 따라 국토교통부장관이 시행하는 운전 적성에 대한 정밀검사 기준에 맞을 것
③ 국토교통부장관 또는 시·도지사가 시행하는 여객자동차 운수 관계 법령과 지리 숙지도 등에 관한 시험에 합격한 후 국토교통부장관 또는 시·도지사로부터 자격을 취득할 것
④ 국토교통부장관이 교통안전체험에 관한 연구·교육시설에서 **교통안전체험, 교통사고 대응요령 및 여객자동차 운수사업법령 등에 관하여 실시하는 이론 및 실기 교육을 이수하고 자격을 취득할 것**

(2) 교육의 이수 및 자격의 취득 등

시험의 실시, 교육의 이수 및 자격의 취득 등에 필요한 사항은 국토교통부령으로 정한다.

(3) 결격요건

여객자동차운송사업의 운전자격을 취득하려는 사람이 다음의 어느 하나에 해당하는 경우 자격을 취득할 수 없다.

① 다음의 어느 하나에 해당하는 죄를 범하여 금고 이상의 실형을 선고받고 그 집행이 끝나거나(집행이 끝난 것으로 보는 경우를 포함한다) 면제된 날부터 2년이 지나지 아니한 사람
  ㉠ 존속살인죄, 위계 등에 의한 촉탁살인의 죄
  ㉡ 약취·유인의죄, 도주차량 운전자, 상습강도 및 상습절도, 강도상해 재범, 보복범죄, 마약사범죄
  ㉢ 「마약류 관리에 관한 법률」에 따른 죄
  ㉣ 절도, 특수절도, 야간주거침입절도, 강도, 특수강도의 상습범에 따른 죄 또는 그 각 미수죄, 작물의 상습범에 따른 죄

② ①의 어느 하나에 해당하는 죄를 범하여 금고 이상의 형의 집행유예를 선고받고 그 집행유예기간 중에 있는 사람

③ 자격시험일 전 5년간 다음의 어느 하나에 해당하는 사람
  ㉠ 운전면허가 취소된 사람
  ㉡ 운전면허를 받지 아니하거나 운전면허의 효력이 정지된 상태로 자동차등을 운전하여 벌금형 이상의 형을 선고받거나 운전면허가 취소된 사람
  ㉢ 운전 중 고의 또는 과실로 3명 이상이 사망(사고발생일부터 30일 이내에 사망한 경우를 포함한다)하거나 20명 이상의 사상자가 발생한 교통사고를 일으켜 운전면허가 취소된 사람

④ 자격시험일 전 3년간 운전면허가 취소된 사람

(4) 구역 여객자동차운송사업 결격사유

구역 여객자동차운송사업 중 대통령령으로 정하는 여객자동차운송사업의 운전자격을 취득하려는 사람이 다음의 어느 하나에 해당하는 경우 자격을 취득할 수 없다.

① 다음의 어느 하나에 해당하는 죄를 범하여 금고 이상의 실형을 선고받고 그 집행이 끝나거나(집행이 끝난 것으로 보는 경우를 포함한다) 면제된 날부터 최대 20년의 범위에서 범죄의 종류·죄질, 형기의 장단 및 재범위험성 등을 고려하여 대통령령으로 정하는 기간이 지나지 아니한 사람
  ㉠ 운전면허가 취소된 사람
  ㉡ 성폭력범죄의 처벌 등에 관한 특례법에 해당하는 죄(미수범은 제외한다)에 따른 죄
  ㉢ 아동·청소년의 성보호에 관한 법률에 따른 죄

② ①에 따른 죄를 범하여 금고 이상의 형의 집행유예를 선고받고 그 집행유예기간 중에 있는 사람

(5) 운전경력 및 범죄경력자료의 조회 요청

국토교통부장관 또는 시·도지사는 운전경력 및 범죄경력을 확인하기 위하여 필요한 정보에 한하여 경찰청장에게 운전경력 및 범죄경력자료의 조회를 요청할 수 있다.

11. 운수종사자의 교육 등(법 제25조)

① 운수종사자는 국토교통부령으로 정하는 바에 따라 운전업무를 시작하기 전에 다음 각 호의 사항에 관한 교육을 받아야 한다.
  ㉠ 여객자동차 운수사업 관계 법령 및 도로교통 관계 법령
  ㉡ 서비스의 자세 및 운송질서의 확립
  ㉢ 교통안전수칙
  ㉣ 응급처치의 방법
  ㉤ 차량용 소화기 사용법 등 차량화재 발생 시 대응방법
  ㉥ 「지속가능 교통물류 발전법」 제2조제15호에 따른 경제운전
  ㉦ 그 밖에 운전업무에 필요한 사항

② 운송사업자는 제1항에 따라 운수종사자가 교육을 받는 데에 필요한 조치를 하여야 하며, 그 교육을 받지 아니한 운수종사자를 운전업무에 종사하게 하여서는 아니 된다.

③ 시·도지사는 제1항에 따른 교육을 효율적으로 실시하기 위하여 필요하면 특별시·광역시·특별자치시·도·특별자치도(이하 "시·도"라 한다)의 조례로 정하는 바에 따라 운수종사자 연수기관을 직접 설립하여 운영하거나 지정할 수 있으며, 그 운영에 필요한 비용을 지원할 수 있다.

12. 운수종사자의 준수 사항(법 제26조)

① 운수종사자는 다음 각 호의 어느 하나에 해당하는 행위를 하여서는 아니 된다.
  ㉠ 정당한 사유 없이 여객의 승차(제3조제1항제3호의 수요응답형 여객자동차운송사업의 경우 여객의 승차예약을 포함한다)를 거부하거나 여객을 중도에서 내리게 하는 행위(구역 여객자동차운송사업 중 대통령령으로 정하는 여객자동차운송사업은 제외한다)
  ㉡ 부당한 운임 또는 요금을 받는 행위(구역 여객자동차운송사업 중 대통령령으로 정하는 여객자동차운송사업은 제외한다)
  ㉢ 일정한 장소에 오랜 시간 정차하여 여객을 유치(誘致)하는 행위
  ㉣ 삭제 〈2014. 1. 28.〉
  ㉤ 문을 완전히 닫지 아니한 상태에서 자동차를 출발시키거나 운행하는 행위
  ㉥ 여객이 승하차하기 전에 자동차를 출발시키거나 승하차할 여객이 있는데도 정차하지 아니하고 정류소를 지나치는 행위
  ㉦ 안내방송을 하지 아니하는 행위(국토교통부령으로 정하는 자동차 안내방송 시설이 설치되어 있는 경우만 해당한다)
  ㉧ 여객자동차운송사업용 자동차 안에서 흡연하는 행위
  ㉨ 휴식시간을 준수하지 아니하고 운행하는 행위
  ㉩ 택시요금미터를 임의로 조작 또는 훼손하는 행위
  ㉪ 그 밖에 안전운행과 여객의 편의를 위하여 운수종사자가 지키도록 국토교통부령으로 정하는 사항을 위반하는 행위

② 제21조제1항에 따른 운송사업자의 운수종사자는 운송수입금의 전액에 대하여 다음 각 호의 사항을 준수하여야 한다.
  ㉠ 1일 근무시간 동안 택시요금미터에 기록된 운송수입금의 전액을 운수종사자의 근무종료 당일 운송사업자에게 납부할 것
  ㉡ 일정금액의 운송수입금 기준액을 정하여 납부하지 않을 것

③ 운수종사자는 차량의 출발 전에 제27조의2에 따라 여객이 좌석안전띠를 착용하도록 안내하여야 한다. 이 경우 안내의 방법, 시기, 그 밖에 필요한 사항은 국토교통부령으로 정한다.

④ 제21조제10항에 따라 운행기록증을 붙여야 하는 자동차를 운행하는 운수종사자는 같은 항에 따라 신고된 운행기간 중 해당 운행기록증을 식별하기 어렵게 하거나, 그러한 자동차를 운행하여서는 아니 된다.

13. 사업용 자동차 운전자의 자격요건 등 (규칙 제49조)

(1) 요건
여객자동차 운송사업용 자동차의 운전업무에 종사하려는 자는 다음의 요건을 갖추어야 한다.
① 사업용 자동차를 운전하기에 적합한 운전면허를 보유하고 있을 것
② 20세 이상으로서 운전경력이 1년 이상일 것
③ 국토교통부장관이 정하는 운전 적성에 대한 정밀검사 기준 또는 운전 적성에 대한 정밀검사기준에 적합할 것
④ 다음의 어느 하나에 해당하는 요건을 갖추고 운전자격을 취득할 것
　㉠ 운전자격시험에 합격
　㉡ 교통안전체험교육 수료

(2) 운전적성정밀검사의 구분
정밀검사 기준에 적합한지에 관한 검사는 기기형 검사와 필기형 검사로 구분한다.

(3) 운전적성정밀검사 대상
운전적성정밀검사는 신규검사·특별검사 및 자격유지검사로 구분하되, 그 대상은 다음과 같다.
① 신규검사의 경우에는 다음의 자
　㉠ 신규로 여객자동차 운송사업용 자동차를 운전하려는 자
　㉡ 여객자동차 운송사업용 자동차 또는 화물자동차 운송사업용 자동차의 운전업무에 종사하다가 퇴직한 자로서 신규검사를 받은 날부터 3년이 지난 후 재취업하려는 자. 다만, 재취업일까지 무사고로 운전한 자는 제외한다.
　㉢ 신규검사의 적합판정을 받은 자로서 운전적성정밀검사를 받은 날부터 3년 이내에 취업하지 아니한 자
② 특별검사의 경우에는 다음의 자
　㉠ 중상 이상의 사상(死傷)사고를 일으킨 자
　㉡ 과거 1년간 운전면허 행정처분기준에 따라 계산한 누산점수가 81점 이상인 자
　㉢ 질병, 과로, 그 밖의 사유로 안전운전을 할 수 없다고 인정되는 자인지 알기 위하여 운송사업자가 신청한 자
③ 자격유지검사의 경우에는 다음의 사람
　㉠ 65세 이상 70세 미만인 사람(자격유지검사의 적합판정을 받고 3년이 지나지 아니한 사람은 제외한다)
　㉡ 70세 이상인 사람(자격유지검사의 적합판정을 받고 1년이 지나지 아니한 사람은 제외한다)

(4) 서류제출
운전적성정밀검사를 받으려는 사람은 운전적성정밀검사 신청서(전자문서를 포함한다)와 본인의 신분증 사본(주민등록증이나 운전면허증에 한정한다)을 한국교통안전공단에 제출하여야 한다.

(5) 자격유지검사 대체
택시운송사업에 종사하는 운수종사자는 의원, 병원 및 종합병원의 적성검사(신체 능력 및 질병에 관한 진단을 말한다)로 자격유지검사를 대체할 수 있다.

(6) 기타 절차 규정
운전적성정밀검사 및 적성검사의 항목·방법 및 절차 등에 관하여는 국토교통부장관이 정하는 바에 따른다.

(7) 자격유지검사 기간
자격유지검사는 검사 대상이 된 날부터 3개월 이내에 받아야 한다.

14. 운전자격의 취득 (규칙 제50조)

(1) 운전업무 종사자격 시험의 구분 및 실시기관
① 일반택시운송사업, 개인택시운송사업 및 수요응답형 여객자동차운송사업(승용자동차를 사용하는 경우만 해당한다)에 대한 운전자격시험 : 한국교통안전공단
② ①에 따른 운송사업을 제외한 여객자동차 운송사업에 대한 운전자격시험(버스운전 자격시험) : 한국교통안전공단

(2) 운전자격시험의 시행 및 공고(규칙 제51조)
① 한국교통안전공단은 매월 1회 이상 운전자격시험을 시행하되, 매년 최초의 시험시행일 30일 전까지 그 해의 시험시행계획을

공고하여야 한다. 다만, 시험시행기관은 운전자의 수급사정을 고려하여 필요하다고 인정할 때에는 운전자격시험의 횟수를 조정하여 공고한 후 시험을 시행할 수 있다.
② 한국교통안전공단은 운전자격시험을 시행할 때에는 그 일시, 장소, 방법, 과목, 응시절차, 그 밖에 시험시행에 관한 사항을 모든 응시자가 알 수 있도록 시험시행일 20일 전에 공고하여야 한다. 다만, 불가피한 사유로 공고내용을 변경할 때에는 시험시행일 10일 전까지 그 변경사항을 공고하여야 한다.
③ 한국교통안전공단은 공고를 하는 경우에는 해당 시험시행기관의 인터넷 홈페이지에 게재하여야 한다. 이 경우 한국교통안전공단이 필요하다고 인정하는 경우에는 신문이나 간행물 등에 함께 공고할 수 있다.

(3) 택시운전자격시험의 실시방법 및 시험과목 등(규칙 제52조)
① 실시방법 : 필기시험
② **시험과목 : 교통 및 운수관련 법규, 안전운행 요령, 운송서비스 및 지리에 관한 사항**
③ 합격자 결정 : 필기시험 총점의 **6할 이상**을 얻을 것

(4) 운전자격시험의 응시(규칙 제53조)
① 운전자격시험에 응시하려는 사람은 (버스운전, 택시운전) 자격시험 응시원서(전자문서를 포함한다)에 다음의 서류(택시운전 자격시험만 해당한다)를 첨부하여 해당 한국교통안전공단에 제출하여야 한다. 이 경우 한국교통안전공단은 행정정보의 공동이용을 통하여 다음의 사항을 확인하여야 하며, 응시자가 확인에 동의하지 않는 경우에는 해당 서류를 첨부하게 해야 한다.
  ㉠ **운전면허증**
  ㉡ **운전경력증명서**
  ㉢ **운전적성 정밀검사 수검사실증명서**
② 운전자격이 취소된 날부터 1년이 지나지 아니한 자는 운전자격시험에 응시할 수 없다. 다만, 정기적성검사를 받지 아니하였다는 이유로 운전면허가 취소되어 운전자격이 취소된 경우에는 그러하지 아니하다.

(5) 운전자격시험의 특례(규칙 제54조)
① 한국교통안전공단은 다음의 어느 하나에 해당하는 자에 대하여는 필기시험의 과목 중 안전운행 요령 및 운송서비스의 과목에 관한 시험을 면제할 수 있다.
  ㉠ 택시운전자격을 취득한 자가 운전자격증명을 발급한 일반택시운송사업조합의 관할구역 밖의 지역에서 택시운전업무에 종사하려고 운전자격시험에 다시 응시하는 자
  ㉡ 운전자격시험일부터 계산하여 과거 4년간 사업용 자동차를 3년 이상 무사고로 운전한 자
  ㉢ 무사고운전자 또는 유공운전자의 표시장을 받은 자
② 필기시험의 일부를 면제받으려는 자는 응시원서에 이를 증명할 수 있는 서류를 첨부하여 한국교통안전공단에 제출하여야 한다.

(6) 교통안전체험교육
교통안전체험, 교통사고 대응요령과 여객자동차 운수사업법령 등에 관하여 실시하는 이론 및 실기 교육(교통안전체험교육)은 한국교통안전공단이 실시한다.

(7) 운전자격의 등록 등(규칙 제55조)
① 한국교통안전공단은 운전자격시험을 실시한 날부터 15일 이내에 해당 한국교통안전공단의 인터넷 홈페이지에 합격자를 공고하여야 한다.
② 운전자격시험에 합격한 사람 또는 교통안전체험교육을 수료한 사람은 각각 합격자 발표일 또는 교육 수료일부터 30일 이내에 운전자격증 발급신청서(전자문서를 포함한다)에 사진 2장을 첨부하여 해당 한국교통안전공단에 운전자격증의 발급을 신청하여야 한다.
③ 신청을 받은 한국교통안전공단은 운전자격 등록대장에 그 사실을 적은 후 (버스, 택시) 운전자격증을 발급하여야 한다.

15. 운전자격증명의 게시 및 관리(규칙 제57조)

① 운수종사자는 **운전자격증명을 게시**할 때에는 승객이 쉽게 볼 수 있는 위치에 게시하여야 한다.

② 운수종사자가 퇴직하는 경우에는 본인의 운전자격증명을 운송사업자에게 반납하여야 하며, 운송사업자는 지체없이 해당 운전자격증명 발급기관에 그 운전자격증명을 제출하여야 한다.

③ 관할관청은 운송사업자에게 다음의 어느 하나에 해당하는 사유가 생긴 경우에는 그에 규정된 사람으로부터 운전자격증명을 회수하여 폐기한 후 운전자격증명 발급기관에 그 사실을 지체 없이 통보하여야 한다.

　㉠ 대리운전을 시킨 사람의 대리운전이 끝난 경우에는 그 대리운전자(개인택시운송사업자만 해당한다)

　㉡ 사업의 양도·양수인가를 받은 경우에는 그 양도자

　㉢ 사업을 폐업한 경우에는 그 폐업허가를 받은 사람

　㉣ 운전자격이 취소된 경우에는 그 취소처분을 받은 사람

16. 운전자격의 취소 등(규칙 제59조)

(1) 운전자격의 취소 및 효력정지의 처분기준 (규칙 별표5)

① 일반기준

　㉠ 위반행위가 둘 이상인 경우로서 그에 해당하는 각각의 처분기준이 다른 경우에는 그 중 무거운 처분기준에 따른다. 다만, 둘 이상의 처분기준이 모두 자격정지인 경우에는 각 처분기준을 합산한 기간을 넘지 아니하는 범위에서 무거운 처분기준의 2분의 1 범위에서 가중할 수 있다. 이 경우 그 가중한 기간을 합산한 기간은 6개월을 초과할 수 없다.

　㉡ 위반행위의 횟수에 따른 행정처분의 기준은 최근 1년간 같은 위반행위로 행정처분을 받은 경우에 적용한다. 이 경우 행정처분 기준의 적용은 같은 위반행위에 대한 행정처분일과 그 처분 후의 위반행위가 다시 적발된 날을 기준으로 한다.

　㉢ 처분관할관청은 자격정지처분을 받은 사람이 다음의 어느 하나에 해당하는 경우에는 ㉠ 및 ㉡에 따른 처분을 2분의 1 범위에서 늘리거나 줄일 수 있다. 이 경우 늘리는 경우에도 그 늘리는 기간은 6개월을 초과할 수 없다.

　　ⓐ 가중사유

　　　㉮ 위반행위가 사소한 부주의나 오류가 아닌 고의나 중대한 과실에 의한 것으로 인정되는 경우

　　　㉯ 위반의 내용정도가 중대하여 이용객에게 미치는 피해가 크다고 인정되는 경우

　　ⓑ 감경사유

　　　㉮ 위반행위가 고의나 중대한 과실이 아닌 사소한 부주의나 오류로 인한 것으로 인정되는 경우

　　　㉯ 위반의 내용정도가 경미하여 이용객에게 미치는 피해가 적다고 인정되는 경우

　　　㉰ 위반행위를 한 사람이 처음 해당 위반행위를 한 경우로서 최근 5년 이상 해당 여객자동차운송사업의 모범적인 운수종사자로 근무한 사실이 인정되는 경우

　　　㉱ 그 밖에 여객자동차운수사업에 대한 정부 정책상 필요하다고 인정되는 경우

　㉣ 처분관할관청은 자격정지처분을 받은 사람이 정당한 사유 없이 기일 내에 운전자격증을 반납하지 아니할 때에는 해당 처분을 2분의 1의 범위에서 가중하여 처분하고, 가중처분을 받은 사람이 기일 내에 운전자격증을 반납하지 아니할 때에는 자격취소처분을 한다.

② 택시운전자격

위 반 행 위	근거 법조문	처 분 기 준	
		1차 위반	2차 이상 위반
1) 법 제6조제1호부터 제4호까지의 어느 하나에 해당하게 된 경우	법 제87조제1항제1호	자격취소	
2) 부정한 방법으로 법 제24조제2항에 따른 택시운전자격을 취득한 경우	법 제87조제1항제2호	자격취소	
3) 법 제24조제4항에 해당하게 된 경우	법 제87조제1항제3호	자격취소	
4) 법 제26조제1항에 따른 금지행위 중 다음의 어느 하나에 해당하는 행위로 과태료처분을 받은 사람이 1년 이내에 같은 위반행위를 한 경우	법 제87조제1항제4호		
가) 정당한 이유 없이 여객의 승차를 거부하거나 여객을 중도에서 내리게 하는 행위		자격정지 10일	자격정지 20일
나) 신고하지 않거나 미터기에 의하지 않은 부당한 요금을 요구하거나 받는 행위		자격정지 10일	자격정지 20일
다) 일정한 장소에서 장시간 정차하여 여객을 유치하는 행위		자격정지 10일	자격정지 20일
라) 삭제 〈2014.7.29〉			
5) 4)의 가)부터 다)까지의 어느 하나에 해당하는 행위로 1년간 세 번의 과태료 또는 자격정지처분을 받은 사람이 같은 4)의 가)부터 다)까지의 어느 하나에 해당하는 위반행위를 한 경우	법 제87조제1항제4호	자격취소	
6) 법 제26조제2항을 위반하여 운송수입금 전액을 내지 아니하여 과태료처분을 받은 사람이 그 과태료처분을 받은 날부터 1년 이내에 같은 위반행위를 세 번 한 경우	법 제87조제1항제5호	자격정지 20일	자격정지 20일
7) 운송수입금 전액을 내지 아니하여 과태료처분을 받은 사람이 그 과태료처분을 받은 날부터 1년 이내에 같은 위반행위를 네 번 이상 한 경우	법 제87조제1항제5호	자격정지 50일	자격정지 50일
8) 영 제11조에 따른 중대한 교통사고로 다음의 어느 하나에 해당하는 수의 사상자를 발생하게 한 경우	법 제87조제1항제6호		
가) 사망자 2명 이상		자격정지 60일	자격정지 60일
나) 사망자 1명 및 중상자 3명 이상		자격정지 50일	자격정지 50일

다) 중상자 6명 이상		자격정지 40일	자격정지 40일
9) 교통사고와 관련하여 거짓이나 그 밖의 부정한 방법으로 보험금을 청구하여 금고 이상의 형을 선고받고 그 형이 확정된 경우	법 제87조 제1항 제6호의2	자격취소	
10) 운전업무와 관련하여 다음의 어느 하나에 해당하는 부정 또는 비위(非違) 사실이 있는 경우	법 제87조 제1항제7호		
가) 택시운전자격증을 타인에게 대여한 경우		자격취소	
나) 개인택시운송사업자가 불법으로 타인으로 하여금 대리운전을 하게 한 경우		자격정지 30일	자격정지 30일
11) 그 밖에 다음의 어느 하나에 해당한 경우	법 제87조 제1항제8호		
가) 택시운전자격정지의 처분기간 중에 택시운전업무에 종사한 경우		자격취소	
나) 「도로교통법」 위반으로 사업용 자동차를 운전할 수 있는 운전면허가 취소된 경우		자격취소	자격정지 5일
다) 삭제 〈2016.2.23.〉			
라) 정당한 사유 없이 법 제25조에 따른 교육과정을 마치지 않은 경우		자격정지 5일	

(2) 경감 및 가중

관할관청은 처분기준을 적용할 때 위반행위의 동기 및 횟수 등을 고려하여 처분기준의 **2분의 1의 범위**에서 경감하거나 가중할 수 있다.

(3) 운전자격증 등 반납

관할관청은 처분을 하였을 때에는 그 사실을 처분대상자, 해당 시험시행기관에 각각 통지하고 처분대상자에게 운전자격증 등을 반납하게 하여야 한다.

(4) 운전자격증 등 반환

관할관청은 운전자격증 등을 반납받은 경우 운전자격취소처분을 받은 자가 반납한 운전자격증 등은 폐기하고, 운전자격정지처분을 받은 자가 반납한 운전자격증 등은 보관한 후 자격정지기간이 지난 후에 돌려주어야 한다.

(5) 운전자격증 등 폐기

관할관청이 운전자격증 등을 폐기한 경우 해당 시험시행기관은 운전자격 등록을 말소하고 운전자격 등록대장에 그 사실을 적어야 한다.

17. 운수종사자의 교육 등

(1) 운수종사자가 받아야 하는 교육의 종류

구 분	교육 대상자	교육시간	주기
가. 신규교육	새로 채용한 운수종사자(사업용자동차를 운전하다가 퇴직한 후 2년 이내에 다시 채용된 사람은 제외한다)	16	
나. 보수교육	무사고·무벌점 기간이 5년 이상 10년 미만인 운수종사자	4	격년
	무사고·무벌점 기간이 5년 미만인 운수종사자		매년
	법령위반 운수종사자	8	수시

다. 수시교육	국제행사 등에 대비한 서비스 및 교통안전 증진 등을 위하여 국토교통부장관 또는 시·도지사가 교육을 받을 필요가 있다고 인정하는 운수종사자	4	필요 시

(2) 운수종사자의 교육

운수종사자 연수기관, 한국교통안전공단, 연합회 또는 조합이 한다.

(3) 이수확인

교육실시기관은 교육을 하였을 때에는 운수종사자 교육카드에 "교육이수"의 확인 도장을 찍어 운수종사자에게 내주어야 한다.

(4) 교육훈련 담당자 선임

운송사업자는 그의 운수종사자에 대한 교육계획의 수립, 교육의 시행 및 일상의 교육훈련업무를 위하여 종업원 중에서 교육훈련 담당자를 선임하여야 한다. 다만, 자동차 면허 대수가 20대 미만인 운송사업자의 경우에는 교육훈련 담당자를 선임하지 아니할 수 있다.

(5) 교육계획 수립

교육실시기관은 매년 11월 말까지 조합과 협의하여 다음 해의 교육계획을 수립하여 시·도지사 및 조합에 보고하거나 통보하여야 하며, 그 해의 교육결과를 다음 해 1월 말까지 시·도지사 및 조합에 보고하거나 통보하여야 한다.

18. 과태료 부과기준(제49조 관련)

(1) 일반기준

① 하나의 행위가 둘 이상의 위반행위에 해당하는 경우에는 그 중 무거운 과태료의 부과기준에 따른다.

② 위반행위의 횟수에 따른 과태료의 가중된 부과기준은 최근 1년간 같은 위반행위로 과태료 부과처분을 받은 경우에 적용한다. 이 경우 기간의 계산은 위반행위에 대하여 과태료 부과처분을 받은 날과 그 처분 후 다시 같은 위반행위를 하여 적발된 날을 기준으로 한다.

③ ②에 따라 가중된 부과처분을 하는 경우 가중처분의 적용 차수는 그 위반행위 전 부과처분 차수(②에 따른 기간 내에 과태료 부과처분이 둘 이상 있었던 경우에는 높은 차수를 말한다)의 다음 차수로 한다.

④ 부과권자는 다음의 어느 하나에 해당하는 경우에는 제2호에 따른 과태료 금액의 2분의 1의 범위에서 그 금액을 줄일 수 있다. 다만, 과태료를 체납하고 있는 위반행위자의 경우에는 그러하지 아니하다.

㉠ 위반행위자가 「질서위반행위규제법 시행령」 제2조의2제1항 각 호의 어느 하나에 해당하는 경우

㉡ 위반행위가 사소한 부주의나 오류로 인한 것으로 인정되는 경우

㉢ 위반행위자가 법 위반상태를 시정하거나 해소하기 위하여 노력한 것으로 인정되는 경우

㉣ 그 밖에 위반행위의 정도, 위반행위의 동기와 그 결과 등을 고려하여 줄일 필요가 있다고 인정되는 경우

⑤ 부과권자는 다음의 어느 하나에 해당하는 경우에는 제2호에 따른 과태료 금액의 2분의 1의 범위에서 늘릴 수 있다. 다만, 법 제94조에 따른 과태료 금액의 상한을 넘을 수 없다.

㉠ 위반의 내용·정도가 중대하여 이용객 등에게 미치는 피해가 크다고 인정되는 경우

㉡ 최근 1년간 같은 위반행위로 과태료 부과처분을 3회를 초과하여 받은 경우

㉢ 그 밖에 위반행위의 정도, 위반행위의 동기와 그 결과 등을 고려하여 늘릴 필요가 있다고 인정되는 경우

(2) 개별기준

위 반 행 위	근거 법조문	과태료 금액(만원)		
		1회	2회	3회 이상
가. 법 제8조를 위반하여 운임·요금을 신고하지 않은 경우	법 제94조 제1항제1호	500	750	1,000

나. 법 제8조제6항을 위반하여 어린아이의 운임을 받은 경우	법 제94조 제2항제1호	5	10	10
다. 법 제15조제1항(법 제35조와 제48조에서 준용하는 경우를 포함한다)에 따른 상속 신고를 하지 않은 경우	법 제94조 제1항제2호	500	750	1,000
라. 법 제17조를 위반하여 사업용 자동차의 표시를 하지 않은 경우	법 제94조 제2항제2호	10	15	20
마. 법 제19조에 따른 사고 시의 조치 또는 보고를 하지 않거나 거짓 보고를 한 경우	법 제94조 제2항제3호			
1) 법 제19조제1항에 따른 사고 시의 조치를 하지 않은 경우		50	75	100
2) 법 제19조제2항에 따른 보고를 하지 않거나 거짓 보고를 한 경우		20	30	50
바. 법 제21조제1항을 위반하여 운수종사자로부터 운송수익금의 전액을 납부받지 않은 경우	법 제94조 제1항제3호	500	1,000	1,000
사. 법 제21조제6항을 위반하여 좌석안전띠가 정상적으로 작동될 수 있는 상태를 유지하지 않은 경우	법 제94조 제3항제1호	20	30	50
아. 법 제21조제7항을 위반하여 운수종사자에게 여객의 좌석안전띠 착용에 관한 교육을 실시하지 않은 경우	법 제94조 제3항제2호	20	30	50
자. 정당한 사유 없이 제21조제9항을 위반하여 교통안전정보의 제공을 거부하거나 거짓의 정보를 제공한 경우	법 제94조 제3항제3호	20	30	50
차. 노선 여객자동차운송 사업자 및 전세버스 운송사업자가 법 제21조제11항에 따른 운수종사자의 휴식시간 보장에 관한 의무를 위반한 경우	법 제94조 제1항제3호 의2	50	75	100
카. 법 제22조제1항제1호 및 제2호를 위반하여 운수종사자 취업현황을 알리지 않거나 거짓으로 알린 경우	법 제94조 제2항제4호	50	75	100
타. 제22조제1항제3호를 위반하여 휴식시간 보장내역을 알리지 않거나 거짓으로 알린 경우	법 제94조 제2항제5호	50	75	100
파. 법 제24조제1항의 운수종사자의 요건을 갖추지 않고 여객자동차운송사업의 운전업무에 종사한 경우	법 제94조 제2항제6호	50	50	50
하. 법 제24조의2제1항 또는 제2항을 위반하여 같은 항에 따른 증표를 게시하지 않은 경우	법 제94조 제3항제3호의2	10	15	20
거. 법 제26조제1항제1호부터 제3호까지 및 제5호를 위반한 경우	법 제94조 제3항제4호	20	20	20
너. 법 제26조제1항제6호·제7호·제7호의2·제7호의3 및 제8호를 위반한 경우	법 제94조 제3항제4호	10	10	10
더. 법 제26조제1항제9호를 위반한 경우				
1) 안전운행을 위한 운수종사자의 준수사항 중 국토교통부령으로 정하는 준수사항을 위반한 경우	법 제94조 제3항제4호	50	50	50
2) 1)에 따른 준수사항 외의 준수사항을 위반한 경우	법 제94조 제3항제4호	10	10	10
러. 법 제26조제2항을 위반한 경우	법 제94조 제3항제4호	50	50	50
머. 법 제26조제3항을 위반하여 **차량의 출발 전에 여객이 좌석안전띠를 착용하도록 안내하지 않은 경우**	법 제94조 제4항	3	5	10

위반행위	근거법조문			
버. 법 제34조의2제2항을 위반하여 대여사업용 자동차를 대여할 때 임대차계약서상의 운전자(법 제34조제2항에 따라 운전자를 알선하는 경우에는 해당 운전자를 말한다. 이하 같다)에 대하여 운전자격을 확인하지 않은 경우	법 제94조제2항제6호의2	20	30	50
서. 법 제34조의2제2항을 위반하여 같은 항 각 호의 어느 하나에 해당하는 운전자에게 자동차를 대여한 경우	법 제94조제2항제6호의2	50	50	50
어. 법 제45조에 따른 터미널 사용명령을 위반한 경우	법 제94조제2항제9호	100	150	200
저. 법 제56조에 따른 정관변경 등의 명령을 따르지 않은 경우	법 제94조제2항제10호	100	150	200
처. 법 제65조제1항(법 제60조제2항에서 준용하는 경우를 포함한다)에 따른 보고서를 제출하지 않거나 거짓 보고서를 제출한 경우 또는 조사나 검사를 거부·방해 또는 기피한 경우	법 제94조제2항제11호	200	300	500
커. 법 제66조(법 제60조제2항에서 준용하는 경우를 포함한다)에 따른 개선명령을 따르지 않은 경우	법 제94조제1항제4호	500	750	1,000
터. 법 제67조(법 제60조제2항에서 준용하는 경우를 포함한다)에 따른 임직원에 대한 징계·해임의 요구에 따르지 않거나 시정명령을 따르지 않은 경우	법 제94조제1항제5호	500	750	1,000
퍼. 법 제79조제1항에 따른 보고를 하지 않거나 거짓으로 보고한 경우	법 제94조제2항제12호	25	50	50
허. 법 제79조제1항에 따른 서류 제출을 하지 않거나 거짓 서류를 제출한 경우	법 제94조제2항제13호	50	75	100
고. 정당한 사유 없이 법 제79조제2항에 따른 검사 또는 질문에 불응하거나 이를 방해 또는 기피한 경우	법 제94조제2항제14호	50	75	100
노. 법 제83조에 따른 자가용자동차의 사용 제한 또는 금지에 관한 명령을 위반한 경우	법 제94조제2항제15호	500	500	500
도. 법 제89조제1항을 위반하여 자동차 등록증과 자동차 등록번호판을 반납하지 않은 경우	법 제94조제2항제16호	500	500	500

비고 : 위 표 제2호나목·라목·터목 및 퍼목의 경우에는 법 제85조제1항에 따라 처분을 받은 경우에는 과태료를 부과하지 아니한다.

19. 사업용 자동차의 차령과 그 연장요건(영 별표2)

차종	사업의 구분		차령
승용자동차	여객자동차 운송사업용	개인택시(경형·소형)	5년
		개인택시(배기량 2,400cc 미만)	7년
		개인택시(배기량 2,400cc 이상)	9년
		개인택시[전기자동차(「환경친화적 자동차의 개발 및 보급 촉진에 관한 법률」 제2조제3호에 따른 전기자동차를 말한다. 이하 같다)]	9년
		일반택시(경형·소형)	3년 6개월
		일반택시(배기량 2,400cc 미만)	4년
		일반택시(배기량 2,400cc 이상)	6년
		일반택시(전기자동차)	6년
	자동차 대여사업용	경형·소형·중형	5년
		대형	8년
	특수여객자동차 운송사업용	경형·소형·중형	6년
		대형	10년
승합자동차	특수여객자동차운송사업용		10년 6개월
	그 밖의 사업용		9년

제❷장 택시운송사업의 발전에 관한 법률(택시발전법)

1. 목적(법 제1조)

이 법은 택시운송사업의 발전에 관한 사항을 규정함으로써 택시운송사업의 건전한 발전을 도모하여 택시운수종사자의 복지 증진과 국민의 교통편의 제고에 이바지함을 목적으로 한다.

2. 용어의 정의(법 제2조)

(1) 택시운송사업

구역 여객자동차운송사업 중 다음의 여객자동차운송사업을 말한다.
① 일반택시운송사업 : 운행계통을 정하지 아니하고 국토교통부령으로 정하는 **사업구역에서 1개의 운송계약에 따라 국토교통부령으로 정하는 자동차를 사용하여 여객을 운송하는 사업**
② 개인택시운송사업 : 운행계통을 정하지 아니하고 국토교통부령으로 정하는 사업구역에서 1개의 운송계약에 따라 국토교통부령으로 정하는 자동차 1대를 사업자가 직접 운전(사업자의 질병 등 국토교통부령으로 정하는 사유가 있는 경우는 제외한다)하여 여객을 운송하는 사업

(2) 택시운송사업면허

택시운송사업을 경영하기 위하여 받은 면허를 말한다.

(3) 택시운송사업자

택시운송사업면허를 받아 택시운송사업을 경영하는 자를 말한다.

(4) 택시운수종사자

운전업무 종사자격을 갖추고 택시운송사업의 운전업무에 종사하는 사람을 말한다.

(5) 택시운수종사자단체

택시운수종사자가 조직하는 단체로서 대통령령으로 정하는 바에 따라 등록한 단체를 말한다.

(6) 택시공영차고지

택시운송사업에 제공되는 차고지로서 특별시장·광역시장·특별자치시장·도지사·특별자치도지사 또는 시장·군수·구청장(자치구의 구청장을 말한다.)이 설치한 것을 말한다.

(7) 택시공동차고지

택시운송사업에 제공되는 차고지로서 2인 이상의 일반택시운송사업자가 공동으로 설치 또는 임차하거나 조합 또는 연합회가 설치 또는 임차한 차고지를 말한다.

3. 국가 등의 책무(법 제3조)

국가 및 지방자치단체는 택시운송사업의 발전과 국민의 교통편의 증진을 위한 정책을 수립하고 시행하여야 한다.

4. 택시정책심의위원회

(1) 택시정책심의위원회 설치

택시운송사업에 관한 중요 정책 등에 관한 사항을 심의하기 위하여 국토교통부장관 소속으로 택시정책심의위원회를 둔다.

(2) 위원회의 심의사항

① 택시운송사업의 면허제도에 관한 중요 사항
② 사업구역별 택시 총량에 관한 사항
③ 사업구역 조정 정책에 관한 사항
④ 택시운수종사자의 근로여건 개선에 관한 중요 사항
⑤ 택시운송사업의 서비스 향상에 관한 중요 사항
⑥ 이 법 또는 다른 법률에서 위원회의 심의를 거치도록 한 사항
⑦ 그 밖에 택시운송사업에 관한 중요한 사항으로서 위원장이 회의에 부치는 사항

(3) 위원회의 구성

위원회는 위원장 1명을 포함한 10명 이내의 위원으로 구성한다.

(4) 위원의 위촉

위원회의 위원은 택시운송사업에 관하여 학식과

경험이 풍부한 전문가 중에서 국토교통부장관이 위촉한다.

(5) 기타 위원회에 관한 사항

이 법에서 규정한 사항 외에 위원회의 구성·운영 등에 관하여 필요한 사항은 대통령령으로 정한다.

5. 택시운송사업 발전 기본계획의 수립 (법 제6조)

(1) 택시운송사업 발전 기본계획의 수립

국토교통부장관은 택시운송사업을 체계적으로 육성·지원하고 국민의 교통편의 증진을 위하여 관계 중앙행정기관의 장 및 시·도지사의 의견을 들어 5년 단위의 **택시운송사업 발전 기본계획을 5년마다 수립**하여야 한다.

(2) 기본계획에 포함되어야 할 사항
① 택시운송사업 정책의 기본방향에 관한 사항
② 택시운송사업의 여건 및 전망에 관한 사항
③ 택시운송사업면허 제도의 개선에 관한 사항
④ 택시운송사업의 구조조정 등 수급조절에 관한 사항
⑤ 택시운수종사자의 근로여건 개선에 관한 사항
⑥ 택시운송사업의 경쟁력 향상에 관한 사항
⑦ 택시운송사업의 관리역량 강화에 관한 사항
⑧ 택시운송사업의 서비스 개선 및 안전성 확보에 관한 사항
⑨ 그 밖에 택시운송사업의 육성 및 발전에 관한 사항으로서 대통령령으로 정하는 사항

(3) 자료제출의 요구

국토교통부장관은 기본계획의 수립에 필요한 기초자료를 수집하기 위하여 관계 중앙행정기관의 장, 시·도지사 및 택시운송사업자에게 자료의 제출을 요구할 수 있다. 이 경우 관계 중앙행정기관의 장, 시·도지사 및 택시운송사업자는 특별한 사유가 없으면 이에 따라야 한다.

(4) 기본계획 확정

국토교통부장관은 위원회의 심의를 거쳐 기본계획을 확정한다.

(5) 기본계획 변경

국토교통부장관은 택시운송사업 여건의 급격한 변화 등 국토교통부령으로 정하는 사유로 인하여 기본계획을 변경할 필요가 있는 경우에는 위원회의 심의를 거쳐 이를 변경할 수 있다. 다만, 국토교통부령으로 정하는 경미한 사항을 변경하는 경우에는 위원회의 심의를 거치지 아니하고 이를 변경할 수 있다.

(6) 시·도지사 시행계획 수립

시·도지사는 기본계획을 시행하기 위하여 주민 및 관계 전문가의 의견을 들어 5년 단위의 시행계획을 수립한 후 국토교통부장관에게 제출하여야 한다.

(7) 지방교통위원회의 심의

시·도지사는 시행계획을 수립하려는 경우에는 지방교통위원회의 심의를 거쳐야 한다.

(8) 시·도지사가 시행계획을 변경하려는 경우

제5항을 준용한다. 이 경우 "기본계획"은 "시행계획"으로, "위원회"는 "지방교통위원회"로 본다.

6. 재정 지원

(1) 자금보조

특별시·광역시·특별자치시·도·특별자치도는 택시운송사업의 발전을 위하여 택시운송사업자 또는 택시운수종사자단체(⑤에 따른 사업을 실시하는 경우로 한정한다)에 다음의 어느 하나에 해당하는 사업에 대하여 조례로 정하는 바에 따라 필요한 자금의 전부 또는 일부를 보조 또는 융자할 수 있다.
① 합병, 분할, 분할합병, 양도·양수 등을 통한 구조조정 또는 경영개선 사업
② 사업구역별 택시 총량을 초과한 차량의 감차(減車) 사업
③ 택시운송사업에 사용되는 자동차의 환경친화적 자동차로의 대체 사업
④ 택시운송사업의 서비스 향상을 위한 시설·장비의 확충·개선·운영 사업
⑤ 서비스 교육 등 택시운수종사자에게 실시하는 교육 및 연수 사업

⑥ 그 밖에 택시운송사업의 발전을 위한 사항으로서 국토교통부령으로 정하는 사업

(2) 시·도에 지원(법 제7조)

국가는 다음의 어느 하나에 해당하는 자금의 전부 또는 일부를 시·도에 지원할 수 있다.
① 시·도가 택시운송사업자 또는 택시운수종사자단체에 보조한 자금. 다만, 시설·장비의 운영 사업에 보조한 자금은 제외한다.
② 택시공영차고지 설치에 필요한 자금

7. 보조금의 사용 등 (법 제8조)

(1) 용도 외 사용금지

보조를 받은 택시운송사업자등은 그 자금을 보조받은 목적 외의 용도로 사용하지 못한다.

(2) 보조금 사용감독

국토교통부장관 또는 시·도지사는 보조를 받은 택시운송사업자 등이 그 자금을 적정하게 사용하도록 감독하여야 한다.

(3) 보조금의 반환명령

국토교통부장관 또는 시·도지사는 택시운송사업자등이 거짓이나 그 밖의 부정한 방법으로 보조금을 교부받거나 목적 외의 용도로 사용한 경우 택시운송사업자등에게 보조금의 반환을 명하여야 한다.

(4) 보조금 징수

국토교통부장관은 택시운송사업자등이 명령을 받고 보조금을 반환하지 아니하는 경우에는 국세 또는 지방세 체납처분의 예에 따라 이를 징수하여야 한다.

8. 택시운수종사자 소정근로시간 산정 특례 (제11조의2)

일반택시운송사업 택시운수종사자의 근로시간을 「근로기준법」 제58조제1항 및 제2항에 따라 정할 경우 1주간 40시간 이상이 되도록 정하여야 한다.

[시행일] 다음 각 호의 구분에 따른 날
① 서울특별시 : 2021년 1월 1일
② 제1호를 제외한 사업구역 : 공포 후 5년을 넘지 아니하는 범위에서 제1호에 따른 시행지역의 성과, 사업구역별 매출액 및 근로시간의 변화 등을 종합적으로 고려하여 대통령령으로 정하는 날

9. 신규 택시운송사업면허의 제한 등

(1) 신규면허 제한

다음의 사업구역에서는 누구든지 신규 택시운송사업면허를 받을 수 없다.
① 사업구역별 택시 총량을 산정하지 아니한 사업구역
② 국토교통부장관이 사업구역별 택시 총량의 재산정을 요구한 사업구역
③ 고시된 사업구역별 택시 총량보다 해당 사업구역 내의 택시의 대수가 많은 사업구역. 다만, 해당 사업구역이 연도별 감차 규모를 초과하여 감차 실적을 달성한 경우 그 초과분의 범위에서 관할 지방자치단체의 조례로 정하는 바에 따라 신규 택시운송사업면허를 받을 수 있다.

(2) 사업계획 변경불가

(1)의 사업구역에서 일반택시운송사업자가 사업계획을 변경하고자 하는 경우 증차를 수반하는 사업계획의 변경은 할 수 없다.

10. 운송비용 전가 금지 등

(1) 택시운수종사자에게 비용부담금지

대통령령으로 정하는 사업구역의 택시운송사업자는 택시의 구입 및 운행에 드는 비용 중 다음의 비용을 택시운수종사자에게 부담시켜서는 아니 된다.
① 택시 구입비(신규차량을 택시운수종사자에게 배차하면서 추가 징수하는 비용을 포함한다)
② 유류비
③ 세차비
④ 그 밖에 택시의 구입 및 운행에 드는 비용으로서 대통령령으로 정하는 비용

(2) 택시운수종사자가 아닌 사람에게 택시 제공금지

택시운송사업자는 소속 택시운수종사자가 아닌

사람(형식상의 근로계약에도 불구하고 실질적으로는 소속 택시운수종사자가 아닌 사람을 포함한다)에게 택시를 제공하여서는 아니 된다.

(3) 장시간 근로 방지

택시운송사업자는 택시운수종사자가 안전하고 편리한 서비스를 제공할 수 있도록 택시운수종사자의 장시간 근로 방지를 위하여 노력하여야 한다.

(4) 택시운송사업자의 준수사항 조사

시·도지사는 1년에 2회 이상 대통령령으로 정하는 바에 따라 택시운송사업자가 전가금지사항을 준수하고 있는지를 조사하고, 그 조사 내용과 조치결과를 국토교통부장관에게 보고하여야 한다.

11. 택시 운행정보의 관리(법 제13조)

(1) 택시 운행정보 관리시스템 구축·운영

국토교통부장관 또는 시·도지사는 택시정책을 효율적으로 수행하기 위하여 운행기록장치와 택시요금미터를 활용하여 국토교통부령으로 정하는 정보를 수집·관리하는 시스템을 구축·운영할 수 있다.

(2) 정보수집·이용

국토교통부장관 또는 시·도지사는 택시 운행정보 관리시스템을 구축·운영하기 위한 정보를 수집·이용할 수 있다.

(3) 택시 운행정보 관리시스템 공동 이용

택시 운행정보 관리시스템으로 처리된 자료는 교통사고 예방 등 공공의 목적을 위하여 국토교통부령으로 정하는 바에 따라 공동 이용할 수 있다.

(4) 기타 사항

택시 운행정보 관리시스템의 구축·운영, 전산자료의 공동 이용 대상 및 범위 등에 관한 구체적인 사항은 국토교통부령으로 정한다.

12. 택시운수종사자 복지기금의 설치 등(법 제15조)

(1) 복지기금 설치

택시운송사업자단체 또는 택시운수종사자단체는 택시운수종사자의 근로여건 개선 등을 위하여 택시운수종사자 복지기금을 설치할 수 있다.

(2) 기금의 재원

① 출연금(개인·단체·법인으로부터의 출연금에 한정한다)
② 기금운용 수익금
③ 액화석유가스를 연료로 사용하는 차량을 판매하여 발생한 수입 중 일부로서 택시운송사업자가 조성하는 수입금
④ 그 밖에 대통령령으로 정하는 수입금

(3) 기금의 용도

① 택시운수종사자의 건강검진 등 건강관리 서비스 지원
② 택시운수종사자 자녀에 대한 장학사업
③ 기금의 관리·운용에 필요한 경비
④ 그 밖에 택시운수종사자의 복지향상을 위하여 필요한 사업으로서 국토교통부장관이 정하는 사업

(4) 기금 감독

국토교통부장관 또는 시·도지사는 기금이 적정하게 사용될 수 있도록 감독하여야 한다.

(5) 기타 사항규정

기금의 관리·운용·감독 등에 필요한 사항은 대통령령으로 정한다.

13. 택시운수종사자의 준수사항 등

(1) 택시운수종사자의 금지행위

① 정당한 사유 없이 여객의 승차를 거부하거나 여객을 중도에서 내리게 하는 행위
② 부당한 운임 또는 요금을 받는 행위
③ 여객을 합승하도록 하는 행위
④ 여객의 요구에도 불구하고 영수증 발급 또는 신용카드결제에 응하지 아니하는 행위(영수증발급기 및 신용카드결제기가 설치되어 있는 경우에 한정한다)

(2) 운전업무 종사자격 취소 및 정지명령

국토교통부장관은 택시운수종사자가 (1)의 사항을 위반하면 **운전업무 종사자격을 취소하거나** 6

개월 이내의 기간을 정하여 그 자격의 효력을 정지시킬 수 있다.

(3) 처분의 기준과 절차

처분의 기준과 절차 등에 관하여 필요한 사항은 국토교통부령으로 정한다.

14. 운전자격의 취소 등의 처분기준(제59조제1항 관련)

(1) 일반기준

① 위반행위가 둘 이상인 경우로서 그에 해당하는 각각의 처분기준이 다른 경우에는 그 중 무거운 처분기준에 따른다. 다만, 둘 이상의 처분기준이 모두 자격정지인 경우에는 각 처분기준을 합산한 기간을 넘지 아니하는 범위에서 무거운 처분기준의 2분의 1 범위에서 가중할 수 있다. 이 경우 그 가중한 기간을 합산한 기간은 6개월을 초과할 수 없다.

② 위반행위의 횟수에 따른 행정처분의 기준은 최근 1년간 같은 위반행위로 행정처분을 받은 경우에 적용한다. 이 경우 행정처분 기준의 적용은 같은 위반행위에 대한 행정처분일과 그 처분 후의 위반행위가 다시 적발된 날을 기준으로 한다.

③ 처분관할관청은 자격정지처분을 받은 사람이 다음의 어느 하나에 해당하는 경우에는 가목 및 나목에 따른 처분을 2분의 1 범위에서 늘리거나 줄일 수 있다. 이 경우 늘리는 경우에도 그 늘리는 기간은 6개월을 초과할 수 없다.

　㉠ 가중사유

　　ⓐ 위반행위가 사소한 부주의나 오류가 아닌 고의나 중대한 과실에 의한 것으로 인정되는 경우

　　ⓑ 위반의 내용정도가 중대하여 이용객에게 미치는 피해가 크다고 인정되는 경우

　㉡ 감경사유

　　ⓐ 위반행위가 고의나 중대한 과실이 아닌 사소한 부주의나 오류로 인한 것으로 인정되는 경우

　　ⓑ 위반의 내용정도가 경미하여 이용객에게 미치는 피해가 적다고 인정되는 경우

　　ⓒ 위반행위를 한 사람이 처음 해당 위반행위를 한 경우로서 최근 5년 이상 해당 여객자동차운송사업의 모범적인 운수종사자로 근무한 사실이 인정되는 경우

　　ⓓ 그 밖에 여객자동차운수사업에 대한 정부 정책상 필요하다고 인정되는 경우

④ 처분관할관청은 자격정지처분을 받은 사람이 정당한 사유 없이 기일 내에 운전자격증을 반납하지 아니할 때에는 해당 처분을 2분의 1의 범위에서 가중하여 처분하고, 가중처분을 받은 사람이 기일 내에 운전자격증을 반납하지 아니할 때에는 자격취소처분을 한다.

15. 과태료 부과기준(영 별표3)

(1) 일반기준

① 하나의 행위가 둘 이상의 위반행위에 해당하는 경우에는 그 중 무거운 과태료의 부과기준에 따른다.

② 위반행위의 횟수에 따른 과태료 부과기준은 제2호나목의 위반행위 중 법 제16조제1항제1호를 위반한 경우에는 최근 2년간, 그 밖의 위반행위의 경우에는 최근 1년간 같은 위반행위로 과태료 처분을 받은 경우에 적용한다. 이 경우 위반횟수별 부과기준의 적용일은 위반행위에 대한 과태료처분일과 그 처분 후 다시 적발된 날로 한다.

③ 부과권자는 다음의 어느 하나에 해당하는 경우에는 제2호에 따른 과태료 금액의 2분의 1의 범위에서 그 금액을 줄일 수 있다. 다만, 과태료를 체납하고 있는 위반행위자의 경우는 제외한다.

　㉠ 위반행위자가「질서위반행위규제법 시행령」제2조의2제1항 각 호의 어느 하나에 해당하는 경우

　㉡ 위반행위가 사소한 부주의나 오류로 인한 것으로 인정되는 경우

ⓒ 위반행위자가 법 위반상태를 시정하거나 해소하기 위하여 노력한 것으로 인정되는 경우
ⓔ 그 밖에 위반행위의 정도, 위반행위의 동기와 그 결과 등을 고려하여 줄일 필요가 있다고 인정되는 경우

④ 부과권자는 다음의 어느 하나에 해당하는 경우에는 제2호에 따른 과태료 금액의 2분의 1 범위에서 그 금액을 늘릴 수 있다. 다만, 금액을 늘리는 경우에도 법 제23조에 따른 과태료 금액의 상한을 넘을 수 없다.
ⓐ 위반의 내용·정도가 중대하여 이용객 등에게 미치는 피해가 크다고 인정되는 경우
ⓑ 최근 1년간 같은 위반행위로 과태료 부과처분을 3회를 초과하여 받은 경우
ⓒ 그 밖에 위반행위의 정도, 위반행위의 동기와 그 결과 등을 고려하여 늘릴 필요가 있다고 인정되는 경우

과태료 부과기준

위 반 행 위	근 거 법조문	과태료 금액(만원)		
		1회 위반	2회 위반	3회 위반 이상
가. 법 제12조제1항 각 호의 비용을 택시운수종사자에게 전가시킨 경우	법 제23조 제1항	500	1,000	1,000
나. 법 제16조제1항에 따른 택시운수종사자 준수사항을 위반한 경우	법 제23조 제2항 제1호	20	40	60
다. 법 제17조제1항에 따른 보고를 하지 않거나 거짓으로 한 경우	법 제23조 제2항 제2호	25	50	50
라. 법 제17조제1항에 따른 서류제출을 하지 않거나 거짓 서류를 제출한 경우	법 제23조 제2항 제2호	50	75	100
마. 법 제17조제2항에 따른 검사를 정당한 사유 없이 거부·방해 또는 기피한 경우	법 제23조 제2항 제3호	50	75	100

제1편 교통 및 여객자동차 운수사업 법규 출제예상문제

01 도로교통법의 목적에 해당되지 않는 것은?
① 모든 위험과 장애를 방지·제거한다.
② **법규 위법자를 처벌하는 것이 기본 목적이다.**
③ 도로 교통의 질서를 지키는 기본법이다.
④ 안전하고 원활한 교통의 확보를 위해서이다.

02 도로교통의 3대 요소에 해당하지 않는 것은?
① **도로교통법**
② 자동차
③ 도로
④ 사람(운전자, 보행자)

03 도로에 대한 설명 중 틀린 것은?
① 상급 도로와 하급 도로의 노선이 상호 중복되는 경우에 그 중복되는 부분의 도로에 대하여는 상급도로에 관한 규정을 적용한다.
② 다른 도로의 노선과 중복되게 노선을 인정하거나 변경하고자 할 때는 다른 노선을 인정하고 있는 관리청에 이를 통지하여야 한다.
③ **특별시·광역시 또는 시 관할구역 안의 상급도로(고속국도를 포함한다)는 특별시장·광역시장 또는 시장이 관리청이 된다.**
④ 행정청이 특히 필요하다고 인정할 때에는 관계 행정청과 협의하여 그 관할구역 외에 걸치는 도로의 노선을 인정할 수 있다.

04 긴급자동차의 특례적용 사항이 아닌 것은?
① 끼어들기 금지
② 앞지르기 금지시기
③ **앞지르기 방법**
④ 제한속도 위반

05 주차만 금지하는 구역인 곳은?
① **터널 안, 다리 위**
② 교차로, 횡단보도, 보도
③ 도로모퉁이로부터 5m 이내
④ 교차로 가장자리로부터 5m 이내

06 앞지르기에 대한 설명 중 맞는 것은?
① 교차로에서는 위험이 있을 때만 앞지르기가 금지된다.
② 앞지르기할 때는 앞차의 우측으로 한다.
③ 위험 방지를 위해 서행중인 차는 앞지르기 할 수 없다.
④ **앞지르기는 앞차의 좌측으로 한다.**

07 도로상태가 위험하거나 도로 부근에 위험물이 있는 경우에 필요한 안전조치를 할 수 있도록 이를 도로 사용자에게 알리는 안전표지는?
① 지시표시
② 노면표지
③ **주의표지**
④ 규제표지

정답 01 ② 02 ① 03 ③ 04 ③ 05 ① 06 ④ 07 ③

08 범칙금 납부기간 경과 시 20일 이내의 범칙금 액은?

① 20/100을 더한 금액을 납부한다.
② 30/100을 더한 금액을 납부한다.
③ 40/100을 더한 금액을 납부한다.
④ 50/100을 더한 금액을 납부한다.

09 정당한 사유없이 교육과정을 마치지 않을 경우 처분은?

① **자격정지 5일** ② 자격정지 30일
③ 자격정지 50일 ④ 자격정지 60일

10 택시운전 운행 특성과 관련된 사항 중 잘못 설명한 것은?

① 1개의 계약의 의해 보호의무 사항을 성실히 이행하여야 한다.
② 언제 어디서나 타고 내릴 수 있는 편의성이 있다.
③ 신속, 안전하게 여객을 운송할 수 있다.
④ 자가용에 비해 우선 통행권이 부여된다.

11 운수사업법 위반으로 적발되어 질문을 받거나 진술요구에 불응시 처벌은?

① 승무정지 ② 면허취소
③ 자격정지 ④ **과징금처분**

12 택시의 바깥쪽에 운송사업자의 명칭·기호 기타 국토교통부령이 정하는 사항을 표시하지 않는 경우에 받게 되는 처분은?

① 과태료 20만원 ② 과징금 15만원
③ **운행정지 10일** ④ 면허정지 10일

13 일정 장소에서 장시간 정차하며 승객을 유치할 때 해당되는 과태료 처분은?

① 10만원
② **20만원**
③ 30만원
④ 40만원

14 다음 중 택시 운송 사업에 대한 설명이 아닌 것은?

① 여객자동차 운송 사업이다.
② 여객자동차 운수사업법에 의해 운행하는 것이 원칙이다.
③ 정해진 사업구역 내에서 운행하는 것이 원칙이다.
④ 국토교통부 장관이 택시요금을 인가한다.

 택시요금인가제에서 국토교통부 장관이 정하는 기준 및 요율범위 내에서 신고제로 전환되었다.

15 다음 중 택시 운전자에게 과태료가 부과되는 경우는?

① **합승행위**
② 신호위반
③ 사업구역위반
④ 미터기 미사용

16 사업용 택시를 운전할 수 있는 요건 중 틀린 것은?

① **개인택시는 연령이 19세 이상인 자**
② 2종 보통 운전면허를 취득한 기간이 1년 이상인 자
③ 1종 보통 운전면허 소지자로서 운전경력 1년 이상인 자
④ 운전 정밀 검사에 적합 판정을 받은 자

17 택시가 사업구역을 위반하여 영업행위를 한 때에는 과징금 처분이 된다. 이때 부과되는 금액은 얼마인가?

① 100만원 ② 40만원
③ 150만원 ④ 180만원

18 다음 설명 중 틀린 것은?

① 경찰 공무원으로부터 운전면허증 제시를 요구받았을 때 이에 불응하면 위반이다.
② 긴급자동차를 운행할 때는 좌석안전띠를 착용하지 않아도 된다.
③ 택시업종의 운임을 인가하는 사람은 시·도지사이다.
④ 택시를 항상 청결하게 유지해야 하는 이유는 승객에게 더 많은 요금을 요구하기 위해서이다.

19 다음 안전표지의 뜻은?

① 승용자동차 통행금지 표지
② 승용자동차 통행 표지
③ 승용자동차 우선통행 표지
④ 승용자동차 전용도로

20 보행자의 통행방법으로 잘못된 것은?

① 보도와 차도가 구분된 도로에서 보도로 통행하여야 한다.
② 보도와 차도가 구분되지 않는 도로에서는 도로의 우측으로 통행하여야 한다.
③ 주행 중인 자동차와는 충분한 거리를 두고 안전하게 보행하여야 한다.
④ 도로공사 등으로 보도 통행이 불가능한 경우에는 차도로 통행하여야 한다.

21 신체장애인의 도로 횡단방법으로 잘못된 것은?

① 앞을 보지 못하는 사람은 흰색지팡이를 가지고 다녀야 한다.
② 육교나 지하도를 이용할 수 없는 신체장애인은 이를 이용하지 않고 횡단할 수 있다.
③ 신체 장애인이 도로 횡단시설을 이용하지 않고 횡단 중 다른 교통에 방해가 된 때에는 책임을 져야 한다.
④ 신체장애인 일지라도 반드시 도로 횡단시설 이용하여 횡단하여야 한다.

22 다음 안전표지의 뜻은?

① 도로 폭이 좁아짐 표시
② 좌측 차로 없어짐
③ 전방에 장애물 있음 표지
④ 전방에 장애물 없음 표지

23 적성검사에 대한 설명 중 틀린 것은?

① 정기적성검사는 제1종 운전면허를 받은 사람이 대상이다.
② 수시적성검사는 안전운행에 장애가 되는 후천적인 장애가 되는 경우에 실시한다.
③ 적성검사에 합격하지 못한 사람은 운전면허를 갱신할 수 없다.
④ 자가용 무사고 운전 10년 이상인 자는 면제한다.

24 택시운전 중 흡연 과태료 중 적발 상황과 과태료가 바르게 연결된 것은?

① 1차-10,000
② 2차-50,000
③ 3차-100,000
④ 시민신고-10,000

25 미터기 미사용 시 행정처분에 대한 설명 중 틀린 것은?

① 처분 대상은 사업자와 운전자
② 1차 적발 시 과징금 40만원
③ 2차 적발 시 과징금 80만원
④ 3차 적발 시 과징금 160만원

26 정비가 불량한 차량에 대해 지방경찰청장이 정비기간을 정하여 차사용을 정지시키는데 정비기간은?

① 5일을 초과할 수 없다.
② 10일을 초과할 수 없다.
③ 15일을 초과할 수 없다.
④ 20일을 초과할 수 없다.

27 다음 중 거리시간병산제의 한계속도는 얼마인가?

① 15km   ② 20km
③ 30km   ④ 50km

 한계속도는 15km/h이며 시간요금은 35초당 100원이다.

28 다음 중 여객 자동차 운수사업법상의 위반 행위가 아닌 것은?

① 합승행위   ② 도중하차
③ 승차거부   ④ 신호위반

29 다음 사고결과에 따른 벌점기준에 대한 설명이 틀린 것은?

① 사망 1명마다 90점
② 중상 1명마다 15점
③ 경상 1명마다 5점
④ 부상신고 1명마다 1점

 부상신고 1명마다 2점, 부상은 5일 미만의 치료를 요하는 의사의 진단이 있는 사고이다.

30 택시에 지정된 부착물을 부착하지 않고 영업을 하는 경우 1차 적발과 2차 적발 시의 행정처분은?

① 1차 - 과징금 10만원, 2차 - 과징금 20만원
② 1차 - 과징금 20만원, 2차 - 과징금 40만원
③ 1차 - 과징금 20만원, 2차 - 과징금 20만원
④ 1차 - 과징금 30만원, 2차 - 과징금 30만원

31 다음 중 주차에 해당되는 것은?

① 버스가 승객을 태우려고 정지
② 택시가 승객을 승차시키기 위해 정지
③ 신호 대기시 후사경을 조정하기 위해 정지
④ 고속 도로상에서 고장차량을 수리정비하기 위해 정지

32 다음 보기 중 도로교통법의 목적을 가장 올바르게 설명한 것은?

① 도로교통상의 위험과 장해를 제거하여 안전하고 원활한 교통을 확보함을 목적으로 한다.
② 도로를 관리하고 안전한 통행을 확보하는데 있다.
③ 교통사고로 인한 신속한 피해 복구와 편익을 증진하는데 있다.
④ 교통법규 위반자 및 사고 야기자를 처벌하고 교육하는 데 있다.

33 도로 교통법상 "고속도로의 정의"를 가장 올바르게 설명한 것은?

① 자동차의 고속운행에 사용하기 위하여 지정된 도로

정답 25 ① 26 ② 27 ① 28 ④ 29 ④ 30 ② 31 ④ 32 ① 33 ①

② 고속버스만 다닐 수 있도록 설치된 도로
③ 중앙분리대 설치에 따른 고속주행을 안전하게 할 수 있도록 설치된 도로
④ 자동차만 다닐 수 있도록 설치된 도로

34 다음 중 최고속도의 100분의 20을 줄인 속도로 운행하여야 하는 경우는?

① 폭우·폭설·안개 등으로 가시거리가 100m 이내일 때
② 노면이 얼어붙은 때
③ 눈이 20m 이상 쌓인 때
④ 비가 내려 노면에 습기가 있는 때

 ①, ②, ③ 최고 속도의 100분의 50을 줄인 속도로 운행

35 도로교통법상 몇 분을 기준으로 주차와 정차로 구분되는가?

① 3분　② 5분
③ 7분　④ 10분

36 주차 위반차의 이동·보관·공고·매각 또는 폐차 등에 소요된 비용은 누가 부담해야 하는가?

① 시장 등　② 경찰서장
③ 차의 소유자　④ 차의 운전자

37 도로에 관한 금지행위가 아닌 것은?

① 도로를 손괴하는 행위
② 도로에 토석, 죽목, 기타의 장애물을 적치하는 행위
③ 도로를 통행하는 행위
④ 기타 도로의 구조 또는 교통에 지장을 끼치는 행위

38 다음 중 도로에서 좌측통행을 하여서는 아니 되는 경우는?

① 일방통행로로 되어 있는 도로
② 우측 도로의 교통이 혼잡하고 좌측부분이 한산한 때
③ 우측 부분의 폭이 6m에 미달하는 도로에서 앞지르기 할 때
④ 도로 공사로 인하여 우측부분을 통행할 수 없을 때

39 자동차 전용도로 최고속도는 매시 (　)km이며, 최저속도는 매시 (　)km이다. 괄호 안에 들어갈 내용으로 맞는 것은?

① 90, 30　② 100, 40
③ 110, 60　④ 80, 50

40 편도 2차로 이상의 일반도로에서 승용자동차의 법정 최고속도는?

① 매시 40km　② 매시 80km
③ 매시 50km　④ 매시 60km

41 앞지르기할 수 있는 곳은?

① 중앙선이 황색실선인 구간
② 중앙선이 황색점선인 구간
③ 백색실선 구간
④ 황색실선과 황색점선의 복선구간

42 편도 4차로인 일반도로에서 덤프트럭의 주행차로는?

① 1차로　② 2차로
③ 3차로　④ 4차로

정답 34 ④　35 ②　36 ③　37 ③　38 ②　39 ①　40 ②　41 ②　42 ④

43 보·차도 구별이 없는 지역에서 주차를 할 경우 도로의 우측 가장자리로부터 중앙으로 (　) 이상 거리를 두어야 하는가?

① 50cm　　② 40cm
③ 30cm　　④ 10cm

44 다음 중 용어의 설명이 옳은 것은?

① 자동차 전용도로 : 자동차의 고속교통에만 사용하기 위하여 지정된 도로
② 보도 : 보행자가 도로를 횡단할 수 있도록 안전표지로써 표시한 도로의 부분을 말한다.
③ 횡단보도 : 도로를 횡단하는 보행자나 통행하는 차마의 안전을 위하여 안전표지 그 밖의 이와 비슷한 공작물로써 표시한 도로의 부분을 말한다.
④ 길 가장자리구역 : 보도와 차도가 구분되지 아니한 도로에서 보행자의 안전을 확보하기 위하여 그 경계를 표시한 도로

45 자가용으로 영업운송을 했을 때 해당하는 처분은?

① 범칙금
② 보호감호
③ 구류
④ 면허취소

46 다음 중 택시운전자에게 과태료가 부과되는 것은?

① 안전운전
② 부당한 요금 징수
③ 정차 및 주차
④ 공차 운행

47 범칙금 납부 통지서를 분실하였을 경우(단, 납부기한 내에 한함) 어떻게 하여야 하는가?

① 경찰서에 분실신고로 범칙금을 납부하지 않아도 된다.
② 즉결심판을 받아야 한다.
③ 단속지 경찰서에 신고하여 재발급 받는다.
④ 읍·면·동사무소에 신고하고 재발급 받는다.

48 여객자동차 운수사업법의 적용받는 위반 사항이 아닌 것은?

① 승차거부　　② 합승행위
③ 신호위반　　④ 도중하차

49 택시에 대한 설명 중 틀린 것은?

① 택시의 종류는 소형택시, 중형택시, 모범택시로 구분한다.
② 택시는 승용자동차와 지프형 자동차로 영업할 수 있다.
③ 택시는 전국 어디서나 상주하여 영업할 수 있다.
④ 택시에는 요금미터기, 빈차표시기, 안전벨트를 설치해야 한다.

50 택시 운전자에게 택시운전자격 정지 사유가 되는 것이 아닌 것은?

① 승차거부　　② 부당요금
③ 합승행위　　④ 저속운전

51 어린이 보호구역에서의 제한 속도는?

① 20km　　② 30km
③ 40km　　④ 50km

정답　43 ①　44 ④　45 ①　46 ②　47 ③　48 ③　49 ③　50 ④　51 ②

52 택시미터기를 사용치 아니하고 요금을 받을 수 있는 경우는?

① 대절운행
② 목적지가 정해진 경우
③ 선불운행
④ 구간운행 시행구간

53 다음 중 택시운전자가 해서는 안 될 것은?

① 승객의 안전을 도모한다.
② 부당 요금을 징수한다.
③ 미터 요금을 징수한다.
④ 지정 복장을 착용한다.

54 다음 안전표시의 뜻은?

① 최고속도를 매시 50km 제한 표시
② 최저속도를 매시 50km 제한 표시
③ 차간거리를 50m 이상 확보 표지
④ 총 중량 50톤 초과한 차량을 제한 표지

55 황색 신호 시 통행방법에 대한 설명으로 잘못된 것은?

① 차마는 정지선 또는 횡단보도 직전에 정지해야 한다.
② 차마는 우회전할 수 있고, 우회전시 보행자의 횡단을 방해하지 못한다.
③ 이미 횡단을 하고 있는 보행자는 반드시 되돌아 와야 한다.
④ 보행자는 횡단하여서는 아니 된다.

56 앞지르기를 할 수 있는 장소는?

① 가파른 비탈길의 내리막
② 터널 안
③ 비탈길의 고갯마루 부근
④ 황색점선의 중앙선이 설치된 도로

57 다음 중 택시운전자격증이 퇴색 또는 마멸된 것을 게시한 경우 1차 적발 시 행정처분은?

① 운전자와 사업자에게 각각 과태료 5만원
② 운전자에게 과태료 5만원
③ 사업자에게 각각 과태료 5만원
④ 운전자 또는 사업자에게 과태료 5만원

58 택시의 경우 정기점검을 얼마 만에 받아야 하는가?

① 3개월　② 6개월
③ 12개월　④ 24개월

59 택시영업과 관련된 내용으로 틀린 것은?

① 법에 정해진 운송약관을 준수해야 한다.
② 운임 요금은 원칙적으로 미터기에 표시되는 금액을 받는다.
③ 사업구역 외에서의 영업행위는 원칙적으로 금지된다.
④ 심야시간대에는 50% 할증된 요금을 받는다.

60 여객자동차 운수사업법상의 운수 종사자 금지사항에 해당되지 않는 것은?

① 정당한 이유 없이 여객의 승차를 거부하거나 여객을 중도에서 내리게 하는 행위
② 일정한 장소에서 장시간 정차하여 여객을 유치하는 행위

정답 52 ④　53 ②　54 ①　55 ③　56 ④　57 ①　58 ③　59 ④　60 ④

③ 자동차 문을 완전히 닫지 아니한 상태에서 출발 또는 운행하는 행위
④ 교통관련법규를 준수하지 아니하고 운전을 하는 행위

61 행정 처분대상 중 운전자가 처분 대상인 것은?
① 고객이 영수증 요구시 영수증 발급의무위반
② 상호 표시 및 관리 번호 미부착
③ 택시 자격증 미게시
④ 정원초과 난폭운전

62 차량이 출발하기 전에 여객이 안전띠를 착용하도록 안내하지 않는 경우의 3번 적발시 과태료는?
① 100,000원 ② 150,000원
③ 180,000원 ④ 200,000원

63 택시 취업전 사전교육은 몇 시간을 이수해야 하나?
① 10시간 ② 16시간
③ 30시간 ④ 42시간

64 도로교통관계법령이 개정되었을 때 실시하는 교육은 무엇인가?
① 수시교육 ② 정기교육
③ 보수교육 ④ 교통안전교육

65 택시운전자격증을 타인에게 대여한 경우의 처분은?
① 정지 10일 ② 정지 20일
③ 정지 30일 ④ 자격취소

66 택시운전자 보수교육은 연간 몇 시간인가?
① 2시간 ② 4시간
③ 6시간 ④ 8시간

 신규 16시간, 보수 4시간, 수시 4시간

67 택시의 영업운행에 관한 설명 중 올바르지 못한 것은?
① 정해진 운송약관을 준수하여야 한다.
② 사업구역 외의 지역에서는 영업행위를 할 수 없는 것이 원칙이다.
③ 요금은 미터기에 표시되는 금액을 수수하는 것이 원칙이다.
④ 심야시간대(0시~04시)에는 요금은 40% 할증하여 받는다.

 심야시간대는 0시~04시이며 요금의 20%를 할증하여 받을 수 있다.

68 다음 중 택시를 구분하는 기준으로 틀린 것은?
① 소형 : 배기량 1,600CC 미만(5인 이하)
② 중형 : 배기량 1,600CC 이상(5인 이하)
③ 대형 : 배기량 2,000CC(6인승 ~ 10인승)
④ 고급 : 배기량 3,500CC 이상

69 택시운전자격의 취소 사유에 해당되지 않은 것은?
① 택시운전자격을 타인에게 대여한 때
② 부정한 방법으로 택시운전자격을 취득한 때
③ 중상자 3인이 발생한 사고를 유발한 때
④ 택시운전자격 정지 처분기간 중에 운전업무에 종사한 때

70 다음 중 벌점이 부과되지 않은 것은?
① 중앙선 침범 ② 안전띠 미착용
③ 신호 위반 ④ 속도위반

71 교통사고 사망자는 교통사고가 주원인이 되어 얼마 만에 사망하는 것을 말하는가?
① 24시간 ② 72시간
③ 30일 ④ 48시간

72 여객자동차 운수사업법의 목적이 아닌 것은?
① 운송사업의 질서 확립
② 자동차 생산기술 발전
③ 공공복리의 증진 도모
④ 운송사업의 건전한 발전

73 다음 중 지방자치단체장이 제정하는 것을 무엇이라고 하는가?
① 긴급명령 ② 규칙
③ 조례 ④ 헌법

74 다음 중 택시영업의 사업구역 제한범위는?
① 시·도
② 특별시, 광역시, 시·군 단위
③ 읍·면
④ 생활권역

75 택시 운전자 취업 및 퇴직 등 인사관리를 전산 처리 하는 곳은?
① 택시사업조합 ② 택시공제조합
③ 노조 도지부 ④ 교통안전공단

76 택시 차령 연장은 최장 얼마까지 허용하나?
① 3개월 ② 6개월
③ 12개월 ④ 24개월

77 노면에 습기가 있을 때는 규정속도의 몇 %를 감속하는가?
① 10% ② 20%
③ 40% ④ 50%

78 고속도로 버스전용차로로 통행할 수 없는 차량은?
① 36인승 이상의 고속용 승합차
② 대형승합차에 운전자만 승차했을 때
③ 9인승 승합차에 6명이 승차했을 때
④ 12인승 승합차에 5명이 승차했을 때

79 다음 도로 중 지방도로가 아닌 것은?
① 도청 소재지로부터 시청 또는 군청 소재지에 이르는 도로
② 시청 또는 군청 소재지 상호간을 연결하는 도로
③ 도내의 비행장, 항만, 역 또는 이와 밀접한 관계가 있는 비행장, 항만 또는 역을 상호 연결하는 도로
④ 도시 내 주요 지역간이나 인근 도시 및 주요 지방간을 연결하는 도로

 국도는 전국의 중요한 도시 및 지정항만 등을 연결하는 도로이다.

80 택시운전 중 사람을 1명 사망시키는 사고를 냈다. 운전면허 행정처분 기준은?
① 60일 면허정지 ② 40일 면허정지
③ 90일 면허정지 ④ 면허취소

81 고속도로 갓길 운행시 면허 행정처분 벌점기준은?

① 100점 이하 ② 90점 이하
③ 80점 이하 ④ 30점 이하

82 도로교통법상 만취상태에 해당되는 음주취의 한계는?

① 0.08% 이상 ② 0.01% 이상
③ 0.05% 이상 ④ 0.2% 이상

83 다음 도로안내표지가 나타내는 뜻은?

① 200m 앞 지점에 터널에 있다.
② 전방에 길이 200m 비상주차장이 있다.
③ 200m 전방에 비상주차장이 있다.
④ 전방에 200m 정도의 굴곡도로가 있다.

84 다음 표지가 의미하는 것은?

① 자동차가 서행하여야 함
② 자동차만 통행할 수 있음
③ 야간주차가 가능함
④ 주차장이 있음

85 교통사고 발생 시 처리요령으로 틀린 것은?

① 대인 사고 발생 시에는 정차하여 필요한 구호조치를 한다.
② 차량을 손괴한 경우에는 현장 표시 후 소통을 위해 도로의 가장자리로 이동한다.
③ 주변의 목격자를 확보하고 인적사항, 연락처 등을 입수한다.
④ 경찰관서에 사고 사실만을 연락한 후 자리를 이탈한다.

86 교통사고 발생 시 현장 보존을 위한 조치사항으로 볼 수 없는 것은?

① 사고현장 촬영
② 스프레이로 현장표시
③ 현장 증거물 폐기
④ 목격자 확보

87 승객 도중하차 위반을 1년에 3번 적발 시 과태료는?

① 100,000원
② 150,000원
③ 200,000원
④ 300,000원

88 사업 구역 외 영업으로 적발되면 과징금은 1차에 얼마인가?

① 300,000원
② 500,000원
③ 400,000원
④ 1,000,000원

89 다음 중 택시운전법규위반차량에 대한 행정처분의 부과대상이 다른 하나는?

① 승차거부
② 부당요금징수
③ 합승
④ 상호표시 미부착

정답 81 ④ 82 ① 83 ③ 84 ② 85 ④ 86 ③ 87 ③ 88 ③ 89 ④

90 운수종사자로부터 운송수입금의 전액을 납부받지 않을 경우 운송사업자에 대한 행정처분으로 바른 것은?

① 1차 위반 시 과태료 500만원
② 2차 위반 시 과태료 600만원
③ 3차 위반 시 과태료 700만원
④ 4차 위반 시 과태료 800만원

91 운수종사자 준수사항이 명시되어 있는 법은?

① 도로교통법
② 교통사고특례법
③ 여객자동차운수사업법
④ 자동차관리법

92 교통정리가 행하여지고 있지 아니하는 교통이 빈번한 교차로에서의 통행방법으로 가장 적절한 것은?

① 교통의 상황에 따라 서행한다.
② 평상시의 속도대로 주행한다.
③ 반드시 일시 정지하여야 한다.
④ 반드시 서행하여야 한다.

93 택시운전자가 중상자 3명의 교통사고를 낸 경우 받아야 할 교육은 무엇인가?

① 교양소양교육
② 정신교육
③ 교통안전교육
④ 특별교육

94 승용차 운전 중 휴대폰 사용 시 범칙금과 벌점은?

① 범칙금 5만원, 벌점 20점
② 범칙금 6만원, 벌점 15점
③ 범칙금 3만원, 벌점 10점
④ 범칙금 3만원, 벌점 20점

95 다음 중 택시운전자격이 취소되는 경우는?

① 합승행위 위반한 자
② 정원초과 위반한 자
③ **피성년후견인**
④ 호객행위를 한 자

96 차도와 인도의 구별이 없는 도로에서 정차 및 주차시 우측 가장자리로부터 얼마 이상의 거리를 두어야 하는가?

① 30cm 이상
② **50cm 이상**
③ 10cm 이상
④ 20cm 이상

97 긴급자동차의 정의로 맞는 것은?

① 긴급자동차는 교통법규 위반을 단속하는 차량을 말한다.
② 그 본래의 긴급한 용도로 운행되는 차량
③ 소방자동차는 언제나 긴급자동차이다.
④ 폭발물 운반차량도 긴급자동차에 해당한다.

98 철길 건널목 내에서 고장 시 조치 사항은?

① 승객대피 → 철도공무원에게 연락 → 건널목 밖으로 차량을 이동
② 승객대피 → 건널목 밖으로 차량을 이동 → 철도공무원에게 연락
③ 건널목 밖으로 차량을 이동 → 승객대피 → 철도공무원에게 연락
④ 철도공무원에게 연락 → 건널목 밖으로 차량을 이동 → 승객대피

정답 90 ① 91 ③ 92 ③ 93 ③ 94 ② 95 ③ 96 ② 97 ② 98 ①

99 다음 중 특례의 적용을 받지 못하고 형사처벌을 받아야 하는 경우가 아닌 것은?

① 교통사고로 사람을 사망케 한 사고의 경우
② 교통사고 야기 도주 또는 사고 장소로부터 옮겨 유기 도주한 경우
③ 무면허 운전하던 중 사고를 유발하여 사람을 다치게 한 경우
④ 위험 회피를 위해 중앙선을 침범하여 사람을 다치게 한 경우

100 긴급자동차에 해당되지 않는 것은?

① 독극물을 운반중인 자동차
② 응급환자의 수송을 위한 구급차
③ 화재진압을 위한 소방차
④ 생명이 위급한 환자를 수송하는 택시

101 승용자동차가 야간에 도로를 통행할 때 켜야 할 등은?

① 전조등, 차폭등, 미등, 번호등, 실내조명등
② 전조등, 차폭등, 번호등, 실내조명등
③ 전조등, 차폭등, 미등, 실내조명등
④ 전조등, 차폭등, 미등, 번호등

102 음주운전으로 처벌되는 음주상태의 최저기준은?

① 혈중알코올농도 0.03% 이상
② 혈중알코올농도 0.2% 이상
③ 혈중알코올농도 0.1% 이상
④ 혈중알코올농도 0.25% 이상

0.03~0.07% 형사입건, 면허정지, 벌점 100점
0.08~0.15% 형사입건, 면허취소
0.16~0.25% 형사입건, 면허취소
0.26~0.35% 형사입건, 면허취소

103 교통사고처리특례법상 보도를 침범하거나, 보도 횡단방법을 위반하여 보행자를 다치게 하는 교통사고를 일으켰을 때 운전자 처벌 기준으로 옳은 것은?

① 피해자의 처벌의사에 관계없이 형사처벌
② 피해자의 여하에 따라 처리된다.
③ 종합보험에 가입하였을 때는 형사처벌이 면제된다.
④ 가해자는 피해자와 합의하면 형사처벌이 면제된다.

104 다음 중 교통사고처리특례법상 중요법규위반 12개 항목에 해당되는 것은?

① 정류장 질서 문란으로 인한 사고
② 통행 우선순위 위반사고
③ 철길건널목 통과방법 위반사고
④ 난폭운전사고

105 어린이 보호구역을 지정하고 차의 통행을 제한하거나 금지할 수 있는 사람은?

① 경찰서장
② 시장 등
③ 지방경찰청장
④ 행정안전부장관

106 중앙선 침범으로 교통사고 야기 후 도주했을 경우의 행정처분은?

① 면허정지 110일
② 면허정지 100일
③ 면허정지 90일
④ 운전면허 취소

정답 99 ④ 100 ① 101 ④ 102 ① 103 ① 104 ③ 105 ② 106 ④

107 교통안전교육을 마친 사람의 면허정지 감면 일수는?

① 10일   ② 15일
③ 20일   ④ 30일

108 다음은 인적피해 교통사고 결과에 따른 벌점 기준을 연결한 것이다. 틀린 것은?

① 사망 1명마다 : 90점
② 중상 1명마다 : 30점
③ 경상 1명마다 : 5점
④ 부상사고 1명마다 : 2점

109 다음 중 도로교통법상의 도로에 해당되지 않는 장소는 어디인가?

① 깊은 산 속 비포장 도로
② 통행이 자유로운 아파트 단지 내의 큰 도로
③ 공원의 휴양지 도로
④ 군부대내 도로

110 다음은 어떤 노면 표지인가?

① 좌회전 금지
② 직진금지
③ 유턴금지
④ 과속금지

111 비보호 좌회전 표지가 있을 때 좌회전할 수 있는 신호는?

① 황색 점멸 신호   ② 적색 점멸 신호
③ 황색신호   ④ 녹색신호

112 철길 건널목에서의 안전운전 요령이다. 잘못된 것은?

① 교통정체로 건널목 건너편에 공간이 없는 경우 건널목에 들어가면 위험하다.
② 건널목 통과 중 기어변속을 하면 위험하다.
③ 건널목 경보기가 울리고 있을 때에는 신속히 통과해야 한다.
④ 건널목 통과 중 차바퀴가 철길에 빠지지 않도록 중앙 부분으로 통과해야 한다.

113 다음 안전표시는?

① 안전지대 표지
② 보행금지 표지
③ 어린이 보호표지
④ 횡단금지 표지

114 여객자동차운수사업상의 운수종사자 준수사항을 2차 위반한 경우의 행정처분은?

① 과태료 20만원, 자격정지 10일
② 과태료 20만원, 자격정지 20일
③ 과태료 30만원, 자격정지 10일
④ 과태료 30만원, 자격정지 20일

115 택시운전사가 좌석 안전띠를 매지 않은 승객을 태우고 운전하다가 적발되었을 때의 처벌대상은?

① 운전자만 교통범칙금을 물어야 한다.
② 운전자와 승객 모두 교통범칙금을 물어야 한다.
③ 승객이 위반하였으므로 승객만 범칙금을 물어야 한다.
④ 운전자가 승객으로부터 교통범칙금을 받아 물어야 한다.

정답 107 ③ 108 ② 109 ④ 110 ③ 111 ④ 112 ③ 113 ③ 114 ② 115 ①

116 다음 보기 중 일반도로에서 차마의 통행우선순위로 잘못된 것은?

① 교통정리가 행하여지고 있지 아니하는 교차로에서는 우측도로의 차가 우선한다.
② 비탈길에서 내려가는 차는 올라가는 차에 우선한다.
③ 비탈길에서 승객을 태운 차는 빈차보다 우선한다.
④ 비탈길에 짐을 싣고 내려오는 차는 올라가는 긴급자동차에 우선한다.

117 행정처분 대상 중 사업자가 처벌받는 행위가 아닌 것은?

① 택시 상호 미부착
② 복장 미착용
③ 운전 중 흡연
④ 사업 구역외 영업

118 여객자동차운수사업법상의 운수종사자 준수사항을 1차 위반한 경우의 행정처분은?

① 과태료 10만원   ② 과태료 20만원
③ 과태료 30만원   ④ 과태료 40만원

119 교통사고의 3대 요인이 아닌 것은?

① 안전 시설 요인   ② 도로 환경 요인
③ 인적 요인   ④ 차량 요인

120 다음 택시운전자의 법규위반 시 행정처분에 대한 설명으로 틀린 것은?

① 미터기 미사용 - 1차 적발시 사업자에게 과징금 40만원
② 사용구역 외 영업 - 1차 적발 시 사업자에게 과징금 40만원
③ 운전 중 휴대폰사용 - 적발 때마다 과태료 10만원
④ 택시서비스 미개선 - 1차 적발 시 사업자에게 과징금 20만원

121 도로교통법의 목적으로 가장 올바르게 설명한 것은?

① 교통사고의 방지를 위한 종합적인 계획
② 자동차의 등록, 점검, 안전기준에 관한 제정
③ 도로 교통상의 모든 위해의 방지와 제거 및 원활한 교통 확보
④ 자동차의 안전과 공공복리 증진

 위험과 장애물 제거하여 원활한 교통 확보에 있다.

122 긴급자동차의 지정권자는?

① 지방 경찰청장
② 국토교통부 장관
③ 행정안전부 장관
④ 산업통상자원부 장관

123 교통사고처리특례법상 반의사불벌죄가 적용되는 경우는?

① 보도 침범으로 일어난 치상 사고
② 일반도로에서 횡단, 회전, 후진 중 일어난 치상 사고
③ 앞지르기 방법 위반으로 일어난 치상 사고
④ 무면허 운전으로 일어난 치상 사고

 반의사불벌죄 : 피해자가 가해자의 처벌을 원치 않는다는 의사를 표시하면 처벌할 수 없는 범죄

124 신호등의 배열순서는?

① 적색 → 황색 → 녹색 → 화살표
② 적색 → 황색 → 화살표 → 녹색
③ 적색 → 녹색 → 화살표 → 황색
④ 황색 → 녹색 → 화살표 → 적색

125 서행 운전 방법으로 옳은 것은?

① 차가 일시적으로 차 바퀴를 완전히 정지시키는 것
② 다른 차가 추월할 수 있는 느린 속도로 진행하는 것
③ 차가 즉시 정지할 수 있도록 느린 속도로 진행하는 것
④ 해당 도로의 최저 제한속도로 진행하는 것

 서행운전 : 차량이 즉시 정지할 수 있는 느린 속도의 운전

126 경찰공무원의 수신호가 신호기의 표시하는 내용과 다른 신호를 할 때 운전자의 통행방법 중 옳은 것은?

① 신호기의 신호에 우선적으로 따라야 한다.
② 경찰공무원의 신호에 우선적으로 따라야 한다.
③ 경찰공무원의 신호에 따를 필요가 없다.
④ 어느 신호에 따르든 상관없다.

127 안전지대가 설치된 도로에서는 그 안전지대의 사방 (   )m 이내에서 주차할 수 없는가?

① 10m   ② 5m
③ 20m   ④ 15m

128 승용자동차가 교차로에서 양보운전 위반으로 인한 범칙금은?

① 2만원   ② 3만원
③ 5만원   ④ 6만원

129 술에 취한 상태에서 경찰 공무원의 음주 측정 요구에 불응한 때의 처벌은?

① 운전면허 취소   ② 면허정지 120일
③ 1년 이상의 징역   ④ 면허정지 100일

130 다음 중 택시운전자격이 취소되는 것과 관련이 있는 것은?

① 택시운전자격이 정지 중 운행한 때
② 인가받은 운행시간 동안 운행한 경우
③ 면허 받은 노선을 준수하여 운행한 경우
④ 허가 받은 소화물을 수송한 경우

131 다음 중 택시운전자에게 과태료가 부과되는 경우는?

① 승객과 체결한 운송계약을 위반한 경우
② 인가받은 운행시간 동안 운행한 경우
③ 면허 받은 노선을 준수하여 운행한 경우
④ 허가 받은 소화물을 수송한 경우

132 위반시 택시운전자에게 과태료가 부과되지 않는 것은?

① 승차거부   ② 부당요금징수
③ 합승행위   ④ 저속운행

 승차거부, 부당요금징수, 합승행위 : 1차 위반 20만원, 2차 위반 40만원, 3차 위반 60만원

133 여객자동차 운수사업법의 사업이 아닌 것은?

① 철도운송사업
② 노선(路線) 여객자동차운송사업
③ 구역(區域) 여객자동차운송사업
④ 수요응답형 여객자동차운송사업

134 고속도로에서 시속 21km~40km 미만 초과한 경우에 적발되었을 때 범칙금과 벌점은?

① 6만원, 30점　② 6만원, 15점
③ 7만원, 30점　④ 7만원, 10점

135 사업용 자동차 운전자 중 운전자격을 취득하여야 하는 업종은 어느 업종인가?

① 고속버스 업종
② 대여 자동차 업종
③ 택시 업종
④ 전세버스 업종

136 택시가 보행자 통행을 방해하거나 보호 불이행 했을 때의 벌점은?

① 10점　② 20점
③ 30점　④ 40점

137 도로를 통행하는 보행자나 운전자가 지켜야 할 사항으로 적절하지 못한 것은?

① 주위의 교통에 주의하면서 통행한다.
② 주변사람에게 불쾌감을 주는 일이 없도록 한다.
③ 방어운전과 방어보행으로 도로를 통행한다.
④ 교통사고를 목격하더라도 구호하지 않는다.

138 다음 중 택시에 대한 설명이 틀린 것은?

① 택시운송사업의 발전에 관한 법률에서 택시 운송 사업에 대해 규정하고 있다.
② 택시는 주로 승용자동차로 영업하고 있다.
③ 택시 운송 사업은 누구나 할 수 있다.
④ 택시운수종사자는 운전업무 종사자격을 갖추고 택시운송사업의 운전업무에 종사하는 사람을 말한다.

139 다음 그림의 노면표시는?

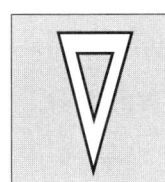

① 유도
② 양보
③ 경사 주차
④ 안전지대

140 일반도로에서 차마 서로간의 통행 우선순위로 잘못된 것은?

① 긴급자동차가 최우선적이다.
② 큰 차는 작은 차에 우선한다.
③ 비탈길에서 내려가는 차는 올라가는 차에 우선한다.
④ 비탈길에서 승객을 태운 차는 빈차보다 우선한다.

141 자동차가 도로의 중앙이나 좌측부분을 통행할 수 있는 경우로 잘못된 것은?

① 도로가 일방통행으로 된 때
② 도로의 파손, 공사 등으로 우측부분을 통행할 수 없는 때
③ 도로 우측부분의 폭이 6m가 안되는 앞지르기 금지지점에서 앞지르기 하는 때
④ 도로 우측부분의 폭이 그 차마의 통행에 충분하지 않을 때

정답　133 ①　134 ②　135 ③　136 ①　137 ④　138 ③　139 ②　140 ②　141 ③

142 처분대상은 운전자이며 1차 200,000원 2차 400,000원의 행정 처분을 받는 위반 행위가 아닌 것은?

① 승차거부
② 도중하차
③ 부당한 요금을 받는 행위
④ 사업 구역 외 영업

143 택시운전자가 운전 중 여객을 합승하도록 하는 행위로 2차 위반 시의 행정 처분은?

① 과태료 10만원   ② 과태료 15만원
③ 과태료 20만원   ④ **과태료 40만원**

144 다음 차에 해당하지 않는 것은?

① 건설기계
② 자전거
③ 우마
④ 원동기장치자전거

145 차도의 우측을 통행하여야 하는 경우가 아닌 것은?

① 장의 행렬
② 사회적으로 중요한 행사에 따라 시가를 행진하는 경우
③ 현수막 등을 휴대한 행렬
④ 학생 단체의 행렬

★☆
146 편도 3차로 도로에서 소형 승합자동차가 주행하는 차로는?

① 1차로   ② 2차로
③ 3차로   ④ 2차로와 3차로

147 편도 4차로의 도로에서 자전거가 주행하는 차로는?

① 1차로   ② 2차로
③ 3차로   ④ 4차로

148 고속도로 외의 도로에서 전용차로로 통행할 수 없는 차량은?

① 36인승 이상의 대형자동차
② 25인승 이상의 외국인 관광객 수송용 승합차
③ 9인승 승합자동차
④ 어린이 통학버스

149 고속도로에서 전용차로로 통행할 수 없는 차량은?

① 36인승 이상의 대형자동차
② **12인승 승합차 5인 승차**
③ 9인승 승합자동차 7인 승차
④ 36인승 미만의 농어촌 사업용 승합자동차

150 편도 1차로의 도로에서 최고속도는?

① 40km   ② 50km
③ 60km   ④ 80km

★☆
151 자동차 전용도로에서의 최저속도는?

① 30km   ② 40km
③ 50km   ④ 60km

152 편도 2차로 이상의 고속도로에서 승용차의 최저속도는?

① 30km   ② 40km
③ 50km   ④ 60km

정답 142 ④ 143 ④ 144 ③ 145 ② 146 ② 147 ④ 148 ③ 149 ② 150 ③ 151 ① 152 ③

153 편도 2차로 이상의 고속도로에서 승용차의 최고속도는?

① 60km ② 80km
③ 90km ④ 100km

154 편도 1차로 고속도로의 최고속도는?

① 50km ② 60km
③ 80km ④ 90km

155 최고속도의 20%를 감속하여야 하는 경우는?

① 눈이 20mm 미만 쌓인 경우
② 안개로 가시거리가 100m 이내인 경우
③ 노면이 얼어붙은 경우
④ 폭우로 가시거리가 100m 이내인 경우

156 최고속도 50%를 감속하여야 하는 경우가 아닌 것은?

① 눈이 20mm 이상 쌓인 경우
② 안개, 폭우, 폭설로 가시거리가 100m 이내인 경우
③ 노면이 얼어붙은 경우
④ 비가 내려 노면이 젖어 있는 경우

157 다음 앞지르기의 금지장소가 아닌 것은?

① 교차로
② 점선으로 이어진 도로
③ 터널 안
④ 도로의 구부러진 곳

158 다음 교차로의 통행방법으로 틀린 것은?

① 우회전하려면 우측으로 서행하면서 우회전한다.
② 좌회전하려는 차량은 교차로의 중심 안쪽을 이용하여 좌회전한다.
③ 혼잡한 교차로에서는 앞차의 꼬리를 빠르게 물어 진입하여야 한다.
④ 좌회전 하려고 신호를 하는 차량을 그 뒤차가 진행을 방해해서는 안된다.

159 다음 보행자보호에 관한 것으로 틀린 것은?

① 횡단보도가 없는 공로에서는 보행자를 보호할 의무가 없다.
② 횡단보고 앞에서는 일시 정지한다.
③ 신호에 따라 횡단하는 보행자에게 우선권이 있다.
④ 보행자 옆을 지날 때에는 서행하여야 한다.

160 다음 차량이 서행하여야 할 장소가 아닌 것은?

① 도로가 구부러진 곳
② 교통정리가 행해지고 있는 교차로
③ 비탈길의 고갯마루 부근
④ 가파른 비탈길의 내리막

161 긴급자동차에 대한 특례가 적용되지 않는 것은?

① 자동차등의 속도 제한
② 앞지르기의 금지
③ 끼어들기의 금지
④ 갓길통행 금지

162 다음 주차금지 장소가 아닌 것은?
① 건널목의 가장자리 또는 횡단보도로부터 50m 이내인 곳
② 터널 안
③ 다리 위
④ 도로공사를 하고 있는 경우에는 그 공사구역의 양쪽 가장자리의 5m 이내인 곳

163 다음 견인되는 차량이 켜야 하는 등화는?
① 미등
② 차폭등
③ 전조등
④ 번호등

164 다음 운전자의 준수사항이 아닌 것은?
① 난폭운전 금지
② 과로한 상태에서의 운전금지
③ 무면허운전 금지
④ 장거리 운전금지

165 좌석 안전띠를 착용하지 않아도 되는 경우가 아닌 것은?
① 자동차를 후진시킬 때
② 어린이를 동승한 때
③ 우편물을 집배하는 때
④ 부상으로 좌석안전띠 착용이 적당하지 않은 때

166 편도 4차로 고속도로에서 택시가 앞지르기할 때의 차로는?
① 1차로
② 2차로
③ 3차로
④ 4차로

167 다음 고속도로에서의 금지사항이 아닌 것은?
① 횡단의 금지
② 이륜자동차의 통행금지
③ 주차금지
④ 건설기계의 통행금지

168 고속도로에서 차량 고장시 조치사항으로 바르지 못한 것은?
① 차량을 우측 가장자리로 이동시킨다.
② 고장차 뒤쪽 100m 이상의 지점에 고장표지판을 세운다.
③ 야간에는 고장차 뒤쪽 200m 이상의 지점에 고장표지판을 세운다.
④ 갓길을 통하여 걸어서 이동한다.

169 교통법규 위반으로 운전면허 효력 정지처분을 받을 가능성이 있는 사람이 받게 되는 교통법규교육의 시간은?
① 2시간
② 4시간
③ 8시간
④ 10시간

170 교통법규교육을 받으면 감경되는 벌점은?
① 5점
② 10점
③ 20점
④ 50점

171 교통소양교육을 받으면 감경되는 정지처분 기간은?
① 1일
② 20일
③ 30일
④ 50일

정답 162 ① 163 ② 164 ④ 165 ② 166 ① 167 ④ 168 ④ 169 ② 170 ③ 171 ②

172 운전자는 자동차등의 운전 중에는 휴대용 전화를 사용할 수 없는 경우는?

① 자동차등이 정지하고 있는 경우
② 긴급자동차를 운전하는 경우
③ 각종 범죄 및 재해 신고 등 긴급한 필요가 있는 경우
④ 어린이 운송차량을 운전하는 경우

173 차량사고를 낸 운전자가 신고하여야 할 내용이 아닌 것은?

① 부상자가 입원할 병원
② 사고가 일어난 곳
③ 사상자 수 및 부상 정도
④ 손괴한 물건 및 손괴 정도

★☆
174 운전면허가 취소되는 벌점이 틀린 것은?

① 누산점수 1년간 121점 이상
② 누산점수 2년간 201점 이상
③ 누산점수 3년간 271점 이상
④ 누산점수 6개월간 51점 이상

175 보복운전을 하였을 경우 벌점은?

① 10점　② 50점
③ 100점　④ 150점

176 다음 벌점이 바르지 못한 것은?

① 사망 1명마다 90점
② 중상 1명마다 20점
③ 경상 1명마다 5점
④ 부상신고 1명마다 2점

177 교통사고 발생으로 중상을 입은 경우 중상의 기준은?

① 1주 이상의 치료를 요하는 의사의 진단이 있는 사고
② 2주 이상의 치료를 요하는 의사의 진단이 있는 사고
③ 3주 이상의 치료를 요하는 의사의 진단이 있는 사고
④ 5주 이상의 치료를 요하는 의사의 진단이 있는 사고

178 다음 범칙금에 대한 것으로 틀린 것은?

① 10일 이내에 납부하여야 한다.
② 기간만료일이 지난 경우에는 20%를 가산한 금액으로 한다.
③ 수납기관은 은행과 우체국 등이다.
④ 분할하여 납부할 수 있다.

★☆
179 교통사고처리의 특례에 해당하지 않는 것은?

① 업무상과실치상죄
② 교통사고로 사람을 치사한 경우
③ 중과실치상죄
④ 재물을 손괴한 사고

180 교통사고 처벌의 특례에 해당하지 않는 항목은 몇 개인가?

① 중요법규 10개 항목
② 중요법규 11개 항목
③ **중요법규 12개 항목**
④ 중요법규 15개 항목

정답　172 ④　173 ①　174 ④　175 ③　176 ②　177 ③　178 ④　179 ②　180 ③

181 다음 뺑소니가 아닌 경우는?
① 급한 용무로 동료에게 처리를 부탁하고 간 경우
② 피해자의 사상이 예견됨에도 가버린 경우
③ 피해자를 사고현장에 두고 가버린 경우
④ 연락처를 거짓으로 알려준 경우

182 중요법규 12개 위반항목이 아닌 것은?
① 중앙선 침범
② 10km 초과하여 운전한 경우
③ 철길건널목 통과방법을 위반하여 운전한 경우
④ 횡단보도에서의 보행자 보호의무를 위반하여 운전한 경우

183 중요법규 12개 위반항목 중 가장 최근에 도입한 것은?
① 철길건널목 통과방법을 위반하여 운전한 경우
② 승객의 추락 방지의무를 위반하여 운전한 경우
③ 자동차의 화물이 떨어지지 아니하도록 필요한 조치를 하지 아니하고 운전한 경우
④ 약물의 영향으로 정상적으로 운전하지 못할 우려가 있는 상태에서 운전한 경우

184 철길건널목 통과방법위반 사고가 아닌 것은?
① 제한속도를 초과하여 통행하는 경우
② 일시 정지 불이행
③ 안전미확인 중 사고
④ 고장난 차량 승객대피 위반

185 다음 앞지르기를 할 수 있는 곳은?
① 교차로
② 터널 안
③ 편도 2차로의 고속도로
④ 다리 위

186 다음 여객자동차 운수사업에 해당하지 않는 것은?
① 여객자동차운송사업
② 자동차대여사업
③ 여객자동차터미널사업
④ 택시임대사업

187 여객자동차운송사업의 종류에 해당하지 않는 것은?
① 노선(路線) 여객자동차운송사업
② 지역(地域) 여객자동차운송사업
③ 구역(區域) 여객자동차운송사업
④ 수요응답형 여객자동차운송사업

188 일반택시운송사업의 유형에 해당하지 않는 것은?
① 경형
② 소형
③ 중형
④ 일반형

189 개인택시운송사업의 유형에 해당하지 않는 것은?
① 보급형
② 대형
③ 모범형
④ 고급형

정답 181 ① 182 ② 183 ③ 184 ① 185 ③ 186 ④ 187 ② 188 ④ 189 ①

190 택시운송사업 중 택시의 배기량의 연결이 바르지 않은 것은?

① 경형 – 1,00CC
② 소형 – 1,600CC
③ **대형 – 1,900CC**
④ 고급형 – 2,800CC

191 다음 구역 여객자동차운송사업에 해당하지 않은 것은?

① **마을버스운송사업**
② 특수여객자동차운송사업
③ 일반택시운송사업
④ 개인택시운송사업

192 여객자동차운송사업을 할 수 있는 자는?

① 피성년후견인
② **여객자동차운송사업의 면허나 등록이 취소된 후 그 취소일부터 5년이 지난 자**
③ 파산선고를 받고 복권되지 아니한 자
④ 이 법을 위반하여 징역 이상의 실형을 선고받고 그 집행이 끝나거나(집행이 끝난 것으로 보는 경우를 포함한다) 면제된 날부터 2년이 지나지 아니한 자

193 택시 자동차에 표시하여야 할 사항이 아닌 것은?

① 자동차의 종류
② 관할관청
③ 운전자
④ 여객자동차운송가맹사업자

194 여객자동차운송사업의 운전업무에 종사하려는 사람이 갖추어야 할 요건이 아닌 것은?

① **시장 또는 군수로부터 자격을 취득할 것**
② 운전업무에 필요한 요건을 갖출 것
③ 운전 적성에 대한 정밀검사 기준에 맞을 것
④ 이론 및 실기 교육을 이수하고 자격을 취득할 것

195 다음 운수종사자의 교육내용이 아닌 것은?

① 여객자동차 운수사업 관계 법령 및 도로교통 관계 법령
② 서비스의 자세 및 운송질서의 확립
③ 교통안전수칙
④ **외국어 기초회화**

196 다음 운수종사자의 금지행위가 아닌 것은?

① 휴식시간을 준수하지 아니하고 운행하는 행위
② **승객에게 안전띠를 착용하게 하는 행위**
③ 부당한 운임 또는 요금을 받는 행위
④ 자동차 안에서 흡연하는 행위

197 운송종사자가 운송사업자에게 내야 하는 운송수입금은?

① 전액
② 반액
③ 월급의 30분의 1
④ 10분의 1

198 운송종사자의 자격취소에 해당하지 않은 것은?

① 부정한 방법으로 자격을 취득한 경우
② 운행기록증을 식별하기 어렵게 하거나, 그러한 자동차를 운행한 경우
③ **승객에게 불친절하게 한 경우**

④ 운전업무와 관련하여 부정이나 비위 사실이 있는 경우

199 다음 중대한 교통사고에 해당하지 않은 것은?
① 사망자 2명 이상
② 경상자 10명 이상
③ 사망자 1명과 중상자 3명 이상
④ 중상자 6명 이상

200 다음 택시운전자격시험의 운전적성정밀검사를 시행하는 곳은?
① 교통안전공단
② 국토교통부장관
③ 시도지사
④ 택시운송사업조합

201 택시운전자격시험의 시행횟수는?
① 월 1회 이상
② 분기별 1회 이상
③ 연 1회 이상
④ 필요시 시행

202 택시운전자격시험에 관한 것으로 틀린 것은?
① 시험과목은 교통 및 운수관련 법규, 안전운행 요령, 운송서비스 및 지리에 관한 사항이다.
② 필기시험으로 한다.
③ 제1종 및 2종 보통 운전면허 취득 후 무사고 운전경력 1년 이상 경과해야 한다.
④ 필기시험 총점의 5할 이상을 얻어야 합격할 수 있다.

★☆
203 택시운전자격시험에 필요한 것이 아닌 것은?
① 운전면허증
② 운전경력증명서
③ 주민등록증
④ 운전적성 정밀검사 수검사실증명서

204 관할구역 밖의 지역에서 택시운전업무에 종사하려고 운전자격시험에 다시 응시하는 자에 대하여 면제하는 과목은?
① 안전운행 요령 및 운송서비스
② 교통관련 법규
③ 지리에 관한 사항
④ 운수관련 법규

205 운전자격증명을 회수하여 폐기하는 경우가 아닌 것은?
① 대리운전을 시킨 사람의 대리운전이 끝난 경우에는 그 대리운전자
② 사업의 양도·양수인가를 받은 경우에는 그 양도자
③ 사업을 폐업한 경우에는 그 폐업허가를 받은 사람
④ 운전자격이 정지된 경우에는 그 정지처분을 받은 사람

206 다음 운수종사자에 대한 교육이 아닌 것은?
① 신규교육
② 임시교육
③ 보수교육
④ 수시교육

★☆
207 정당한 이유 없이 여객의 승차를 거부하거나 여객을 중도에서 내리게 하는 1차 위반행위에 대한 벌칙은?
① 자격정지 10일
② 자격정지 20일
③ 자격정지 30일
④ 자격정지 50일

정당한 이유 없이 여객의 승차를 거부하거나 여객을 중도에서 내리게 하는 행위, 신고하지 않거나 미터에 의하지 않은 부당한 요금을 요구하거나 받는 행위, 일정한 장소에서 장시간 정차하여 여객을 유치하는 행위는 1차 위반 자격정지 10일, 2차 이상 위반 자격정지 20일

208 교통사고로 사망자 2명 이상일 때의 자격정지 기준은?

① 자격정지 10일　② 자격정지 20일
③ 자격정지 30일　④ **자격정지 60일**

 사망자 2명 자격정지 60일, 사망자 1명 및 중상자 3명 이상 자격정지 50일, 중상자 6명 이상 자격정지 40일

209 소형 개인택시의 차령은?

① 5년　② 7년
③ 9년　④ 10년 6개월

210 배기량 2,00CC 미만의 일반택시의 차령은?

① 3년 6개월　② 4년
③ 5년　④ 7년

211 택시운송사업의 발전에 관한 법률의 목적으로 볼 수 없는 것은?

① 택시운송사업의 건전한 발전
② 택시운수종사자의 복지 증진
③ 국민의 교통편의 제고
④ 대중교통의 활성화

212 다음 설명이 틀린 것은?

① 택시운송사업면허는 택시운송사업을 경영하기 위하여 받은 면허를 말한다.
② 택시운송사업자는 택시운송사업면허를 받아 택시운송사업을 경영하는 자를 말한다.
③ 개인택시운송사업은 운행계통을 정하지 아니하고 국토교통부령으로 정하는 사업구역에서 1개의 운송계약에 따라 국토교통부령으로 정하는 자동차를 사용하여 여객을 운송하는 사업

④ 택시운수종사자는 운전업무 종사자격을 갖추고 택시운송사업의 운전업무에 종사하는 사람을 말한다.

213 택시운수종사자 복지기금의 용도가 아닌 것은?

① **택시산업의 발전을 위한 홍보비 지원**
② 택시운수종사자의 건강검진 등 건강관리 서비스 지원
③ 택시운수종사자 자녀에 대한 장학사업
④ 기금의 관리·운용에 필요한 경비

214 택시운수종사자의 금지사항이 아닌 것은?

① 정당한 사유 없이 여객의 승차를 거부하거나 여객을 중도에서 내리게 하는 행위
② 여객을 합승하도록 하는 행위
③ 여객의 요구에도 불구하고 영수증 발급 또는 신용카드결제에 응하지 아니하는 행위
④ **여객이 요금을 지불하게 못하게 하는 행위**

215 택시운수종사자가 부당한 운임 또는 요금을 받은 경우 1회 위반시 과태료는?

① **20만원**　② 25만원
③ 50만원　④ 75만원

제2편 안전운행 및 LPG 자동차 안전관리
Taxi Driver's License

제1장 안전운행

1. 교통안전시설

(1) 교통시설(교통안전법 제2조 제2호)

도로·철도·궤도·항만·어항·수로·공항·비행장 등 교통수단의 운행·운항 또는 항행에 필요한 시설과 그 시설에 부속되어 사람의 이동 또는 교통수단의 원활하고 안전한 운행·운항 또는 항행을 보조하는 교통안전표지·교통관제시설·항행안전시설 등의 시설 또는 공작물을 말한다.

(2) 신호기 등의 설치 및 관리(도로교통법 제4조)

① 특별시장·광역시장·제주특별자치도지사 또는 시장·군수(광역시의 군수는 제외한다.)는 도로에서의 위험을 방지하고 교통의 안전과 원활한 소통을 확보하기 위하여 필요하다고 인정하는 경우에는 신호기 및 안전표지(교통안전시설)를 설치·관리하여야 한다. 다만, 유료도로에서는 시장 등의 지시에 따라 그 도로관리자가 교통안전시설을 설치·관리하여야 한다.

② 도는 시장이나 군수가 교통안전시설을 설치·관리하는 데에 드는 비용의 전부 또는 일부를 시나 군에 보조할 수 있다.

③ 시장 등은 대통령령으로 정하는 사유로 도로에 설치된 교통안전시설을 철거하거나 원상회복이 필요한 경우에는 그 사유를 유발한 사람으로 하여금 해당 공사에 드는 비용의 전부 또는 일부를 부담하게 할 수 있다.

(3) 교통시설설치·관리자의 의무(교통안전법 제4조)

교통시설설치·관리자는 당해 교통시설을 설치 또는 관리함에 있어서 교통안전표지 그 밖의 교통안전시설을 확충·정비하는 등 교통안전을 확보하기 위한 필요한 조치를 강구하여야 한다.

(4) 교통수단운영자의 의무(교통안전법 제6조)

교통수단운영자는 법령이 정하는 바에 따라 그가 운영하는 교통수단의 안전한 운행·항행·운항 등을 확보하기 위하여 필요한 노력을 하여야 한다.

(5) 차량 운전자 등의 의무(교통안전법 제7조 제1항)

차량을 운전하는 자 등은 법령이 정하는 바에 따라 당해 차량이 안전운행에 지장이 없는지를 점검하고 보행자와 자전거이용자에게 위험과 피해를 주지 아니하도록 안전하게 운전하여야 한다.

(6) 보행자의 의무(교통안전법 제8조)

보행자는 도로를 통행함에 있어서 법령을 준수하여야 하고, 육상교통에 위험과 피해를 주지 아니하도록 노력하여야 한다.

2. 신호기

(1) 신호기가 표시하는 신호의 종류 및 신호의 뜻

구 분		신호의 종류	신호의 뜻
차량 신호등	원형 등화	녹색의 등화	1. **차마는 직진 또는 우회전할 수 있다.** 2. 비보호좌회전표지 또는 비보호좌회전표시가 있는 곳에서는 좌회전할 수 있다.

차량 신호등	원형 등화	황색의 등화	1. 차마는 정지선이 있거나 횡단보도가 있을 때에는 그 직전이나 교차로의 직전에 정지하여야 하며, 이미 교차로에 차마의 일부라도 진입한 경우에는 신속히 교차로 밖으로 진행하여야 한다. 2. 차마는 우회전할 수 있고 우회전하는 경우에는 보행자의 횡단을 방해하지 못한다.
		적색의 등화	차마는 정지선, 횡단보도 및 교차로의 직전에서 정지하여야 한다. 다만, 신호에 따라 진행하는 다른 차마의 교통을 방해하지 아니하고 우회전할 수 있다.
		황색 등화의 점멸	**차마는 다른 교통 또는 안전표지의 표시에 주의하면서 진행할 수 있다.**
		적색 등화의 점멸	차마는 정지선이나 횡단보도가 있을 때에는 그 직전이나 교차로의 직전에 일시정지한 후 다른 교통에 주의하면서 진행할 수 있다.
	화살표 등화	녹색 화살표의 등화	차마는 화살표시 방향으로 진행할 수 있다.
		황색 화살표의 등화	화살표시 방향으로 진행하려는 차마는 정지선이 있거나 횡단보도가 있을 때에는 그 직전이나 교차로의 직전에 정지하여야 하며, 이미 교차로에 차마의 일부라도 진입한 경우에는 신속히 교차로 밖으로 진행하여야 한다.
		적색 화살표의 등화	화살표시 방향으로 진행하려는 차마는 정지선, 횡단보도 및 교차로의 직전에서 정지하여야 한다.
		황색 화살표 등화의 점멸	**차마는 다른 교통 또는 안전표지의 표시에 주의하면서 화살표시 방향으로 진행할 수 있다.**
		적색 화살표 등화의 점멸	차마는 정지선이나 횡단보도가 있을 때에는 그 직전이나 교차로의 직전에 일시정지한 후 다른 교통에 주의하면서 화살표시 방향으로 진행할 수 있다.
	사각형 등화	녹색 화살표의 등화(하향)	차마는 화살표로 지정한 차로로 진행할 수 있다.
		적색×표 표시의 등화	차마는 ×표가 있는 차로로 진행할 수 없다.
		적색×표 표시 등화의 점멸	차마는 ×표가 있는 차로로 진입할 수 없고, 이미 차마의 일부라도 진입한 경우에는 신속히 그 차로 밖으로 진로를 변경하여야 한다.
보행 신호등		녹색의 등화	보행자는 횡단보도를 횡단할 수 있다.
		녹색 등화의 점멸	보행자는 횡단을 시작하여서는 아니 되고, 횡단하고 있는 보행자는 신속하게 횡단을 완료하거나 그 횡단을 중지하고 보도로 되돌아와야 한다.
		적색의 등화	보행자는 횡단보도를 횡단하여서는 아니 된다.
자전거 신호등	자전거 주행 신호등	녹색의 등화	자전거등은 직진 또는 우회전할 수 있다.
		황색의 등화	1. 자전거등은 정지선이 있거나 횡단보도가 있을 때에는 그 직전이나 교차로의 직전에 정지해야 하며, 이미 교차로에 차마의 일부라도 진입한 경우에는 신속히 교차로 밖으로 진행해야 한다. 2. 자전거등은 우회전할 수 있고 우회전하는 경우에는 보행자의 횡단을 방해하지 못한다.
		적색의 등화	자전거등은 정지선, 횡단보도 및 교차로의 직전에서 정지해야 한다. 다만, 신호에 따라 진행하는 다른 차마의 교통을 방해하지 않고 우회전할 수 있다.
		황색 등화의 점멸	자전거등은 다른 교통 또는 안전표지의 표시에 주의하면서 진행할 수 있다.
		적색 등화의 점멸	자전거등은 정지선이나 횡단보도가 있는 때에는 그 직전이나 교차로의 직전에 일시정지한 후 다른 교통에 주의하면서 진행할 수 있다.

구분	신호	뜻
자전거 횡단 신호등	녹색의 등화	자전거등은 자전거횡단도를 횡단할 수 있다.
	녹색 등화의 점멸	자전거등은 횡단을 시작해서는 안 되고, 횡단하고 있는 자전거등은 신속하게 횡단을 종료하거나 그 횡단을 중지하고 진행하던 차도 또는 자전거도로로 되돌아와야 한다.
	적색의 등화	자전거등은 자전거횡단도를 횡단해서는 안 된다.
버스 신호등	녹색의 등화	버스전용차로에 차마는 직진할 수 있다.
	황색의 등화	버스전용차로에 있는 차마는 정지선이 있거나 횡단보도가 있을 때에는 그 직전이나 교차로의 직전에 정지하여야 하며, 이미 교차로에 차마의 일부라도 진입한 경우에는 신속히 교차로 밖으로 진행하여야 한다.
	적색의 등화	버스전용차로에 있는 차마는 정지선, 횡단보도 및 교차로의 직전에서 정지하여야 한다.
	황색 등화의 점멸	버스전용차로에 있는 차마는 다른 교통 또는 안전표지의 표시에 주의하면서 진행할 수 있다.
	적색 등화의 점멸	버스전용차로에 있는 차마는 정지선이나 횡단보도가 있을 때에는 그 직전이나 교차로의 직전에 일시정지한 후 다른 교통에 주의하면서 진행할 수 있다.
노면전차 신호등	황색 T자형의 등화	노면전차가 직진 또는 좌회전·우회전할 수 있는 등화가 점등될 예정이다.
	황색 T자형 등화의 점멸	노면전차가 직진 또는 좌회전·우회전할 수 있는 등화의 점등이 임박하였다.
	백색 가로 막대형의 등화	노면전차는 정지선, 횡단보도 및 교차로의 직전에서 정지해야 한다.
	백색 가로 막대형 등화의 점멸	노면전차는 정지선이나 횡단보도가 있는 경우에는 그 직전이나 교차로의 직전에 일시정지한 후 다른 교통에 주의하면서 진행할 수 있다.
	백색 점형의 등화	노면전차는 정지선이 있거나 횡단보도가 있는 경우에는 그 직전이나 교차로의 직전에 정지해야 하며, 이미 교차로에 노면전차의 일부가 진입한 경우에는 신속하게 교차로 밖으로 진행해야 한다.
	백색 점형 등화의 점멸	노면전차는 다른 교통 또는 안전표지의 표시에 주의하면서 진행할 수 있다.
	백색 세로 막대형의 등화	노면전차는 직진할 수 있다.
	백색 사선 막대형의 등화	노면전차는 백색사선막대의 기울어진 방향으로 좌회전 또는 우회전할 수 있다.

비고
1. 자전거등을 주행하는 경우 자전거주행신호등이 설치되지 않은 장소에서는 차량신호등의 지시에 따른다.
2. 자전거횡단도에 자전거횡단신호등이 설치되지 않은 경우 자전거등은 보행신호등의 지시에 따른다. 이 경우 보행신호등란의 "보행자"는 "자진거등"으로 본다.

(2) 신호등의 종류, 만드는 방식 및 설치기준

구분	종류	만드는 방식 (단위 : 밀리미터)	설치 기준
차량등	횡형 삼색등	1065 × 355, 원 3개	• 1일 중 교통이 가장 빈번한 8시간 동안 주도로의 자동차 통행량이 시간당 600대(양방향의 합계) 이상이고, 부도로에서의 자동차 진입량이 시간당 200대 이상인 교차로에 설치한다. • 1일 중 교통이 가장 빈번한 8시간 동안 시간당 자동차 통행량이 600대(양방향의 합계) 이상이고, 횡단보도의 통행량이 가장 많은 1시간 동안 횡단보행자가 150명 이상인 경우에 설치한다. • 신호등의 설치간격이 300미터 이상으로 인접신호등과의 연동효과를 기대할 수 없을 때 중간지점에 설치한다. • 1일 중 교통이 가장 빈번한 8시간 동안 주도로의 자동차 통행량이 시간당 900대(양방향의 합계) 이상이고, 부도로에서의 자동차 진입량이 시간당 100대 이상인 교차로서 교차로 통과대기시간이 너무 긴 경우에 설치한다.
	횡형 화살표 삼색등	1065 × 355, 화살표 원 3개	
	횡형 사색등 A	1420 × 355, 원 3개 + 화살표 원	
	횡형 사색등 B	1065 × 355, 원 3개, 하단 화살표	
	종형 삼색등	355 × 1065, 원 3개 세로	
	종형 화살표 삼색등	355 × 1065, 화살표 3개 세로	
	종형 사색등	355 × 1420, 원 4개 세로	

• 교통사고가 연간 5회 이상 발생한 장소로 교통 신호등의 설치로 사고를 방지할 수 있다고 인정되는 경우에 설치한다.
• 학교 앞 300미터 이내에 신호등이 없고 통학시간대 자동차 통행시간 간격이 1분 이내인 경우에 설치한다.
• 어린이 보호구역 내 초등학교 또는 유치원의 주출입문과 가장 가까운 거리에 위치한 횡단보도에 설치한다.
• 화살표 삼색등은 화살표시 방향의 차량통행을 위한 신호를 따로 줄 필요가 있는 경우 화살표시 방향의 통행을 위해 사용되는 차로에 설치한다.
• 횡형사색등은 도로의 사정에 따라 화살표 등화의 위치를 하단에 두는 횡형 사색등 B를 설치할 수 있다.

구분	종류	만드는 방식	설치 기준
	버스 삼색등	1065 × 355, 버스 모양 3개	• 중앙버스전용차로에 설치한다.
	가변형 가변등	710 × 355, X 및 ↓	• 일자 또는 시간에 따라 교통량의 변동이 많은 간선도로 중 가변차로로 지정된 도로구간의 입구, 중간 및 출구에 설치한다.

	경보형 경보등	(렌즈 300mm Φ, 355×355)	• 학교 앞 300미터 이내에 신호등이 없고, 통학시간의 자동차 통행시간 간격이 1분 이내인 경우에 설치한다. • 다른 신호기가 설치되지 아니하고 차량 통행이 잦은 횡단보도 또는 교통사고 위험성이 있는 교차로에 설치한다. • 차량 통행이 빈번한 철길건널목에 설치한다. • 장애물로 인하여 교통사고 위험성이 있는 도로에 주의표지와 같이 설치한다. • 신호기가 급커브·곡선구간에 설치되어 교통사고 위험성이 있는 경우 신호기 예고표지와 같이 설치한다. • 도로 곡선부 등에서 시선유도기능으로 사용할 수 없다.		• 차량신호만으로는 보행자에게 언제 통행권이 있는지 분별하기 어려울 경우에 설치 • 차도의 폭이 16미터 이상인 교차로 또는 횡단보도에서 차량신호가 변하더라도 보행자가 차도 내에 남을 때가 많을 경우에 설치 • 어린이 보호구역 등 내 초등학교 또는 유치원 등의 주 출입문과 가장 가까운 거리에 위치한 횡단보도
보행등	보행등	(355/104, 280, 710, 355, 160)	• 차량신호기가 설치된 교차로의 횡단보도로서 1일중 횡단보도의 통행량이 가장 많은 1시간 동안의 횡단보행자가 150명을 넘는 곳에 설치 • 번화가의 교차로, 역앞 등의 횡단보도로서 보행자의 통행이 빈번한 곳에 설치	자전거 신호등	종형 이색등 A	• 자전거횡단도에 설치 • 자전거 횡단이 필요하다고 인정되는 지점에 자전거횡단도와 함께 설치 • 자전거도로에서 교통소통 및 안전상 삼색등 설치가 어려울 경우 인접 횡단보도에 자전거횡단도와 함께 설치
					종형 이색등 B	• A형 신호등 사용을 원칙으로 하되, 횡단보도의 횡단거리가 길어 이용자의 시인성 향상이 요구되는 등 그 밖에 필요하다고 판단될 경우 B형 신호등 사용

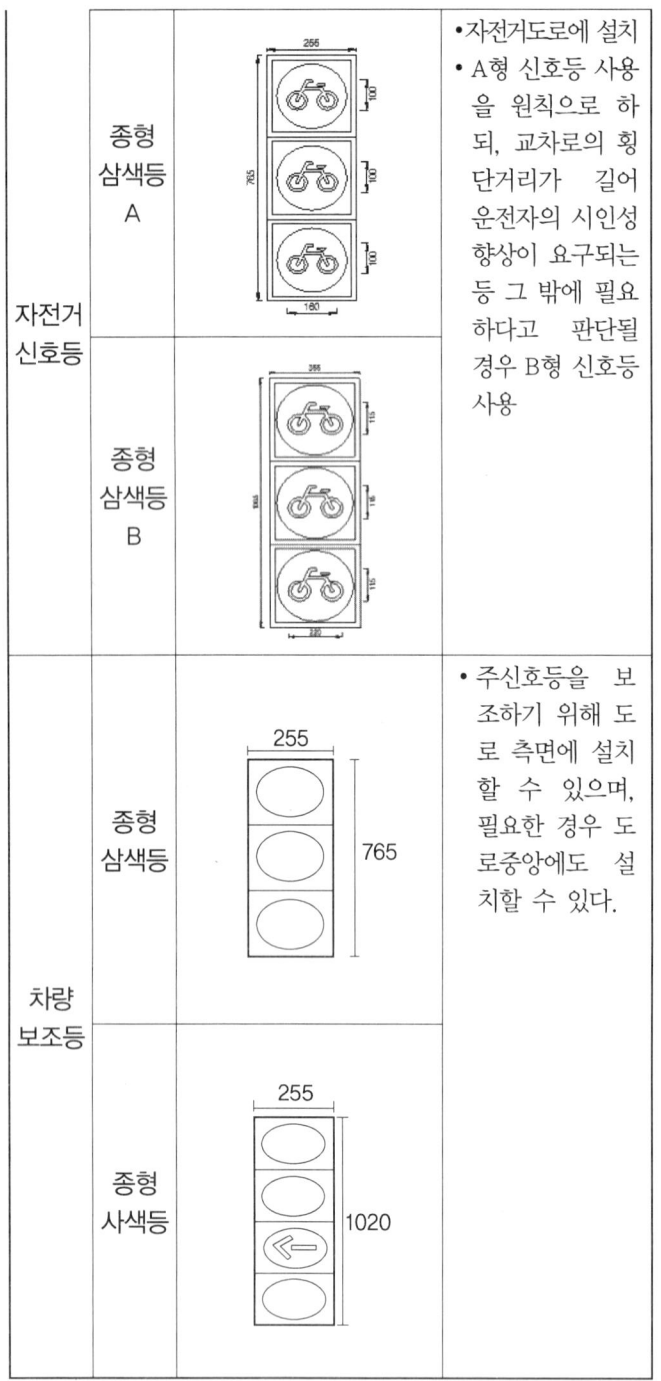

(3) 신호등의 등화의 배열순서

신호등 \ 배열	횡형 신호등	종형 신호등
적색·황색·녹화살표·녹색의 사색등화로 표시되는 신호등	• 좌로부터 적색·황색·녹색화살표·녹색의 순서로 한다. • 좌로부터 적색·황색·녹색의 순서로 하고, 적색등화 아래에 녹색화살표 등화를 배열한다.	위로부터 적색·황색·녹색화살표·녹색의 순서로 한다.
적색·황색 및 녹색(녹색화살표)의 삼색등화로 표시되는 신호등	좌로부터 적색·황색·녹색(녹색화살표)의 순서로 한다.	위로부터 적색·황색·녹색(녹색화살표)의 순서로 한다.
적색화살표·황색화살표 및 녹색화살표의 삼색등화로 표시되는 신호등	좌로부터 적색화살표·황색화살표·녹색화살표의 순서로 한다.	위로부터 적색화살표·황색화살표·녹색화살표의 순서로 한다.
적색 및 녹색의 이색등화로 표시되는 신호등		위로부터 적색·녹색의 순서로 한다.

3. 교통안전표지

(1) 주의표지

도로 주변에 위험물이 있거나 도로 상태가 위험할 경우 도로 이용자가 안전조치를 취할 수 있도록 알려주는 표지이다.

(2) 규제표지

도로교통의 안전을 지키기 위해 제한 또는 금지되는 규제를 하는 경우 이를 도로 이용자에게 알리기 위한 표지이다.

(3) 지시표지

도로교통 안전을 위해 도로 통행 방법, 통행 구분 등 지시가 필요할 경우 도로 이용자에게 이를 알리는 표지이다.

(4) 보조표지

주의표지, 규제표지, 지시표지의 주요 기능을 보충해 도로 이용자에게 알리는 표지이다.

(5) 노면표지

주의, 규제, 지시 등의 내용을 노면에 기호, 문자, 선으로 표시해 도로 이용자에게 알리기 위한 표지이다.

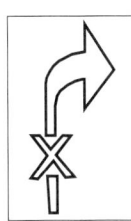 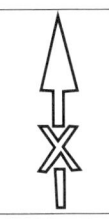 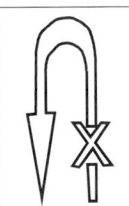 

4. 안전운행

(1) 안전거리 확보

① **안전거리** : 굽은 길이나 고개 등에서 맞은편에서 오는 차가 처음 발견되는 거리 또는 갑작기 앞차가 정지하게 되는 경우에 앞차와 충돌을 피할 수 있는 거리

② **정지거리** : 운전자가 정지할 상황을 인식한 순간부터 차가 완전히 멈출 때까지 자동차가 진행한 거리로 공주거리와 제동거리의 합이다.

　㉠ **공주거리 : 주행 중 운전자가 전방의 위험 상황을 발견하고 브레이크를 밟아 실제 제동이 걸리기 시작할 때까지 자동차가 진행한 거리**로 차의 속력과 공주시간(반응시간)의 곱으로 나타난다.

　㉡ **제동거리** : 주행 중인 자동차가 브레이크가 작동하기 시작할 때부터 완전히 정지할 때까지 진행한 거리를 말한다.

③ **서행 : 운전자가 차를 즉시 정지시킬 수 있는 정도**의 느린 속도로 진행하는 것을 말한다.

④ 서행하여야 할 장소

　㉠ 교통정리가 행하여지고 있지 아니하는 교차로

　㉡ 도로가 구부러진 부근

　㉢ 비탈길의 고개마루 부근

　㉣ 가파른 비탈길의 내리막

　㉤ 지방경찰청장이 도로에서의 위험을 방지하고 교통의 안전과 원활한 소통을 확보하기 위하여 필요하다고 인정하여 안전표지에 의해 지정한 곳

⑤ **일시정지** : 차의 운전자가 그 차의 바퀴를 일시적으로 완전히 정지시키는 것을 말한다.

⑥ 일시정지 장소

　㉠ 교통정리가 행하여지고 있지 아니하고, 좌우를 확인할 수 없거나 교통이 빈번한 교차로

　㉡ 지방경찰청장이 도로에서의 위험을 방지하고 교통의 안전과 원활한 소통을 확보하기 위하여 필요하다고 인정하여 안전표지에 의해 지정한 곳

(2) 진로변경 시 신호

신호를 하는 경우	신호를 하는 시기	신호의 방법
1. 좌회선·횡단·유턴 또는 같은 방향으로 진행하면서 진로를 왼쪽으로 바꾸려는 때	그 행위를 하려는 지점(좌회전할 경우에는 그 교차로의 가장자리)에 이르기 전 30미터(고속도로에서는 100미터) 이상의 지점에 이르렀을 때	왼팔을 수평으로 펴서 차체의 왼쪽 밖으로 내밀거나 오른팔을 차체의 오른쪽 밖으로 내어 팔꿈치를 굽혀 수직으로 올리거나 왼쪽의 방향지시기 또는 등화를 조작할 것
2. 우회전 또는 같은 방향으로 진행하면서 진로를 오른쪽으로 바꾸려는 때	그 행위를 하려는 지점(우회전할 경우에는 그 교차로의 가장자리)에 이르기 전 30미터(고속도로에서는 100미터) 이상의 지점에 이르렀을 때	오른팔을 수평으로 펴서 차체의 오른쪽 밖으로 내밀거나 왼팔을 차체의 왼쪽 밖으로 내어 팔꿈치를 굽혀 수직으로 올리거나 오른쪽의 방향지시기 또는 등화를 조작할 것

3. 정지할 때	그 행위를 하려는 때	팔을 차체의 밖으로 내어 45도 밑으로 펴거나 자동차안전기준에 따라 장치된 제동등을 켤 것
4. 후진할 때	그 행위를 하려는 때	팔을 차체의 밖으로 내어 45도 밑으로 펴서 손바닥을 뒤로 향하게 하여 그 팔을 앞뒤로 흔들거나 자동차안전기준에 따라 장치된 후진등을 켤 것
5. 뒤차에게 앞지르기를 시키려는 때	그 행위를 시키려는 때	오른팔 또는 왼팔을 차체의 왼쪽 또는 오른쪽 밖으로 수평으로 펴서 손을 앞뒤로 흔들 것
6. 서행할 때	그 행위를 하려는 때	팔을 차체의 밖으로 내어 45도 밑으로 펴서 위아래로 흔들거나 자동차안전기준에 따라 장치된 제동등을 깜박일 것

(3) 방어운전 요령
  ① 안전거리 확보
    ㉠ 앞차와의 거리
      ⓐ 앞차가 급제동하더라도 추돌하지 않을 충분한 거리를 유지한다.
      ⓑ **가능한 한 3~4대 앞의 차량 상황도** 고려하여 운전한다.
      ⓒ 앞차가 브레이크를 밟으면 브레이크를 밟을 준비를 한다.
      ⓓ 앞차의 적재물의 낙하할 경우를 대비하여 차간거리를 충분히 두고 운전한다.
    ㉡ 브레이크를 밟을 때
      ⓐ 브레이크를 밟을 상황을 만들지 않도록 한다.
      ⓑ 고속 주행중일 때에는 급브레이크를 밟지 않고 여러 번 나누어 밟는다.
    ㉢ 일시정지 : 횡단보도, 어린이나 노약자가 있을 경우에는 반드시 일시 정지한다.
    ㉣ 교통정체의 경우 : 앞지르기 하는 차량이나 중앙선을 넘는 차량이 있을 수 있으므로 2차로를 중심으로 운전한다.
    ㉤ 가능한 한 우측 차로로 통행한다.
  ② 양보운전
    ㉠ 뒤차가 접근할 때에는 가볍게 브레이크를 밟아 주의를 준다.
    ㉡ 뒤차가 앞지르기 하려고 할 때에는 오른쪽으로 진행하거나 속도를 줄여준다.
    ㉢ 신호등이 없는 교차로를 통과할 때에는 양보운전을 하도록 한다.
    ㉣ 대형차가 밀고 나오면 양보운전을 하도록 한다.
  ③ 예측 및 대응운전
    ㉠ 교차로를 통과할 때에는 신호와 좌우를 충분히 확인한 다음 진행한다.
    ㉡ 진로를 변경할 경우에는 먼저 신호를 보낸 다음 신호의 방향으로 진행한다.
    ㉢ 횡단중인 보행자를 발견하면 속도를 줄이고 보행자가 안전하게 보행할 수 있도록 한다.
    ㉣ 야간운행의 경우 전조등을 상향하지 않도록 한다.
    ㉤ 마주오는 차가 전조등을 줄이지 않고 근접하는 경우에는 서행하거나 일시 정지하도록 한다.
    ㉥ 도로에서 최고속도 이하로 운행한다.
  ④ 이면도로에서의 운전
    ㉠ 어린이가 갑자기 나올 수 있으므로 주의하여 운행한다.
    ㉡ 무단횡단이 많이 나타나고 있으므로 주의하여 운행한다.
    ㉢ 지리에 익숙하지 않으므로 주의하여 운행한다.

(4) 안전운전 요령
  ① **안개길** : 점화장치 점등, 방어운전, 필요시 경적사용, 감속운전 등
  ② **눈길** : 눈이 오는 정도와 쌓인 정도에 따라 감속운전, 방어운전, 점화장치 점등 등
  ③ **빗길** : 비가 오는 정도에 따라 감속운전, 방어운전, 점화장치 점등
  ④ **야간** : 야간은 시야가 좁아지므로 감속하도

록 하고 앞차의 제동과 전조등에 유의하도록 한다. 일몰과 일출 시기에는 미등을 켜도록 한다.
⑤ **커브길** : 감소하도록 하고 직선부분에서 속도를 낮추도록 한다. 커브 안에서 브레이크를 밟으면 미끄러지므로 브레이크를 걸지 않는다.
⑥ **오르막길** : 오르막길 직전에 미리 가속하여 연료를 절약하고 고갯마루 부근에서는 변속하지 않는다. 언덕길을 올라 갈 때나 내려 갈 때에는 서행하도록 한다.
⑦ **내리막길** : 미리 감속하여 운행하며 **엔진 브레이크로 속도를 조절한다.**
⑧ **철길** : 직전에 반드시 일시 정지하여 안전을 확인한 후 통과하도록 하고 앞차가 통과하더라도 반드시 일시 정지하도록 한다. 철길 건널목에서 엔진이 꺼졌을 때에는 즉시 승차자를 내리게 하고 빨리 빠져나오도록 한다.

5. 교통사고예방을 위한 안전운행

(1) 교통사고

교통사고는 **차, 사람, 도로의 3요소** 중 하나의 결함으로 인하여 발생한다. 대부분의 교통사고는 사람에 의하여 발생하며 또한 대부분은 부주의에 의한 것이다.

(2) 사람에 의한 사고원인
① **신체 및 생리적 요인** : 음주, 피로, 약물, 신경성 질환 등이 있다.
② **운전습관** : 교통법규를 지키는 습관, 사고를 내지 않는다는 과신 등이다.
③ **사회환경적 요인** : 근무환경이나 주행환경의 친숙성 등이 있다.
④ **운전기술의 미숙** : 운전기술이 미숙하여 차로유지가 어렵거나 대상의 회피가 어려운 경우이다.

(3) 운전조작의 미숙
① **정보인지의 미숙** : 착각, 오인 등의 원인으로 위험한 정보를 인지하는데 미숙한 경우이다.
② **판단의 미숙** : 인지한 정보에 대하여 판단하는 것이 미숙하여 발생하는 경우이다.
③ **조작의 미숙** : 핸들, 브레이크, 액셀러레이터 등의 미숙이다.

(4) 교통사고 방지를 위한 운전방법
① 위험예측을 빠르고 정확하게 한다.
② 방어운전을 몸에 익힌다.
③ 적절한 조작으로 운전을 한다.

6. 안전운전과 감각 및 판단능력

(1) 시각

눈으로부터 들어오는 정보가 가장 중요하기 때문에 시각이 제일 중요하다.
① **시력** : 최소시각이 어느 정도인가를 말하는 것으로서, 일반적으로 쓰이는 0.5라든가 1.2라는 값은 최소시각을 분(分 : 60분의 1도)으로 나타낸 숫자의 역수를 쓰고 있다.
② **정지시력** : 일정한 거리(5m)에서 일정한 지표를 보고 확인할 수 있는지를 측정한다.
③ **동체시력** : 움직이는 물체를 보거나 움직이면서 물체를 볼 수 있는 시력으로 상하좌우 방향으로 반전된 시표를 임의로 투사하여 측정하였으며, 시표의 방향을 식별할 수 있는 최고 각속도를 동체시력으로 지정하였다.

(2) 야간시력

해질 무렵이나 해뜰 무렵에는 전조등으로 사람이나 물체가 주변의 밝기가 비슷하여 식별의 어려움을 겪는다.
① 야간에는 흰색, 적색 등은 식별이 쉽고 흑색이 가장 어렵다.
② 주간에는 통행인을 쉽게 식별할 수 있지만 야간에는 현혹현상으로 인하여 갓길의 통행하는 사람을 식별하기 어렵다.

(3) 명순응과 암순응
① **명순응** : 어두운 곳으로부터 밝은 곳으로 갑자기 나왔을 때 점차로 밝은 빛에 순응하게 되는 것으로 처음에 잘 보이지 않다가 시간이 어느 정도 지나면 정상적으로 보이는데 영화관에서 밖으로 나왔을 때 명순응을 경험

하게 된다.
② 암순응 : 밝은 곳에서 어두운 곳으로 들어갔을 때 처음에는 보이지 않던 것이 시간이 지남에 따라 차차 보이기 시작하는 현상으로 처음에는 원추세포가 주로 작용하여 감도를 약 10배로 증가시키지만, 암순응이 진행됨에 따라 간상세포의 감도가 높아져서 원추세포를 대신하게 된다.
③ 명순응과 암순응에 대응하는 방법
㉠ **전조등 불빛을 직접 보지 않는다.**
㉡ **불빛으로 잘 보이지 않을 때에는 속도를 줄인다.**
㉢ **커브나 가파른 길에서 대향차의 전조등이 비칠 수 있으므로 이에 대비하도록 한다.**

7. 안전운전에 영향을 미치는 요인

(1) 음주운전
① 술의 정의 : 술이란 에틸알코올이 1%(1도)이상 함유된 음료수를 말한다. 술의 강도는 도수로 정하는데 음료에 포함된 알코올 함유량이 많으면 독한 술이고 적으면 약한 술이다.
② 알코올의 생리적 작용
㉠ 알코올 대사와 개인차 : 우리가 술을 마시면 체내로 들어간 알코올 성분은 알코올 탈수소효소(ADH)에 의해 아세트알데히드라는 물질로 변하고 이것이 다시 알코올 분해효소(ALDH)의 작용으로 초산이 되었다가 최종적으로 물과 탄산가스로 분해되어 체외로 배출된다. 이때 아세트알데히드는 인체 내에서 여러 가지 장애를 유발하고, 분해과정에서 많은 독성을 체내에 배출하기 때문에 빨리 분해되지 않으면 머리가 아프고, 얼굴이 빨개지거나 맥박과 호흡이 빨라지는 등 부작용을 일으키며 신체기능이 저하되거나 토하기도 하고 심하면 인사불성이 되기도 한다. 일반적으로 말하는 주량이란 알코올 분해효소를 얼마나 많이 체내에 포함하고 있느냐에 따라 결정되는 것으로 민족이나 개인에 따라 차이를 보이는데 서양인보다 아시아인과 인디언들은 알코올 분해효소가 결핍되어 있어 한국인은 서양인에 비해 같은 양의 술을 마셔도 더 많이 취한다고 한다. 또한, 여성은 경우 남성보다 알코올 대사효소의 활성이 낮아서 더 빨리 취하는 등 알코올의 대사는 성별에 따라 다를 뿐 아니라 연령·체중 등 각 개개인 간에 따라 다르다.
㉡ 알코올이 인체에 미치는 영향
ⓐ 음주 후 나타나는 징후 : 낮은 혈중알코올농도(0.02%~0.05%, 즉 1~2잔 음주)에서는 **황홀감을 경험하며 불안감이나 초조감이 감소된다.** 그러나 혈중알코올농도가 올라감에 따라 (0.06%~0.1%, 3~5잔의 음주) 판단력과 운동 평행 능력이 손상되며 혈중알코올농도의 상승에 따라 더 심해지고 공격적이 된다. 혈중알코올농도가 0.2%~0.25%에 이르게 되면 (10~13잔 음주) 반대로 억제 효과가 나타나며, 0.3% 정도에서는 의식을 잃거나 마취 또는 마비효과가 나타나고 학습능력이나 기억능력이 심하게 손상된다. 혈중알코올농도가 이보다 높은 0.4%~0.5% 수준이 되면 호흡이 저하되고 혼수상태가 되거나 호흡 부진 탓에 사망할 수도 있다. 따라서 급성 폭음은 동기 유발, 감정, 인지, 운동 그리고 궁극적으로 호흡과 의식에까지 영향을 미치게 된다.
ⓑ 알코올과 중추신경계의 작용 알코올은 중추신경계에 대하여 소량에서는 흥분작용이 있으나 다량을 섭취하였을 때 복합적 기능을 가진 부위(망상계, 대뇌피질)에 특히 예민하게 작용하여 기억·인지·판단·주의·정보처리 등의 사고기능, 반응시간·언어 등의 장애를 일으키고 동시에 중추신경계의 통제기능을 억제함으로써 흥분·공격성·충동성 등

의 행동과 사회적으로 통제됐던 행동들이 나타나게 된다.
- ⓒ 알코올과 건강
  - ⓐ 간에 미치는 영향 : 술에 의한 피해 중 가장 널리 알려진 것으로써 간염, 지방간 등이 있는데 이 상태에서 단주하면 회복이 가능하나 계속 술을 마셔 발전되면 간경변증(간경화)이 되어 매우 위험한 상태에 이르게 된다.
  - ⓑ 소화기에 미치는 영향 : 술을 마시면 위장기능 장애를 초래하여 복부팽만, 하복통, 소화불량, 위궤양, 토혈 등의 증세가 나타날 수 있으며, 또한 술과 함께 담배를 피우면 후두암과 구강암이 발생할 위험도 매우 크다.
  - ⓒ 심장에 미치는 영향 : 알코올은 심근경색, 심근염 등의 증세를 일으켜 위험한 상태에 이르게 된다.
  - ⓓ 신경계에 미치는 영향 : 술을 자주 마시면 신경 조직이 단단해져 이 때문에 신경세포가 죽어 뇌에 손상을 주게 되어 우울증, 정신분열, 치매 등으로 발전될 수 있다.
  - ⓔ 기타 : 성기능장애, 췌장염과 췌장암, 당뇨(실제 알코올중독자에게 당뇨가 동반되는 것은 흔하다.), 태아 알코올 증후군, 불임, 경련 등의 질병이 생길 수 있다.
- ③ **음주와 사회적 환경** : 우리나라는 전통적으로 음주에 관대하여 술자리에서의 실수는 주위에서 큰 문제로 삼지 않고 지나가는 경우가 많다. 음주의 긍정적 측면도 있지만, 술좌석이 벌어지면 무차별적으로 술잔이 돌려지고, 주량이 많은 사람은 통이 크고 리더십이 있는 사람으로 간주하는 경향이 있었다. 최근 들어 이러한 풍토는 조금씩 바뀌어 가고 있지만 개인뿐 아니라 국가적으로 큰 손실을 주고 있다.
- ④ **음주운전의 기준 및 처벌**
  - ㉠ 음주운전의 기준
    - ⓐ 운전이 금지되는 **"술에 취한 상태의 기준"은 혈중알코올농도가 0.03% 이상이며, "술에 만취한 상태"는 혈중알코올농도가 0.08% 이상이다.**
    - ⓑ 일반적으로 혈중알코올농도 0.05%는 사람의 체질이나 심신상태 등에 따라 다르지만, 보통의 성인 남자가 소주 2잔 반(캔맥주 2캔, 양주 2잔, 포도주 2잔)을 마신 후 한 시간 정도가 지났을 상황에 해당한다.
  - ㉡ 처벌의 기준

알코올 농도 결과	0.03%~0.08% 미만	0.08% 이상
처벌	형사 입건, 100일간 면허 정지	형사 입건, 면허 취소
	측정 불응 시에는 형사 입건, 면허 취소	

- ⑤ **음주운전의 위험성**
  - ㉠ 음주와 운전행동
    - ⓐ 판단능력이 저하된다. 위험상황에 직면하였을 때 순간적인 판단이 늦어져 적절하게 대처하지 못한다.
    - ⓑ 자기 능력을 과대평가한다. 주위의 만류에도 이 정도의 술로는 괜찮다고 하며 굳이 운전대를 잡는 등 자기의 운전기술을 자랑하고 싶어하는 충동을 느낄 수 있다.
    - ⓒ 운전이 난폭해지고 조급한 행동이 많아진다. 급핸들, 급브레이크 등 운전이 난폭해지고 신호를 무시하는 등 행동이 조급해진다.
    - ⓓ 눈의 기능이 저하된다. 정상적인 사람도 야간에는 눈의 기능이 20~30% 저하되는데 음주 후에는 더욱 심하게 저하되고 시야가 좁아져 보행자나 옆 자동차 등 주변의 위험물을 보지 못할 수 있다.
    - ⓔ 졸음 운전을 할 수 있다. 알코올을 마시면 잠이 잘 오기 때문에 음주운전 중에는 졸음이 오기 쉽다.

ⓛ 음주운전의 위험성 및 문제점
  ⓐ 주의력・판단력・운동능력 등이 저하된 상태의 운전으로 다양한 유형의 사고를 유발한다.
  ⓑ 음주로 인해 잘못된 운전 조작이나 운전 조작 생략 등에서 오는 사고가 잦다.
  ⓒ 대상의 움직임과는 상관없이 주정차된 차량이나 도로 상의 정지물체, 운행 중인 다른 차, 보행자 등을 충격할 수 있다.
  ⓓ 음주운전과 무면허 운전이 함께 나타나는 경우가 많다.
  ⓔ 음주사고로 인한 처벌이 두려워 도주하게 된다.(뺑소니 사고 운전자의 절반이 음주 운전자임)
ⓒ 혈중알코올농도와 사고의 위험도
  ⓐ 혈중알코올농도가 높아감에 따라 사고로 이어질 가능성도 높아진다. **혈중알코올농도가 0.03% 상태에서는 음주하지 않을 때보다 2배, 만취상태인 0.08% 상태에서는 6배, 0.15% 상태에서의 운전은 사고 확률이 무려 25배로 증가한다.** 즉 소주 2잔 반(약 120ml) 정도를 마시고 운전하면 술을 마시지 않고 운전했을 때보다 사고발생률이 약 2배로 증가한다는 것이다.
  ⓑ 음주운전은 운전자 자신이 느끼는 것보다 더 많은 사고 위험성을 내포하고 있으며 고귀한 인명을 앗아갈 수 있으므로 음주운전은 곧 본인에게는 자살행위요, 타인에게는 살인행위가 될 수 있다.

(2) 약물
① 약물에는 사용이 금지된 마약, 대마, 향정신성 의약품 등으로 환각, 적대심, 공격의 성향을 나타낸다.
② **비염치료제, 종합감기약, 피임약, 진통제도** 안전운전을 위협하는 약물에 해당한다.
③ 술과 약을 함께 복용하면 더 위험해진다.

(3) 피로
① 피로의 상태는 졸음, 하품 등이고 반응이 늦어지는 현상을 나타낸다.
② 피로가 생기면 주의력이 산만해지고 집중력이 저하된다.
③ 사고력과 판단력이 저하되고 사소한 일에도 신경질적인 반응을 나타낸다.
④ 빛에 민감하게 되고 운동능력이 저하되며 시계변화가 단조로우면 졸게 된다.
⑤ 과로운전을 피하려면 충분한 수면을 취하고 2시간마다 휴식을 취하며 피로감이 있으면 가벼운 운동을 한다.

8. 방어운전

(1) 방어운전
방어운전이란 소극적인 운전으로 생각하기 쉬우나 오히려 그와는 반대로 다른 운전자나 보행자가 교통법규를 지키지 않거나 위험한 행동을 하더라도 그에 적절하게 대처하여 사고를 미연에 방지할 수 있도록 하는 적극적인 운전 방법이다.

(2) 방어운전의 요령
① 안전한 공간 확보
  ㉠ 브레이크를 밟을 때
    ⓐ 급제동을 해야 할 상황을 만들지 않는다.
    ⓑ 고속주행 중 브레이크를 밟을 때는 여러 번 나누어 밟아 뒤차에 알려 준다.
  ㉡ 앞차를 뒤따라갈 때
    ⓐ 가능한 한 4~5대 앞의 상황까지 살핀다.
    ⓑ 앞차가 급제동하더라도 추돌하지 않도록 안전거리를 충분히 유지한다.
    ⓒ 적재물이 떨어질 위험이 있는 화물차로부터 가급적 멀리 떨어진다.
  ㉢ 차의 옆을 통과할 때 : 상대방 차가 갑자기 진로를 변경하더라도 안전할 만큼 충분한 간격을 두고 진행한다.
  ㉣ 교통 정체가 있는 도로를 주행할 때
    ⓐ 중앙선을 넘어 앞지르기하는 차량이 있으므로 2차로 도로에서는 가급적

중앙선에서 떨어져 주행한다.
ⓑ 4차로 도로에서는 가능한 한 우측 차로로 통행한다.
② 흔쾌히 양보
㉠ 신호등 없는 교차로를 통과할 때 우선권을 따지지 말고 양보를 전제로 운전한다.
ⓐ 진로를 변경하거나 끼어드는 차량이 있을 때 속도를 줄이고 공간을 만들어 준다.
ⓑ 대형차가 밀고 나오면 즉시 양보해 준다.
㉡ 뒷차가 접근해 올 때
ⓐ 가볍게 브레이크 페달을 밟아 주의를 시킨다.
ⓑ 뒷차가 앞지르려고 할 때 도로의 오른쪽으로 다가서 진행하거나 감속하여 피해 준다.
③ 미리 예측하여 대응
㉠ 교차로를 통과할 때 : 신호를 무시하고 뛰어드는 차나 사람이 있을 수 있으므로 신호를 절대적인 것으로만 믿지 말고 안전을 확인한 뒤에 진행한다.
㉡ 진로를 변경할 때
ⓐ **여유 있게 신호를 보낸다.**
ⓑ 나의 신호를 이해한 것을 확인한 다음에 천천히 행동한다.
ⓒ 횡단하려고 하거나 횡단 중인 보행자가 있을 때 갑자기 뛰어나오거나 뒤로 되돌아갈지 모르므로 감속하고 주의한다.
ⓓ 보행자가 차의 접근을 알고 있는지를 확인한다.

9. 차량의 안전관리

(1) 제동장치
① 엔진브레이크 : 주행 중 액셀러레이터 페달을 놓았을 때 엔진과 변속기에 의해 작동되는 브레이크로 엔진에 브레이크 작용을 하게 하는 장치로 기관제동이라고도 한다.
② 풋 브레이크 : 브레이크 페달을 밟는 힘을 이용하여 바퀴를 제동시키는 것으로, 조작 기구로는 바퀴와 함께 회전하는 드럼 또는 디스크와 밀착되어 마찰력을 발생시키는 슈 또는 밴드에 라이닝 또는 페이싱이 부착되어 있다.
③ 주차 브레이크 : 차를 주차시켜 둘 때 사용하는 브레이크로서, 대부분 수동 레버, T바 등으로 조작하며 조작에 큰 힘을 필요로 하는 경우에는 풋 페달을 사용한다.
④ ABS(anti-lock brake system) : 자동차가 급제동할 때 바퀴가 잠기는 현상을 방지하기 위해 개발된 특수 브레이크로 급제동할 때, 그리고 동시에 슬립률이 클 때 차륜의 잠김을 방지하기 위해, 노면과 타이어 간의 점착 능력에 맞추어 휠브레이크의 제동압력을 제어한다.

(2) 자동차에 발생하는 물리적 현상
① 페이드(fade) 현상 : 자동차가 빠른 속도로 달릴 때 풋 브레이크를 지나치게 사용하면 브레이크가 흡수하는 마찰에너지는 매우 커서 에너지가 모두 열이 되어 브레이크라이닝과 드럼 또는 디스크의 온도가 상승하게 되어 마찰계수가 극히 작아져서 **자동차가 미끄러지고 브레이크가 작동되지 않게 되는 현상**을 말한다.
② 스탠딩 웨이브(standing wave) 현상 : 타이어 공기압이 낮은 상태에서 자동차가 고속으로 달릴 때 일정속도 이상이 되면 타이어 접지부의 바로 뒷부분이 부풀어 물결처럼 주름이 접히는 현상이다.
③ 베이퍼 록(vapor lock) 현상 : 긴 내리막길에서 브레이크를 지나치게 사용하면 차륜 부분의 마찰열 때문에 휠실린더나 브레이크 파이프 속의 오일이 기화되고, 브레이크 회로 내에 공기가 유입된 것처럼 기포가 형성되어 브레이크를 밟아도 스펀지를 밟듯이 푹푹 꺼지며, 브레이크가 작동되지 않는 현상이다.
④ 수막현상 : 달리고 있는 차량의 타이어와 노면 사이에 수막이 생겨 타이어가 **노면 접지력을 상실하는 현상**을 말한다.
⑤ 밸브 스프링 서징(Valve Spring Surging) 현상 : 캠에 의한 밸브의 개폐 횟수가 밸브

스프링의 고유 진동수와 같거나 정수배가 되었을 때에 공진 현상이 발생하여 밸브 스프링이 캠에 의한 작동과는 관계없이 파상 진동을 일으키는 현상을 말한다.

⑥ 오버스티어(oversteer) 현상 : 일정한 속도로 코너를 돌고 있는 차가 스피드를 높여 감에 따라 뒷바퀴가 바깥으로 흐르고 앞바퀴가 안쪽으로 향하는 특성으로 코너링 반지름이 작아지게 되는데, 핸들을 꺾은 각도보다 더 차가 꺾여 오버스티어라고 한다.

⑦ 언더스티어(understeer) 현상 : 방향을 틀 때 운전자가 의도하는 것보다 덜 날카롭게 돌려고 하는 차의 경향을 말한다.

제❷장 LPG 자동차 안전관리

1. LPG와 LPG 연료장치

(1) LPG(liquefied petroleum gas)
① 석유 성분 중 **프로페인 및 뷰테인** 등 끓는점이 낮은 탄화수소를 주성분으로 가스를 상온에서 가압하여 액화한 것이다.
② 이 가스를 소형의 가벼운 압력용기에 충전해서 가정용, 업무용, 공업용, 자동차용 등의 연료로 널리 이용된다.
③ 이 가스를 소형의 가벼운 압력용기에 충전해서 자동차용 가솔린 대신으로도 널리 이용된다.

(2) LPG 연료장치구조
① 용기밸브
  ㉠ 압력안전장치 : 연료용기가 고온에 노출되어 비정상적으로 내부의 압력이 증가할 경우에 용기의 손상을 방지하기 위하여 용기 내부의 압력을 제거하는 장치를 말한다.
  ㉡ 과류방지밸브 : 배관 및 연결부의 파손으로 LPG가 유출되는 것을 방지하는 밸브로 믹서 형식의 경우 배출 밸브의 안쪽에 입체식으로 설치되어 있고, LPI의 경우 연료 펌프 멀티 밸브 부분에 설치되어 배관의 연결부 등이 파손되었을 때 LPG가 과도하게 흐르면 밸브는 닫힌다.
  ㉢ 과충전방지밸브 : 플로트와 함께 충전 연속선상에 조립되어 봄베(용기) 내에 내장되어, LPG 주입 시 과충전 밸브를 통하여 봄베 내로 유입되도록 하여 **과충전 방지장치의 플로트가 85%를 감지할 경우 연료의 유입을 차단하는 밸브를 말한다.**
② 긴급차단장치 : 운전자가 운전을 멈추거나 사고에 의하여 엔진이 멈춘 경우에 연료의 흐름을 방지하는 장치로 전자식 밸브이다.
③ 기화기 : 연료를 미세하게 작은 입자로 만들어 공기와 혼합시켜 기화하기 쉽게 한 다음, 기관의 운전 상태에 따라 적절한 혼합 가스양을 공급하는 장치이다. 봄베에서 압송된 액체LPG를 기체로 만드는 감압, 기화, 조압하는 세 가지 기능을 하는 장치다.
④ 혼합기 : 기화기에서 기화된 LPG를 공기와 혼합하여 엔진에 공급하는 장치로 흡기량을 조절하는 LPG 전용방식을 사용한다.

2. LPG 자동차 관리요령

(1) 엔진 시동 전 점검
① 연료출구밸브는 완전히 연다.
② 연결부위는 비눗물로 누설이 있는가를 점검한다.
③ 누설을 확인할 때에는 엔진 점화 스위치를 on에 위치시킨다.
④ **겨울에는 2~3분 가량 예열을 시킨다.**

(2) 주행 중 준수사항
① 주행 중에는 연료전환 스위치나 LPG 스위치에 손을 대는 것은 좋지 않은데 LPG 스위치가 꺼지면 엔진이 정지되어 운행에 지장을 줄 수 있기 때문이다.
② LPG 용기의 특성으로 인하여 급제동이나 급선회의 경우 연료장치에 경고등이 들어올 수 있으나 이상현상은 아니다.

(3) LPG 충전방법
① **반드시 엔진을 끄고 충전한다.**
② 출구밸브 핸들을 잠근 후 충전밸브 핸들을 열어야 한다.

③ 충전 뚜껑을 열어 퀵커플러를 통하여 LPG를 충전한다.
④ 충전은 85%를 넘지 않아야 하고 밀폐된 공간에서 충전하지 않는다.

(4) 긴급상황 시 조치사항
① 가스가 누출되면 엔진을 정지하고 LPG 스위치를 끈다. 연료밸브를 잠그고 정비를 실시한다.
② 교통사고가 발생하면 엔진을 정지하고 승객을 대피시키며 출구밸브를 잠근다. 불이 났을 경우에는 소화기로 불을 끄고 불가능할 때에는 신고를 하고 주변 차량의 접근을 통제하여야 한다.

(5) LPG 차량 점검요령
① 차량 내에 가스냄새가 나는지 확인한다.
② 폭발성이 있거나 휘발성이 있는 물질은 차내에 두지 않는다.
③ 시동 후 RPM 상태가 800~900 정도인지 확인한다.
④ 배터리 용량과 마후라를 점검한다.
⑤ 타르 제거와 기화기 부분에 대한 관리가 필요하다.

(6) LPG 자동차 운전자의 준수사항
① 연료가 누출되면 연료출구밸브를 잠그고 정비하여야 한다.
② 부주의로 연료가 누출되더라도 화기가 없으면 화재발생이 없으므로 화기 옆에서 용기 및 배관을 점검, 수리해서는 안된다.
액체연료밸브는 완전히 개방한 상태에서 운행해야 하고 충전 중에는 엔진을 정지시켜 오발진의 가능성을 없애야 한다.
③ 충전 후에는 먼지막이용 캡을 씌우고 충전밸브를 잠근 후 운행하여야 한다.
④ 타르는 월 1회 이상 드레인콕을 열어 배출하여야 한다.

3. LPG 연료

(1) LPG의 특징
① **공해가 없다.**
② **싸고 경제적이다.**
③ **옥탄가가 높다.**
④ **공기보다 무겁다.**
⑤ **시동이 나쁘다.**

(2) LPG 연소의 특징
① 연소속도가 느리지만 인화폭발의 위험성이 있다.
② 정전기의 발생이 다른 가스보다 높아 접지와 접속에 의한 정전기의 축적을 방지해야 한다.

4. LPG 연료사용

(1) 액화석유가스의 연료사용제한(액화석유가스의 안전관리 및 사업법 제28조)
산업통상자원부장관은 액화석유가스의 적정한 수급, 사용상의 안전관리, 그 밖에 공익상 필요하다고 인정되면 산업통상자원부령으로 정하는 바에 따라 자동차 또는 그 사용자에 대하여 액화석유가스를 연료로 사용하는 것을 제한할 수 있다. 다만, 다음의 어느 하나에 해당하는 경우에는 그러하지 아니하다.
① 액화석유가스를 사용하는 승용자동차(승용자동차를 말한다)로 등록 후 5년이 지난 경우
② 자동차의 종류 중 유형별 세부기준에 의한 다목적형 승용자동차와 기타형 승용자동차의 경우

(2) 자동차에 대한 액화석유가스 충전행위의 제한(액화석유가스의 안전관리 및 사업법 제29조)
① 액화석유가스를 자동차의 연료로 사용하려는 자는 액화석유가스 충전사업소에서 액화석유가스를 충전 받아야 하며, 자기가 직접 충전하여서는 아니 된다. 다만, 자동차의 운행 중 연료가 떨어지거나 자동차의 수리를 위하여 연료의 충전이 필요한 경우 등 산업통상자원부령으로 정하는 경우에는 그러하지 아니하다.
② 액화석유가스의 충전방법 등에 필요한 사항은 산업통상자원부령으로 정한다.

제❷편 안전운행 및 LPG 자동차 안전관리 출제예상문제

01 다음 보기 중 경유를 사용하는 자동차의 배출가스가 아닌 것은?
① 일산화탄소 ② 탄산수소
③ 질소산화물 ④ 알데히드

02 교통법규를 잘 지키는 근본이 되는 것은?
① 양보운전 ② 법규준수
③ 형법준수 ④ 민법준수

03 차마가 길가의 건물이나 주차장에 들어가려고 할 때 운전자는?
① 시행하여야 한다.
② 일시 정지한 후 서행하여야 한다.
③ 서행한 후 신속히 통과하여야 한다.
④ 일시 정지 후 신속히 통과하여야 한다.

04 운행 중 안전을 확보하기 위한 운전방법이 아닌 것은?
① 차간거리 확보 ② 안전표지판 관리
③ 속도 준수 ④ 양보운전

05 택시 차량 환경개선 일제점검은 연 몇 회인가?
① 1회 ② 2회
③ 3회 ④ 4회

06 택시의 안전운전을 위한 운전 습관은?
① 주의력을 집중하여 운전한다.
② 급제동을 자주하면서 운전한다.
③ 차로를 무시하면서 운전한다.
④ 조급하고 난폭하게 운전한다.

07 긴 내리막길을 내려갈 때의 안전한 운전방법은?
① 엔진 브레이크만 사용하면서 내려간다.
② 차체의 중량으로 가속이 붙어 위험하므로 시동을 끄고 타력을 이용하여 내려간다.
③ 엔진 브레이크와 풋 브레이크를 겸용하되, 될 수 있는 한 풋 브레이크 사용을 적게 한다.
④ 핸드 브레이크와 풋 브레이크를 동시에 사용한다.

08 LPG충전 방법 중 LPG 용기는 몇 %까지 충전이 가능한가?
① 80% ② 83%
③ 85% ④ 90%

09 LPG차량 주행 중 준수사항에 대한 설명 중 틀린 것은?
① LPG스위치를 누른 다음 초크 레버를 당기고 시동을 건다.
② 휘발유 차량보다 500~1000 정도의 RPM을

정답 01 ④ 02 ② 03 ② 04 ② 05 ② 06 ① 07 ③ 08 ③ 09 ④

유지한다.
③ 주행 중 LPG 스위치에 손을 대지 않는 것이 좋다.
④ 시속 80km로 주행 시 RPM은 2000 미만이 좋다.

10 비 또는 눈이 오는 날의 안전보행 요령으로 잘못된 것은?
① 밤에 아스팔트 노면이 비에 젖은 곳은 보행자가 잘 보이므로 안전하다.
② 비오는 날은 자동차의 정지거리가 길어져 무리한 횡단을 삼간다.
③ 도로 조명이 있는 곳이나 되도록 밝은 장소를 선택하여 보행한다.
④ 비오는 날은 시야가 잘 띄는 밝은 색상의 옷을 입는다.

11 ★☆ 양보정신 설명 중 적절하지 못한 것은?
① 도로를 이용하는 사람이 상대방 입장에서 길을 비켜 주는 마음이다.
② 모든 도로 이용자가 양보정신을 가질 때 명랑한 교통 환경이 이루어진다.
③ 각자 자기 자신의 편리를 위해 운전하는 정신이다.
④ 양보를 위해서는 상대방과의 충분하고 정확한 의사소통이 필요하다.

12 다음 보기 중 도로에서 도로 이용자가 해서는 안 될 행위는?
① 운전할 사람에게 술을 못 마시게 하는 행위
② 신호기나 표지 등을 함부로 조작, 이동, 파괴하는 행위
③ 도로상에 방치한 물건을 제거하는 행위
④ 얼어붙은 도로에 모래를 뿌리는 행위

13 다음 보기 중 봄철 자동차 관리 사항으로 틀린 것은?
① 월동장비 점검
② 엔진오일 점검
③ 배선상태 점검
④ 부동액 검사

14 다음 중 빗길 속 수막현상에 대한 설명 중 옳지 않은 것은?
① 타이어가 새것일수록 이러한 현상이 많이 나타난다.
② 타이어와 노면과의 사이에 물막이 생겨 자동차가 물 위에 뜨는 현상이 나타난다.
③ 속도를 조절할 수 없어 사고가 많이 일어난다.
④ 이러한 현상은 시속 90km 이상일 때 많이 일어나지만 물이 고여 있는 곳에서는 더 낮은 속도에서도 나타난다.

15 LPG 자동차 운전자 교육을 법에 따라 받지 않을 경우의 행정처분은?
① 과태료 10만원 이하
② **과태료 20만원 이하**
③ 과징금 10만원 이하
④ 과징금 20만원 이하

16 제동장치에 대한 설명으로 잘못된 것은?
① 브레이크 종류는 크게 나누어 풋 브레이크, 핸드브레이크, 보조브레이크가 있다.
② **핸드브레이크는 센터와 뒷바퀴 및 앞바퀴 브레이크식이 있다.**
③ 보조브레이크는 엔진, 배기브레이크가 있다.
④ 제동장치란 주행하는 자동차를 감속 및 정지시키거나 정지 상태를 계속 유지하는 것이다.

정답 10 ① 11 ③ 12 ② 13 ① 14 ① 15 ② 16 ②

17 다음 중 타이어의 마모에 영향을 주는 요소로 보기 힘든 것은?

① 공기압
② **면적**
③ 변속
④ 브레이크

18 자동차 브레이크 페달의 유격에 대한 설명으로 옳지 않은 것은?

① 유격은 불필요한 회전에 의한 소손방지에 있다.
② 유격이 없으면 제동이 민감해진다.
③ 유격이 없으면 브레이크라이닝이 쉽게 마모된다.
④ 유격은 일반적으로 10 내지 25가 적당하다.

19 운전자가 장시간 운전할 때 일반적으로 몇 시간마다 휴식 및 관절운동 하는 것이 좋은가?

① 1시간
② 2시간
③ 3시간
④ 8시간

20 자동차 운전 중 운전자 준수사항으로 잘못된 것은?

① 고인물을 튀게 하여 다른 사람에게 피해를 주는 일이 없도록 한다.
② 어린이가 보호자 없이 걷고 있을 때에는 일시 정지하여야 한다.
③ 보행자가 횡단보도를 통행하고 있을 때에는 서행하여야 한다.
④ 보행자가 안전지대에 있을 때에도 서행하여야 한다.

21 지진이 발생했을 때 자동차 운전조치요령으로 부적당한 것은?

① 핸들을 꽉 잡고 차체를 똑바로 유지시키며 서서히 길 가장자리에 정지시킨다.
② 정지 후에 방송에 따라 지진 및 교통정보를 듣고 그에 따라 행동한다.
③ 자동차를 두고 피난시는 가능한 도로 위에 주차시켜야 한다.
④ 지진이 발생하면 급정거, 급제동하여 건물 밑 등 장애물 옆으로 피난해야 한다.

22 다음 보기 중 자동차 운송질서 준수 사항이 아닌 것은?

① 과속운행
② 교통신호준수
③ 적정속도유지
④ 지정복장착용

23 냉각장치에 사용되는 냉각수로 가장 적절한 것은?

① 증류수
② 냇물
③ 바닷물
④ 저수지물

24 연료 절약 운전방법이 아닌 것은?

① 고속 공회전을 하지 않는다.
② 급발차, 급가속을 하지 않는다.
③ **클러치를 완전히 떼지 않는다.**
④ 불필요한 짐을 싣지 않는다.

25 고속도로 주행시 연료절약을 위한 경제속도는?

① 60km/h
② 80km/h
③ 100km/h
④ 110km/h

정답 17 ② 18 ② 19 ② 20 ③ 21 ④ 22 ① 23 ① 24 ③ 25 ②

26 자동차의 사각지대가 생기는 이유가 아닌 것은?

① 백미러로 보이지 않는 부분
② 주행 시 또는 정차 시 다른 차량에 의해 가려진 부분
③ 어두워서 보이지 않는 부분
④ 나무나 빌딩 등에 가려서 보이지 않는 부분

27 다음 중 LPG 차량 운전 중의 주의사항으로 보기 힘든 것은?

① 항상 차 내부에 스며드는 LPG 냄새에 주의한다.
② **충전할 때는 엔진의 구동 상태를 유지하여야 한다.**
③ 충전이 끝나면 밸브의 조여진 상태를 반드시 확인하여야 한다.
④ 라이터 또는 성냥 같은 화기의 사용을 점검하여야 한다.

28 제동거리에 대한 설명으로 옳은 것은?

① 위험을 느끼고 브레이크를 밟아 정지한 거리
② 공주거리와 정지거리를 합한 거리이다.
③ 지각 반응시간 동안 달려간 거리이다
④ 브레이크가 작동하여 정지할 때까지 자동차가 이동한 거리이다.

29 부탄과 프로판 차이점에 대한 설명이다. 틀린 것은?

① 프로판 가스는 공기에 비해 약 1.5배 무겁다.
② 부탄 가스는 공기에 비해 약 2배 무겁다.
③ 프로판 연소범위는 2.1~9.8%이다.
④ **부탄의 연소범위는 0.9~1.8%이다.**

 연소범위 ┌ 프로판 2.1 ~ 9.8%
         └ 부 탄 1.8 ~ 8.4%

30 운전하기 전 자동차 운행계획에 포함될 내용이 아닌 것은?

① 목적지의 숙박시설
② 휴식 및 주차장소 시간
③ 운행경로와 구간 및 전체 소요시간
④ 사고 다발지점·공사구간 등 교통정보

31 녹색신호에 대한 설명으로 옳은 것은?

① 차마는 직진 또는 다른 교통에 방해되지 않도록 천천히 우회전할 수 있다.
② 보행자는 횡단보도를 횡단할 수 없다.
③ 비보호 좌회전 표시가 있는 것에서는 좌회전할 수 없다.
④ 비보호 좌회전 중 교통에 방해가 된 때에는 교차로 통행방법위반 책임만 진다.

32 LPG차량의 연료통 색깔은?

① 흰색　　　② 파란색
③ **회색**　　　④ 노란색

33 LPG차량의 단점이 아닌 것은?

① 충전소가 적다.
② **시동이 잘 걸린다.**
③ 폭발 위험성이 있다.
④ LPG 차량운전자는 교육을 받아야 한다.

34 교차로 통행방법에 대한 설명 중 잘못된 것은?

① 직진하려는 차는 이미 좌회전하고 있는 차의 통행을 방해하지 못한다.
② 좌회전하려는 차는 직진하려는 차의 통행을 방해하지 못한다.
③ 우회전하려는 차는 이미 좌회전하고 있는

정답 26 ③　27 ②　28 ④　29 ④　30 ①　31 ①　32 ③　33 ②　34 ④

차의 통행을 방해하지 못한다.
④ 좌회전 차는 우회전하려는 차에 우선한다.

35 베이퍼 록(Vaper lock)과 페이드(Fade) 현상에 대한 설명으로 잘못된 것은?

① 베이퍼 록이란 브레이크를 자주 밟으면서 마찰열로 인해 브레이크가 듣지 않는 현상이다.
② 페이드란 브레이크가 자주 밟으면 마찰열이 브레이크 라이닝 재질을 변화시켜 브레이크가 밀리거나 듣지 않는 현상이다.
③ 페이드 현상 등이 발생하면 브레이크가 듣지 않아 대형사고의 원인이 된다.
④ 내리막길을 매려갈 때에는 반드시 핸드브레이크만 사용해야 한다.

36 다음 보기 중 경쟁의식이 강한 운전자가 가장 범하기 쉬운 것은?

① 주취운전
② 정차위반
③ 과속운전
④ 과로운전

37 다음 중 자동차 냉각수 점검요령으로 적절하지 못한 것은?

① 라디에이터와 연결부위 고무가 변형되었는지 확인한다.
② 시동을 걸어 놓은 상태에서 점검하는 것이 좋다.
③ 냉각수가 가득 채워져 있는지 확인한다.
④ 라디에이터 캡을 열고 냉각수의 양을 확인한다.

38 고속운전 시 타이어의 공기압 부족으로 나타나는 현상은?

① 스탠딩웨이브 ② 베이퍼록
③ 페이드   ④ 하이드로플래닝

39 교통정리가 행하여지고 있지 아니하고 좌우를 살필 수 없는 교차로에서는 어떻게 통과해야 하는가?

① 교차로 진입직전에 일시 정지하여 안전을 확인 후 진행한다.
② 속도를 줄이고 경음기를 울리며 진행한다.
③ 교차로에서 좌·우회전할 때에는 빠르게 진행해야 한다.
④ 폭이 좁은 도로에서 넓은 도로로 진입할 때에는 일시 정지하여야 한다.

40 택시운행 중 교통의 원활한 소통을 위해 준수할 사항 중 부적절한 것은?

① 자동차의 최고최저속도 준수
② 차 사이의 거리 확보
③ 진로양보 의무
④ 안전표지 관리

41 다음 중 보행등의 설치기준으로 잘못된 것은?

① 차량신호만으로 보행자는 언제 통행권이 있는지 분별하기 어려울 경우 설치
② 어린이보호구역 내 초등학교 또는 유치원의 주 출입문과 가장 가까운 거리에 위치한 횡단보도
③ 번화가의 교차로, 역전 등의 횡단보도로서 보행자의 통행이 빈번한 곳에 설치
④ 차량신호기가 설치된 교차로의 횡단보도로서 1일 중 교통이 가장 빈번한 8시간 내의 시간 횡단보행자가 100명을 넘는 곳에 설치

정답 35 ④ 36 ③ 37 ④ 38 ① 39 ① 40 ④ 41 ④

42 정비 불량 택시의 운행은 금지되어야 한다. 이를 준수이행 하여야 할 의무자가 아닌 사람은?

① 회사대표 ② 정비책임자
③ 운전자 ④ 경비관리자

43 택시운전 자격에 대한 설명 중 틀린 것은?

① 택시운전 자격증은 항상 휴대하여야 한다.
② 택시 승무시에는 차내에 자격증을 게시하여야 한다.
③ 자격증을 타인에게 대여한 때에는 자격이 취소된다.
④ 일단 택시운전 자격을 취득하면 전국 어디서나 취업을 할 수 있다.

44 운전을 삼가야 하는 경우가 아닌 것은?

① 주차위반으로 범칙금 납부통지서를 받을 때
② 걱정이나 불안·흥분상태에 있을 때
③ 피곤하거나 감기몸살 등 병이 났을 때
④ 잠이 오는 감기약을 복용했거나 술이 덜 깬 상태일 때

45 고속버스의 승차자 전원이 좌석안전띠를 매어야 하는 도로는?

① 자동차 전용도로
② 모든 도로
③ 고속도로
④ 일반도로

46 부탄과 프로판 가스는 공기보다 약 몇 배 무거우나?

① 부탄 2배, 프로판 1.5배
② 부탄 1.5배, 프로판 1배
③ 부탄 1배, 프로판 2배
④ 부탄 1배, 프로판 1배

47 연결 장치와 설명이 바르게 연결된 것은?

① 혼합기 - 충전량 확인
② 액면제 - 기화된 공기와 가스를 혼합
③ 전자밸브 - 사고시 연료 공급 차단
④ 충전밸브 - 액상의 연료를 엔진으로 공급

48 운전 중 갖추어야 할 요건이 아닌 것은?

① 운전기능의 과신
② 냉철한 판단
③ 민첩한 행동
④ 정확한 결정

49 어린이에 대한 교통 안전지도 요령으로 잘못 설명한 것은?

① 어린이 옷이나 신발은 활동하기 쉽고 밝고 눈에 잘 뛰는 색으로 한다.
② 어린이가 횡단하려 할 때에는 주위의 어른들은 안전한 횡단을 도와준다.
③ 사고 위험 장소를 미리 알려주어 안전하게 행동하도록 한다.
④ 자동차를 탈 때에는 어른이 먼저 타고 내릴 때에는 어린이를 먼저 내리게 한다.

50 자동차 타이어의 이상 마모시 일어나는 현상이 아닌 것은?

① 진동이 발생한다.
② 타이어 한쪽 부분이 마모된다.
③ 연료가 절감된다.
④ 소음이 발생한다.

정답 42 ④ 43 ④ 44 ① 45 ② 46 ① 47 ③ 48 ① 49 ④ 50 ③

51 운전하기 전 준비해야 할 서류가 아닌 것은?
① 운전면허증
② 자동차등록증
③ **건강보험증**
④ 책임 및 종합보험가입 영수증

52 LPG차량의 액체출구밸브와 기체출구밸브의 색을 순서대로 바르게 연결한 것은?
① **적색, 황색**
② 황색, 백색
③ 적색, 흑색
④ 청색, 적색

53 LPG자동차 운전자 교육의 대상으로 가장 바른 것은?
① LPG 차량 소유주
② **LPG 차량 운전자**
③ LPG 차량 소유주와 운전자
④ 택시운전자

54 경음기 사용을 제한하는 장소가 아닌 곳은?
① 교통량이 너무 많아 소음공해가 극심한 지역
② 주택가로서 교통량이 많은 곳
③ 학교, 병원, 도서관 등 공공시설 부근
④ **좌우를 살필 수 없는 교차로**

55 주간이라도 전조등을 켜야 하는 경우로 맞지 않은 것은?
① 폭우나 폭설로 100m 이내의 물체 확인이 어려울 때
② 짙은 안개로 100m 이내의 물체 확인이 어려울 때
③ 터널 안을 운행할 때
④ **천둥, 번개가 칠 때**

56 다음 중 지혈방법에 해당하지 않는 것은?
① 직접압박
② 지압법
③ 지혈대 사용
④ **심폐소생술**

57 운전자의 준수사항으로 옳지 않은 것은?
① 물이 괸 곳을 통과할 때는 물이 보행자에게 튀지 않도록 서행한다.
② 진로를 변경하고자 할 경우에는 사전에 신호를 한다.
③ 안전지대에 보행자가 있을 때에는 서행한다.
④ **어린이 보호구역에서는 아이들의 안전을 위해 경음기를 사용한다.**

58 다음 중 직업의 4가지 의미에 해당하지 않는 것은?
① 경제적 의미
② 개인적 의미
③ 사회적 의미
④ **철학적 의미**

59 다음 중 일상생활에서 LPG를 점화시키지 못하는 것은?
① 전기스파크
② **정전기**
③ 담뱃불
④ 라이터 불

60 자동차 전용도로에서 운전자와 승차자 전원이 좌석안전띠를 매어야 하는 자동차는?
① 화물자동차와 승용자동차
② 고속버스
③ 승용자동차와 고속버스
④ **모든 자동차**

61 고속도로 운행 전 점검 및 준비사항으로 적절하지 않은 것은?

① 자동차의 사전점검 실시
② 화물의 적재상태 안전 여부
③ 3시간마다 휴식을 취할 수 있는 계획 수립
④ 도로 교통상황의 사전 파악

62 좌석안전띠를 매지 않고 운전하여도 위반이 되지 않는 운전자는?

① 택시운전자
② 정부의 관용차량 운전자
③ 병원약품을 운반 중인 화물자동차의 운전자
④ 화재진압을 위해 출동하는 소방차의 운전자

63 다음 중 안전운행을 위한 택시 운전자의 올바른 자세로 알맞은 것은?

① 다른 운전자들보다 항상 내가 완벽한 운전자임을 과신한다.
② 승객의 급한 요구가 있을 때는 교통법규를 지키지 않아야 한다.
③ 다른 운전자의 양보가 없다면 스스로도 양보하지 않는다.
④ 타인의 생명을 자신의 생명과 같이 존중한다.

64 다음 중 인내심이 부족한 운전자의 행동은?

① 속도준수   ② 끼어들기
③ 신호준수   ④ 법규준수

65 택시 차량의 계속검사 주기는 얼마인가?

① 6개월   ② 12개월
③ 24개월 ④ 36개월

66 차량의 운행에 따라 증가하는 요금이 아닌 것은?

① 기본요금   ② 주행요금
③ 대기요금   ④ 할증요금

67 운행 중 감속 운행이 필요치 아니한 때는?

① 폭염   ② 폭설
③ 운무   ④ 우천

68 고속도로상에서 자동차 고장 시 조치방법으로 적절하지 않은 것은?

① 100m 후방에 고장차량 표지를 설치한다.
② 야간에는 200m 후방에 적색섬광 신호를 설치한다.
③ 야간에 설치하는 적색섬광 신호는 사방 500m 후방에서 식별이 가능하여야 한다.
④ 주행차로에서 정지한 다음 지나가는 차를 세워 도움을 청한다.

69 진로변경에 대한 순서로 올바른 것은?

① 안전확인 → 핸들조작 → 신호 → 안전조자 → 신호종료
② 안전확인 → 신호 → 핸들조작 → 안전확인 → 신호종료
③ 안전확인 → 신호 → 안전확인 → 핸들조작 → 신호종료
④ 신호 → 안전 확인 → 핸들 조작 → 안전 확인 → 신호종료

70 도로교통 3요소 중 사람이 가장 중요한 이유로 적절하지 못한 것은?

① 사고를 미연에 방지할 수 있는 것은 교통환경이기 때문이다.

정답 61 ③ 62 ④ 63 ④ 64 ② 65 ② 66 ① 67 ① 68 ④ 69 ③ 70 ①

② 자동차는 파손될 경우 사람의 힘으로 수리, 회복이 가능하기 때문이다.
③ 도로시설과 같은 환경은 사람이 사용하기에 따라 가치가 달라지기 때문이다.
④ 사람은 확인, 판단, 결정, 행동 등을 능동적으로 할 수 있기 때문이다.

71 내리막길에서 연료절약을 위해 동력을 끄고 타력에 의하여 운전하였을 경우 자동차에 미치는 영향은?

① 클러치 각 부분에 손실이 많고 매우 위험하다.
② 위험성이 없고 승차감이 좋다.
③ 연료소비량이 없고 승차감이 좋다.
④ 연료소비량을 줄이고 안전하다.

72 우리나라에서 권장되는 프로판 비율은 얼마인가?

① 20%　　② 30%
③ 40%　　④ 50%

73 자동변속기차량의 주차 및 엔진시동 시 변속레버의 위치는?

① L에 둔다.
② P에 둔다.
③ R에 둔다.
④ 2(2nd)에 둔다.

74 LPG가 연소 반응하여 완전히 CO_2 와 H_2O 로 바뀌는 현상을 무엇이라 하나?

① 가연성　　② 연소
③ 액면계　　④ 충전 압력

75 연료 주입 시 주의할 사항과 거리가 먼 것은?

① 연료 탱크의 주입구까지 가득 채운다.
② 화기를 가까이 하지 않는다.
③ 불순물이 있는 것은 주입하지 않는다.
④ 연료 탱크의 여과망을 통해 주입시킨다.

76 녹색 신호 시 통행방법에 대한 설명으로 잘못된 것은?

① 비보호 좌회전 중 사고는 신호위반으로 볼 수 없다.
② 차마는 직진할 수 있고 다른 교통에 방해되지 않도록 천천히 우회전 할 수 있다.
③ 비보호 좌회전 표시가 있는 곳에서는 다른 교통에 방해되지 않을 때 좌회전 할 수 있다.
④ 보행자는 횡단할 수 있다.

77 음주운전의 위험성과 관계가 희박한 것은?

① 감정이 불안정해진다.
② 행동조절기능이 약화된다.
③ 소심한 행동을 한다.
④ 판단력과 자제력을 상실된다.

78 엔진의 과열여부를 알 수 있는 방법으로 가장 적당한 것은?

① 소리로 알 수 있다.
② 충전경고등을 보고 알 수 있다.
③ 냄새를 맡고 알 수 있다.
④ 냉각수 온도계를 보고 알 수 있다.

79 적색신호에 대한 설명으로 옳은 것은?

① 차마는 다른 교통에 방해가 되지 않도록 좌회전을 할 수 있다.

정답　71 ①　72 ②　73 ②　74 ②　75 ①　76 ①　77 ③　78 ④　79 ③

② 차마는 절대 우회전할 수 없다.
③ 차마는 정지선이나 횡단보도 직전에 정지해야 한다.
④ 보행자는 횡단할 수 있다.

80 운전자 준수사항에 대한 설명으로 가장 적절한 것은?
① 승객이 차내에서 춤을 추는 등 소란행위를 방치하고 운전하는 행위
② 지방경찰청장이 교통안전과 질서유지를 위해 지정한 사항을 지키지 않는 행위
③ 좌석안전띠를 매지 않는 행위
④ 운전자가 옆 좌석 승차자에게 좌석안전띠를 매도록 하는 행위

81 다음 중 자동차 차체에 대한 설명으로 볼 수 없는 것은?
① 차대에 얹혀 자동차의 외형을 형성하는 부분이다.
② 차체는 운전실, 차실, 하대 등으로 구성되어 있다.
③ 차대를 제외한 나머지 부분으로 주행에 필요한 장치가 설치되어 있다.
④ 용도에 따라 승용형, 화물형, 승용화물겸용 등이 있다.

82 자동차 정비불량으로 인한 연료소비가 증가하는 원인이 아닌 것은?
① 연료필터 불량
② 유리세척수 부족
③ 연료공급 펌프 불량
④ 엔진 과열

83 운전자 준수사항에 저촉되지 않는 행위는?
① 도로에서 자동차를 세워둔 채로 시비하여 다른 차마 교통에 방해를 주는 행위
② 유아나 동물을 안고 운전장치를 조작하는 행위
③ 운전석 주위에 물건 등을 싣는 등 운전에 지장을 주는 행위
④ 보행자가 횡단보도를 통행하고 있을 때에 일시정지하는 행위

84 오르막길에서 자동차 속도가 감소되고 힘이 떨어지며 타는 냄새가 난다. 어느 부분에 이상이 생겼는가?
① 브레이크 계통 고장
② 클러치 계통 고장
③ 점화 계통 고장
④ 현가장치 고장

85 긴급업무를 수행하는 긴급자동차가 뒤따라 올 때 지켜야 할 사항은?
① 가로막더라도 정지한다.
② 피하였다가 뒤따라간다.
③ 길 가장자리로 피하여 양보한다.
④ 빠른 속도로 앞질러 간다.

86 다음 중 고속도로에서 추월차로를 계속 운행해서는 안 되는 차량은?
① 급한 손님을 태운 영업용택시
② 범죄수사를 위한 긴급자동차
③ 교통단속을 위한 긴급자동차
④ 고속도로 보수를 위한 긴급자동차

정답 80 ④ 81 ③ 82 ② 83 ④ 84 ① 85 ③ 86 ①

87 차마의 통행 우선순위 중 맞는 것은?

① 긴급 자동차 → 기타 자동차 → 원동기장치자전거 → 차마 → 긴급자동차 이외의 자동차
② 긴급 자동차 → 기타 자동차 → 원동기장치자전거 → 차마
③ 차마 → 긴급 자동차 → 원동기장치자전거 → 기타 자동차
④ 긴급 자동차 → 긴급자동차 이외의 자동차 → 원동기장치 자전거 → 기타 자동차

88 교차로 통행방법에 대한 설명으로 맞는 것은?

① 교차로에서는 언제나 좌측 도로의 차가 우선한다.
② 교차로에서 좌회전을 하고자 할 때에는 최대한 빠르게 진입해야 한다.
③ 우회전을 하고자 할 때는 아무 때나 해도 상관없다.
④ 일시정지 또는 양보 표시가 있는 교차로에서는 다른 차의 진행을 방해하여서는 안된다.

89 시속 100km로 주행 시 운전자의 시선의 각도는 어느 정도인가?

① 100° ② 180°
③ 40°   ④ 60°

 시속 100km 주행시 운전자의 시각은 40°

90 앞지르기를 해서는 안 되는 곳은?

① 황색점선의 중앙선이 설치된 도로
② 백색점선의 차선이 설치된 도로
③ 황색실선의 중앙선이 설치된 도로
④ 포장이 안 된 직선도로

91 유턴(U-turn)시 주의사항이다. 잘못된 것은?

① 진행차량이나 보행자 기타 도로 이용자를 세심히 살핀다.
② 유턴 허용지점에서 유턴한다.
③ 방향지시등을 켜고 가능한 한번에 회전이 이루어지도록 유턴한다.
④ 한 번에 유턴이 곤란한 지점에서는 절대로 유턴해서는 안 된다.

92 교통신호에 대한 설명으로 잘못된 것은?

① 모든 운전자와 보행자는 신호기의 신호에 따라 통행하여야 한다.
② 운전자는 자기가 가는 방향의 신호를 정확히 확인하여야 한다.
③ 가변차로의 가변신호등은 교통신호가 아니다.
④ 주변 신호만 보고 전방으로 달려 나가지 않도록 한다.

93 LPG의 주성분으로 알맞은 것은?

① 프로판   ② 프로판, 부탄
③ 메탄   ④ 프레온, 부탄

94 다음 중 커브길에서의 핸들조작 통과방법으로 옳은 것은?

① 슬로우 인 - 패스트 아웃
② 패스트 인 - 슬로우 아웃
③ 슬로우 인 - 슬로우 아웃
④ 패스트 인 - 패스트 아웃

95 다음 중 자동차 운전 중 운전자 준수사항으로 잘못된 것은?

정답 87 ④ 88 ④ 89 ③ 90 ③ 91 ④ 92 ③ 93 ② 94 ① 95 ④

① 안전을 확인하지 아니하고 차의 문을 열거나 내려서는 아니 된다.
② 승객이 타고 내릴 때 떨어지지 않도록 필요한 조치를 한다.
③ 자동차 안전띠를 매고 옆 좌석 승객에게도 매도록 하여야 한다.
④ 승객이 차내에서 춤과 노래를 할 때에는 운전에 장애가 되어도 그냥 두어야 한다.

96 LPG차량의 긴급사태(가스누출) 발생시 조치요령이 아닌 것은?
① LPG스위치를 끈다.
② 필요한 정비를 한다.
③ 엔진을 정지시킨다.
④ 연료 출루밸브를 열고 누출 장소를 확인한다.

97 다음 중 횡단, 후진, 유턴할 수 있는 경우는?
① 다른 차의 정상적인 통행에 방해가 될 염려가 있을 때
② 지방경찰청장이 위험방지를 위하여 안전표지로 금지한 구역
③ 고속도로에서 다른 교통에 방해가 되지 아니하는 때
④ 일반도로에서 다른 교통에 방해가 되지 아니하는 때

98 다음 중 교통법규를 지키지 않는 것이 습관화된 사람과 관계없는 것은?
① 도로라는 공간을 먼저 차지하게 되므로 앞서 갈 수 있다.
② 사고에 휘말리거나 생명을 잃을 가능성이 높아진다.
③ 도로를 공간을 먼저 사용하려는 경쟁에서 이길 수 있다.
④ 운전기술이 뛰어난 사람이므로 사고를 당하지 않는다.

99 도로를 운행하는 자동차 교통질서를 보면 그 나라의 (   )를(을) 알 수 있다. (   ) 안에 적합한 말은?
① 교통경찰관의 정신자세
② 교통관련 법규
③ 국민의 준법정식
④ 경제발전 정도

100 자동차의 동력전달장치에 대한 설명으로 적절하지 못한 것은?
① 변속기는 자동차를 후진시키는 역할만 한다.
② 클러치는 동력을 끊거나 연결하는 장치이다.
③ 엔진에서 발생한 동력을 타이어까지 전달하는 장치이다.
④ 클러치, 변속기, 추진축, 차동장치, 차축 등으로 구성되어 있다.

101 다음 정비불량 자동차란?
① 자동차 운수사업에 의하여 운행할 수 없는 상태의 차
② 도로교통법에 의한 자동차 정비가 불량한 차
③ 자동차 구조학적으로 정상적인 운전에 지장을 줄 상태의 차
④ 자동차관리법에 의한 장치가 정비되어 있지 아니한 차

102 다음 중 운전자의 준수사항 위반 행위는?
① 이륜자동차의 운전자가 인명 구호장구를 착용하는 행위
② 이륜자동차의 승차자에게 인명 보호 장구를 착용하도록 하는 행위

정답 96 ④ 97 ④ 98 ④ 99 ③ 100 ① 101 ④ 102 ④

③ 10m 거리에서 차 안에 승차한 사람을 식별할 수 있도록 썬팅한 행위
④ 도로에 차·마를 세워둔 채 시비·다툼 등을 하는 행위

103 다음 중 봄과 가을에 차량환경개선 점검은 어느 곳에서 하는가?
① 관할 시·도
② 국토교통부
③ 택시조합
④ 교통안전공단

104 고속 도로상에서 자동차 고장 시 조치 방법으로 적절하지 않은 것은?
① 고장난 장소에 정차시킨 후 양쪽 비상 점멸등을 켠다.
② 주간에는 자동차 전방 100m 도로상에 고장표시판을 설치한다.
③ 고장차량 확인이 어려운 급커브 지점에서는 정지하지 않도록 한다.
④ 터널 안에서는 정지하지 않도록 한다.

105 녹색등화일 때의 차량운전자가 하지 않아야 하는 것은?
① 직진할 수 있다.
② 우회전할 수 있다.
③ 비보호 좌회전 표시가 있는 곳에서 좌회전할 수 있다.
④ 일시 정지하여 좌우를 살펴야 한다.

106 황색등화일 때의 차량운전자가 하지 않아야 하는 것은?
① 차마는 우회전할 수 있다.
② 우회전하는 경우 보행자의 횡단은 무시해도 된다.
③ 정지선이 있으면 정지선에 정지하여야 한다.
④ 교차로에 진입한 경우에는 신속히 밖으로 진행하여야 한다.

107 적색등화일 때의 차량운전자가 하지 않아야 하는 것은?
① 정지선에 정지하여야 한다.
② 횡단보도가 있으면 정지하여야 한다.
③ 우회전할 수 없다.
④ 교차로의 직전에서 정지하여야 한다.

108 다음 표지판이 의미하는 것은?

① 자동차 통행금지
② 버스 일방통행
③ 모든 차량 통행금지
④ 승합차 통행금지

109 다음 최저속도제한 표지는 어떤 교통안전표지의 종류인가?
① 지시표지
② 규제표지
③ 주의표지
④ 노면표지

110 다음 표지판은 무엇을 뜻하는가?

① 앞지르기 금지
② 자동차 통행금지
③ 미끄럼 주의
④ 나란히 통행금지

111 노면에 기호, 문자 등으로 도로 사용자에게 알리는 표지는?

① 규제표지
② 지시표지
③ 보조표시
④ 노면표지

112 다음 교통안전표지가 의미하는 것은?

① 우측면통행
② 좌측면통행
③ 양측방통행
④ 회전교차로

113 다음 교통사고의 3요소가 아닌 것은?

① 사람   ② 법규
③ 차   ④ 도로

★☆
114 사람에 의한 사고요인으로 볼 수 없는 것은?

① 관련법규의 미비
② 운전태도
③ 주행환경의 친숙
④ 운전기술의 부족

★☆
115 신체, 생리적 요인에 의한 교통사고의 원인이 아닌 것은?

① 피로
② 음주
③ 사고발생에 대한 믿음
④ 신경성 질환

116 다음 교통표지판이 의미하는 것은?

① 비올 때 감속
② 승용차 통행금지
③ 갓길통행금지
④ 미끄러운 도로

117 다음 운전조작의 실수가 아닌 것은?

① 정보인지의 실수
② 브레이크 고장
③ 판단의 실수
④ 조작처리의 실수

118 교통사고 방지를 위한 기본원칙이 아닌 것은?

① 최저속도로 운행한다.
② 위험예측을 빠르고 올바르게 한다.
③ 방어운전을 익힌다.
④ 적절한 시기에 운전조작을 한다.

119 정지시력을 측정할 때의 거리는?

① 3m
② 4m
③ 5m
④ 6m

120 동체시력에 관한 것으로 틀린 것은?

① 움직이면서 물체를 볼 수 있는 시력이다.
② 동체시력은 밝기에 영향을 받지 않는다.
③ 물체의 이동속도가 빠르면 저하된다.
④ 동체시력은 정지시력과 어느 정도 비례관계에 있다.

121 야간에 물체를 식별하기 가장 어려운 시기는?

① 해질 무렵 ② 밤 10시경
③ 밤 12시경 ④ 밤 2시경

122 야간에 전조등만으로 물체를 식별하기 가장 쉬운 색은?

① 흑색 ② **흰색**
③ 회색 ④ 황색

123 야간에 전조등으로 사람으로 알아보기 가장 어려운 색은?

① **흑색** ② 적색
③ 녹색 ④ 황색

124 암순응과 명순응에 대한 대처로 바르지 않은 것은?

① 대향차량의 전조등 불빛을 직접적으로 보지 않는다.
② 순간적으로 앞을 잘 볼 수 없다면 속도를 줄인다.
③ 커브길에서 전조등이 비칠 경우를 미리 대비한다.
④ **대향차량의 전조등에 같이 상향등으로 대응한다.**

125 반대편 차량의 불빛이나 너무 많이 보아서 잠시 시력을 잃는 현상은?

① 증발현상
② 착시현상
③ **현혹현상**
④ 수막현상

126 체내 알코올 농도가 0.05%일 때 알코올이 제거되는 시간은?

① 1시간 ② 3시간
③ 5시간 ④ 7시간

127 마약, 대마, 향정신성 의약품을 사용하였을 때 나타나는 현상이 아닌 것은?

① **각성** ② 환각
③ 적대심 ④ 공격성향

128 피로가 나타내는 현상이 아닌 것은?

① 하품 ② 졸음
③ **집중력 상승** ④ 심박수 증가

129 피로현상에 따른 현상이 아닌 것은?

① 주의력 산만 ② **사고력 상승**
③ 정신활동 둔화 ④ 판단력 저하

130 피로가 운전에 미치는 영향이 아닌 것은?

① 교통표지판을 간과한다.
② 보행자를 보지 못할 수 있다.
③ 사소한 일에도 당황하게 된다.
④ 평상시보다 운전능력이 상승한다.

131 피로가 신체능력에 미치는 영향이 아닌 것은?

① 손과 발이 신속하게 움직이게 된다.
② 빛에 민감해진다.
③ 근육이 경직된다.
④ 시계가 단조로우면 졸게 된다.

정답 121 ① 122 ② 123 ① 124 ④ 125 ③ 126 ④ 127 ① 128 ③ 129 ② 130 ④ 131 ①

132 과로운전을 피하는 방법이 아닌 것은?
① 수면을 충분히 한다.
② 심신이 건강한 상태에서 운전한다.
③ 정신상태가 불안전하더라도 자신을 믿고 운전한다.
④ 2시간에 1회 이상 휴식한다.

133 다음 베이퍼 록 현상이 발생하는 원인이 아닌 것은?
① 브레이크 드럼이 과열되었을 때
② 브레이크 라이닝을 새 것으로 교체하였을 때
③ 불량한 브레이크 오일을 사용한 경우
④ 브레이크 오일의 변질로 비등점이 저하되었을 때

134 수막현상을 예방하기 위한 조치가 아닌 것은?
① 고속으로 주행한다.
② 마모된 타이어를 사용하지 않는다.
③ 공기압을 조금 높게 한다.
④ 배수효과가 좋은 타이어를 사용한다.

135 스탠딩 웨이브 현상을 막기 위한 타이어의 공기압은?
① 10~20% 적게 한다.
② 20~30% 적게 한다.
③ 10~20% 많게 한다.
④ 20~30% 많게 한다.

136 다음 방어운전 요령이 아닌 것은?
① 넓은 시야를 갖는다.
② 안전거리를 확보한다.
③ 뒤차가 가까이 접근하면 급정지한다.
④ 진로변경시 방향지시등을 켠다.

137 빗길 운전 시 주의 사항이 아닌 것은?
① 타이어의 마모 상태와 공기압을 점검한다.
② 워셔액을 충분히 보충한다.
③ 와이퍼의 작동 상태를 점검한다.
④ 등화장치의 작동 상태를 점검하고 전조등을 끈 채 운행한다.

138 다음 방어운전의 요령이 아닌 것은?
① 앞차에 가까이 붙여 운전한다.
② 급제동을 해야 할 상황을 만들지 않는다.
③ 고속주행 중 브레이크를 밟을 때는 여러 번 나누어 밟아 뒤차에 알려 준다.
④ 가능한 한 4~5대 앞의 상황까지 살핀다.

139 방어운전의 요령으로 적절하지 않은 것은?
① 적재물이 떨어질 위험이 있는 화물차로부터 가급적 멀리 떨어진다.
② 상대방 차가 갑자기 진로를 변경하더라도 안전할 만큼 충분한 간격을 두고 진행한다.
③ 중앙선을 넘어 앞지르기하는 차량이 있으므로 2차로 도로에서는 가급적 중앙선에서 떨어져 주행한다.
④ 4차로 도로에서는 가능한 한 좌측 차로로 통행한다.

140 다음 양보운전의 요령이 아닌 것은?
① 진로를 변경하거나 끼어드는 차량이 있을 때 속도를 줄이고 공간을 만들어 준다.
② 대형차가 밀고 나오면 즉시 양보해 준다.
③ 뒤차가 접근해 오면 빠르게 진행한다.

정답 132 ③ 133 ② 134 ① 135 ④ 136 ③ 137 ④ 138 ① 139 ④ 140 ③

④ 뒤차가 앞지르려고 할 때 도로의 오른쪽으로 다가서 진행하거나 감속하여 피해준다.

141 주행시 예측운전으로 보기 어려운 것은?
① 진로를 변경할 때 신호와 함께 진로를 변경한다.
② 신호를 무시하고 뛰어드는 차나 사람이 있을 수 있으므로 신호를 절대적인 것으로만 믿지 말고 안전을 확인한 뒤에 진행한다.
③ 진로를 변경할 때 여유 있게 신호를 보낸다.
④ 보행자가 차의 접근을 알고 있는지를 확인한다.

142 다음 야간운전의 방법이 바람직하지 않은 것은?
① 중앙선으로부터 조금 떨어져서 주행한다.
② 밤에는 신호를 확실하게 하는 것이 안전을 보장한다.
③ 도로의 상태나 차로 등을 확인하면서 주행한다.
④ 타인에게 자신을 감춘다.

143 안전한 야간운전방법이 아닌 것은?
① 뒤차의 불빛에 현혹되지 않도록 룸미러를 조정한다.
② 앞차를 따라 주행할 때 전조등은 위로 비추고 주행한다.
③ 낮보다 느린 속도로 통과한다.
④ 졸릴 때에는 곧 운전을 중지하고 휴식을 취하거나 교대운전을 한다.

144 빗길 운전이 위험한 이유가 아닌 것은?
① 타이어가 미끄러지지 않는다.
② 시야가 나빠 안전을 확인하기 어렵다.
③ 차바퀴가 미끄러지기 쉽다.
④ 보행자의 주의력이 약해진다.

145 안전한 빗길 운전요령이 아닌 것은?
① 속도를 20% 정도 낮춘다.
② 충분한 안전거리를 확보하여 운전한다.
③ 물이 고인 곳에서는 고속으로 통과한다.
④ 절대로 급브레이크를 밟지 않는다.

146 철길 건널목의 위험성이 아닌 것은?
① 대형 사고일 가능성이 크다.
② 교통 소통상의 피해가 크다.
③ 인명피해가 클 가능성이 있다.
④ 사고복구가 쉽다.

147 철길 건널목의 통과요령이 잘못된 것은?
① 반드시 일시 정지한다.
② 앞차가 통과하면 그대로 통과한다.
③ 좌·우의 안전을 확실하게 확인하여야 한다.
④ 교통이 정체될 경우에는 건널목에 진입하지 않는다.

148 다음 이면도로 운전의 위험성이 아닌 것은?
① 어린이 사고가 적은 곳이다.
② 도로의 폭이 좁고, 차도와 보도의 구분이 없다.
③ 폭이 좁은 도로의 교차가 많다.
④ 보행자, 자전거 등의 통행이 잦다.

정답 141 ① 142 ④ 143 ② 144 ① 145 ③ 146 ④ 147 ② 148 ①

149 이면도로의 운전방법으로 바르지 못한 것은?
① 항상 위험을 예상한다.
② 속도를 낮추고 마음의 준비를 하고 운전한다.
③ 보행자를 발견하면 그 움직임을 주시한다.
④ **빠른 속도로 이면도로를 빠져나간다.**

150 안개길을 운전할 때의 요령이 아닌 것은?
① 안개등을 이용한다.
② 속도를 낮추어 주행한다.
③ **커브길이나 구부러진 길 등에서는 빠른 속도로 그 지역을 벗어나도록 한다.**
④ 보행자를 발견하면 그 움직임을 주시한다.

151 LPG차량 시동 전 점검사항이 아닌 것은?
① 충전밸브가 잠겨 있는지 확인한다.
② 연결부위를 누출이 있는가를 확인한다.
③ 배선의 피복을 점검한다.
④ 가스가 새는지 라이터로 확인한다.

152 LPG차량 엔진의 시동방법이 아닌 것은?
① 시동이 걸리면 액체, 기체 전환램프에 불이 있을 때 출발한다.
② LPG 스위치를 누른다.
③ 초크 손잡이를 적당히 당긴다.
④ 수동변속기의 경우 클러치 페달을 밟고 시동을 건다.

153 LPG차량 시동을 끄는 요령으로 틀린 것은?
① 적당히 공회전을 유지한다.
② LPG 스위치를 누른다.
③ 잠깐 주차시 연료출구밸브를 잠근다.
④ 시동키를 뺀다.

154 LPG 충전방법이 바르지 못한 것은?
① 시동을 켠다.
② 충전밸브 핸들을 연다.
③ LPG 주입 뚜껑을 열어 주입한다.
④ 주입이 끝나면 주입 뚜껑을 닫는다.

155 가스 누출시의 조치로 틀린 것은?
① 엔진을 정지시킨다.
② LPG 스위치를 끈다.
③ 필요한 정비를 한다.
④ **연료 출구밸브를 열어 둔다.**

156 LP가스 자동차 교육의 시간은?
① 1시간 ② **2시간**
③ 4시간 ④ 8시간

157 LP가스 자동차 교육의 내용이 아닌 것은?
① LPG 자동차 특성
② LPG 위험성
③ 연료장치 점검요령
④ LPG 주입요령

158 다음 LPG 자동차의 장점이 아닌 것은?
① 연료비가 적게 들어 경제적이다.
② 엔진 소음이 적다.
③ **점화플러그의 수명이 줄어든다.**
④ 유해 배출가스의 배출이 줄어든다.

159 다음 LPG 자동차의 단점이 아닌 것은?

① LPG 충전소가 적기 때문에 찾기가 힘든다.
② **가격이 비싸다.**
③ 겨울철에 시동이 잘 걸리지 않는다.
④ 가스누출시 체류하여 점화원에 의해 폭발의 위험성이 있다.

160 LPG의 성분으로 바르지 않은 것은?

① **충전시에는 100% 충전이 기본이다.**
② 주성분은 프로판과 부탄이다.
③ 감압 또는 가열시 쉽게 기화한다.
④ 무색무취의 가스이다.

161 부탄과 프로판의 혼합 비율 중 프로판의 비율은?

① 10%   ② 15%
③ 20%   ④ **30%**

국내 프로판 비율은 30%로 혼합하여 사용하도록 권장하고 있다. 현재의 프로판 비율 30%에서도 -15℃이하에서는 LPG 연료 특성상 시동불량 현상이 나타날 수 있다.

162 LPG 연료탱크(봄베)에 있는 밸브가 아닌 것은?

① **혼합밸브**   ② 과류방지밸브
③ 과충전방지밸브   ④ 전자밸브

163 LPG차량 응급조치가 불가능할 경우 행해야 할 사항이 아닌 것은?

① 부근의 화기를 제거한다.
② 경찰서나 소방서에 신고한다.
③ 주변 차량의 접근을 통제한다.
④ **차량으로부터 빠르게 벗어난다.**

제3편
운송서비스 및 응급처치법
Taxi Driver's License

제1장 운전자 준수사항

1. 운송사업자의 준수사항

(1) 일반적인 준수사항(여객자동차운수사업법 시행규칙 별표4)

① 운송사업자는 노약자·장애인 등에 대해서는 특별한 편의를 제공해야 한다.
② 운송사업자는 여객에 대한 서비스의 향상 등을 위하여 관할관청이 필요하다고 인정하는 경우에는 운수종사자로 하여금 단정한 복장 및 모자를 착용하게 해야 한다.
③ 운송사업자는 자동차를 항상 깨끗하게 유지하여야 하며, 관할관청이 단독으로 실시하거나 관할관청과 조합이 합동으로 실시하는 청결상태 등의 검사에 대한 확인을 받아야 한다.
④ 운송사업자[대형(승합자동차를 사용하는 경우로 한정한다) 및 고급형 택시운송사업자는 제외한다]는 다음의 사항을 승객이 자동차 안에서 쉽게 볼 수 있는 위치에 게시하여야 한다. 이 경우 택시운송사업자는 앞좌석의 승객과 뒷좌석의 승객이 각각 볼 수 있도록 2곳 이상에 게시하여야 한다.
  ㉠ **회사명(개인택시운송사업자의 경우는 게시하지 아니한다), 자동차번호, 운전자 성명, 불편사항 연락처 및 차고지 등을 적은 표지판**
  ㉡ 운행계통도(노선운송사업자만 해당한다)
⑤ 노선운송사업자는 다음의 사항을 일반공중이 보기 쉬운 영업소 등의 장소에 사전에 게시해야 한다.
  ㉠ 사업자 및 영업소의 명칭
  ㉡ 운행시간표(운행횟수가 빈번한 운행계통에서는 첫차 및 마지막차의 출발시각과 운행 간격)
  ㉢ 정류소 및 목적지별 도착시각(시외버스 운송사업자만 해당한다)
  ㉣ 사업을 휴업 또는 폐업하려는 경우 그 내용의 예고
  ㉤ 영업소를 이전하려는 경우에는 그 이전의 예고
  ㉥ 그 밖에 이용자에게 알릴 필요가 있는 사항

(2) 자동차의 장치 및 설비 등에 관한 준수사항

① 택시운송사업용 자동차[대형(승합자동차를 사용하는 경우로 한정한다) 및 고급형 택시운송사업용 자동차는 제외한다]의 안에는 여객이 쉽게 볼 수 있는 위치에 요금미터기를 설치해야 한다.
② 대형(승합자동차를 사용하는 경우는 제외한다) 및 모범형 택시운송사업용 자동차에는 요금영수증 발급과 신용카드 결제가 가능하도록 관련기기를 설치해야 한다.
③ 택시운송사업용 자동차 및 수요응답형 여객자동차 안에는 난방장치 및 냉방장치를 설치해야 한다.
④ 택시운송사업용 자동차[대형(승합자동차를 사용하는 경우로 한정한다) 및 고급형 택시운송사업용 자동차는 제외한다] 윗부분에는 택시운송사업용 자동차임을 표시하는 설비를 설치하고, 빈차로 운행 중일 때에는 외부

에서 빈차임을 알 수 있도록 하는 조명장치가 자동으로 작동되는 설비를 갖춰야 한다.
⑤ 대형(승합자동차를 사용하는 경우는 제외한다) 및 모범형 택시운송사업용 자동차에는 호출설비를 갖춰야 한다.
⑥ 택시운송사업자[대형(승합자동차를 사용하는 경우로 한정한다) 및 고급형 택시운송사업자는 제외한다]는 택시 미터기에서 생성되는 택시운송사업용 자동차 운행정보의 수집·저장 장치 및 정보의 조작을 막을 수 있는 장치를 갖추어야 한다.

2. 운수종사자의 준수사항

(1) 운수종사자의 금지행위(여객자동차운수사업법 제26조 제1항)
   ① **정당한 사유 없이 여객의 승차**(수요응답형 여객자동차운송사업의 경우 여객의 승차예약을 포함한다)를 **거부하거나 여객을 중도에서 내리게 하는 행위**(구역 여객자동차운송사업 중 대통령령으로 정하는 여객자동차운송사업은 제외한다)
   ② **부당한 운임 또는 요금을 받는 행위**(구역 여객자동차운송사업 중 대통령령으로 정하는 여객자동차운송사업은 제외한다)
   ③ **일정한 장소에 오랜 시간 정차하여 여객을 유치하는 행위**
   ④ **문을 완전히 닫지 아니한 상태에서 자동차를 출발시키거나 운행하는 행위**
   ⑤ 여객이 승하차하기 전에 자동차를 출발시키거나 승하차할 여객이 있는데도 정차하지 아니하고 정류소를 지나치는 행위
   ⑥ 안내방송을 하지 아니하는 행위(국토교통부령으로 정하는 자동차 안내방송 시설이 설치되어 있는 경우만 해당한다)
   ⑦ 여객자동차운송사업용 자동차 안에서 흡연하는 행위
   ⑧ 휴식시간을 준수하지 아니하고 운행하는 행위
   ⑨ 그 밖에 안전운행과 여객의 편의를 위하여 운수종사자가 지키도록 국토교통부령으로 정하는 사항을 위반하는 행위

(2) 운수종사자의 준수사항(여객운수사업법 시행규칙 별표4)
   ① 여객의 안전과 사고예방을 위하여 운행 전 사업용 자동차의 안전설비 및 등화장치 등의 이상 유무를 확인해야 한다.
   ② 질병·피로·음주나 그 밖의 사유로 안전한 운전을 할 수 없을 때에는 그 사정을 해당 운송사업자에게 알려야 한다.
   ③ 자동차의 운행 중 중대한 고장을 발견하거나 사고가 발생할 우려가 있다고 인정될 때에는 즉시 운행을 중지하고 적절한 조치를 해야 한다.
   ④ 운전업무 중 해당 도로에 이상이 있었던 경우에는 운전업무를 마치고 교대할 때에 다음 운전자에게 알려야 한다.
   ⑤ 여객이 다음 행위를 할 때에는 안전운행과 다른 여객의 편의를 위하여 이를 제지하고 필요한 사항을 안내해야 한다.
      ㉠ 다른 여객에게 위해를 끼칠 우려가 있는 폭발성 물질, 인화성 물질 등의 위험물을 자동차 안으로 가지고 들어오는 행위
      ㉡ 다른 여객에게 위해를 끼치거나 불쾌감을 줄 우려가 있는 동물(장애인 보조견 및 전용 운반상자에 넣은 애완동물은 제외한다)을 자동차 안으로 데리고 들어오는 행위
   ⑥ 관계 공무원으로부터 운전면허증, 신분증 또는 자격증의 제시 요구를 받으면 즉시 이에 따라야 한다.
   ⑦ 여객자동차운송사업에 사용되는 자동차 안에서 담배를 피워서는 안 된다.
   ⑧ 사고로 인하여 사상자가 발생하거나 사업용자동차의 운행을 중단할 때에는 조치 중 사고의 상황에 따라 적절한 조치를 취해야 한다.
   ⑨ 영수증발급기 및 신용카드결제기를 설치해야 하는 택시의 경우 승객이 요구하면 영수증의 발급 또는 신용카드결제에 응해야 한다.
   ⑩ 관할관청이 필요하다고 인정하여 복장 및 모자를 지정할 경우에는 그 지정된 복장과 모자를 착용하고, 용모를 항상 단정하게 해야 한다.

⑪ 택시운송사업의 운수종사자[구간운임제 시행지역 및 시간운임제 시행지역의 운수종사자와 대형(승합자동차를 사용하는 경우로 한정한다) 및 고급형 택시운송사업의 운수종사자는 제외한다]는 승객이 탑승하고 있는 동안에는 미터기를 사용하여 운행해야 한다.
⑫ 그 밖에 이 규칙에 따라 운송사업자가 지시하는 사항을 이행해야 한다.

3. 차량 운전자의 준수사항

(1) 일반적인 준수사항
　① **무면허 운전금지**
　② **음주운전금지**
　③ **과로한 상태에서의 운전금지**
　④ **공동위험행위금지**
　⑤ **난폭운전금지**

(2) 모든 운전자의 준수사항 등(도로교통법 제49조)
　① 물이 고인 곳을 운행할 때에는 고인 물을 튀게 하여 다른 사람에게 피해를 주는 일이 없도록 할 것
　② 다음의 어느 하나에 해당하는 경우에는 일시정지할 것
　　㉠ 어린이가 보호자 없이 도로를 횡단할 때, 어린이가 도로에서 앉아 있거나 서 있을 때 또는 어린이가 도로에서 놀이를 할 때 등 어린이에 대한 교통사고의 위험이 있는 것을 발견한 경우
　　㉡ 앞을 보지 못하는 사람이 흰색 지팡이를 가지거나 장애인보조견을 동반하는 등의 조치를 하고 도로를 횡단하고 있는 경우
　　㉢ 지하도나 육교 등 도로 횡단시설을 이용할 수 없는 지체장애인이나 노인 등이 도로를 횡단하고 있는 경우
　③ 자동차의 앞면 창유리와 운전석 좌우 옆면 창유리의 가시광선의 투과율이 대통령령으로 정하는 기준보다 낮아 교통안전 등에 지장을 줄 수 있는 차를 운전하지 아니할 것. 다만, 요인 경호용, 구급용 및 장의용 자동차는 제외한다.
　④ 교통단속용 장비의 기능을 방해하는 장치를 한 차나 그 밖에 안전운전에 지장을 줄 수 있는 것으로서 행정안전부령으로 정하는 기준에 적합하지 아니한 장치를 한 차를 운전하지 아니할 것. 다만, 자율주행자동차의 신기술 개발을 위한 장치를 장착하는 경우에는 그러하지 아니하다.
　⑤ 도로에서 자동차등을 세워둔 채 시비·다툼 등의 행위를 하여 다른 차마의 통행을 방해하지 아니할 것
　⑥ 운전자가 차 또는 노면전차를 떠나는 경우에는 교통사고를 방지하고 다른 사람이 함부로 운전하지 못하도록 필요한 조치를 할 것
　⑦ 운전자는 안전을 확인하지 아니하고 차의 문을 열거나 내려서는 아니 되며, 동승자가 교통의 위험을 일으키지 아니하도록 필요한 조치를 할 것
　⑧ 운전자는 정당한 사유 없이 다음의 어느 하나에 해당하는 행위를 하여 다른 사람에게 피해를 주는 소음을 발생시키지 아니할 것
　　㉠ 자동차등을 급히 출발시키거나 속도를 급격히 높이는 행위
　　㉡ 자동차등의 원동기 동력을 차의 바퀴에 전달시키지 아니하고 원동기의 회전수를 증가시키는 행위
　　㉢ 반복적이거나 연속적으로 경음기를 울리는 행위
　⑨ 운전자는 승객이 차 안에서 안전운전에 현저히 장해가 될 정도로 춤을 추는 등 소란 행위를 하도록 내버려두고 차를 운행하지 아니할 것
　⑩ 운전자는 자동차등의 운전 중에는 휴대용 전화(자동차용 전화를 포함한다)를 사용하지 아니할 것. 다만, 다음의 어느 하나에 해당하는 경우에는 그러하지 아니하다.
　　㉠ **자동차등이 정지하고 있는 경우**
　　㉡ **긴급자동차를 운전하는 경우**
　　㉢ **각종 범죄 및 재해 신고 등 긴급한 필요가 있는 경우**
　　㉣ **안전운전에 장애를 주지 아니하는 장치로**

서 대통령령으로 정하는 장치를 이용하는 경우

⑪ 자동차등의 운전 중에는 방송 등 영상물을 수신하거나 재생하는 장치(운전자가 휴대하는 것을 포함하며, 이하 "영상표시장치"라 한다)를 통하여 운전자가 운전 중 볼 수 있는 위치에 영상이 표시되지 아니하도록 할 것. 다만, 다음의 어느 하나에 해당하는 경우에는 그러하지 아니하다.
  ㉠ 자동차등이 정지하고 있는 경우
  ㉡ 자동차등에 장착하거나 거치하여 놓은 영상표시장치에 다음의 영상이 표시되는 경우
    ⓐ 지리안내 영상 또는 교통정보안내 영상
    ⓑ 국가비상사태·재난상황 등 긴급한 상황을 안내하는 영상
    ⓒ 운전을 할 때 자동차등의 좌우 또는 전후방을 볼 수 있도록 도움을 주는 영상
⑫ 자동차등의 운전 중(자동차등이 정지하고 있는 경우는 제외한다)에는 영상표시장치를 조작하지 아니할 것
⑬ 운전자는 자동차의 화물 적재함에 사람을 태우고 운행하지 아니할 것
⑭ 그 밖에 지방경찰청장이 교통안전과 교통질서 유지에 필요하다고 인정하여 지정·공고한 사항에 따를 것

4. 승객에 대한 서비스

(1) 서비스 개념
서비스는 다른 당사자에게 하는 무형의 행위를 말한다. 고객이 원하는 것을 제공하는 것이다.

(2) 노동에 대한 서비스의 특징
① 다른 노동은 생산물로 대상화되어 생산물을 통하여 우회적·간접적으로 인간의 욕망을 충족시켜주나, 서비스 노동은 인간의 욕망을 직접적으로 충족시켜준다.
② 다른 노동은 생산물로 대상화되어 그 생산과 소비가 시간적·공간적으로 분리되어 이루어지나, 서비스 노동은 생산물로 대상화되지 않으므로 시간적으로는 생산과 동시에 그리고 공간적으로는 생산된 곳에서 소비되어야 한다.
③ 다른 노동은 물질적 재화의 생산을 통하여 인간생명의 물질적 재생산에 직접 기여하는 바가 많으나 서비스 노동은 인간생명에 직접 기여하는 바는 적다.
④ 다른 노동은 노동대상이나 노동수단, 곧 생산수단을 필요로 하나 서비스 노동은 반드시 생산수단을 필요로 하지는 않는다.

(3) 여객운송에서의 서비스
① 서비스는 승객에 대하여 하는 정신적·육체적 노동을 말한다.
② 운송은 택시로 승객을 출발지에서 목적지까지 이동시키는 행위로 서비스는 이 운송구간에 따른 승객이 원하는 것을 제공하는 것이다.

(4) 올바른 서비스를 제공하기 위한 요소
① 단정한 용모
② 단정한 복장
③ 공손한 인사
④ 친절한 언어
⑤ 밝은 표정
⑥ 따뜻한 응대

(5) 서비스의 특징
① **무형성** : 형태가 없는 상품으로 팔 수도 양도할 수도 없다. 누구나 느낄 수 있다.
② **동시성** : 생산과 소비가 동시에 이루어진다. 반품, 수리, 저장이 불가능하다.
③ **주체 : 서비스의 주체는 사람이다.**
④ 제품을 전시할 수도 없고 견본을 제시할 수도 없다. 사람에게 제공되므로 행함에 따라 차이가 발생한다.
⑤ 표준 규격품과 달리 미리 알 수 없고 컨트롤할 수 없으며 신뢰할 수 없다.
⑥ 서비스는 시간, 장소, 요일에 따라 달라질 수 있고 승객의 요구나 감정에 따라 달라질 수 있다.

⑦ 서비스의 가치는 오래 남아 있는 것이 아니라 고객의 경험에 의존한다.
⑧ 움직이는 목표이기 때문에 어렵고 가치가 있으며 서비스 만족의 효용가치는 매우 크다.
⑨ 서비스가 나쁘다고 해서 그것을 회복할 수 없다.
⑩ 서비스는 누릴 수 있으나 소유할 수 없다.
⑪ 승객이 제공받을 수는 있으나 소유권을 이전받을 수 없다.
⑫ 공간 제약 요인으로 인해 상황에 따라 변동성을 가질 수 있다.

(6) 고객 서비스의 중요성
① 승객을 승차시키고 하차시키는 것은 운전자가 할 일이다. 한 사람의 불만이 전체의 불만으로 보여질 수 있으므로 한사람 한사람에 대한 서비스가 그만큼 중요하다. 고객들이 거래를 중단하는 가장 큰 이유는 불친절이고 그 다음이 제품에 대한 결함이다.
② 고객의 욕구에는 다음과 같은 사항이 있다.
    ㉠ 관심을 받고 싶어한다.
    ㉡ 환영을 받고 싶어한다.
    ㉢ 존경을 받고 싶어한다.
    ㉣ 기억에 남고 싶어한다.
    ㉤ 자기가 중요한 사람으로 인식되고 싶어한다.
    ㉥ 편안해지고 싶어한다.
    ㉦ 요구사항이 수용되는 것을 보고 싶어한다.
    ㉧ 기대하는 것이 이루어지는 것을 보고 싶어한다.
③ 고객에 대한 기본예절
    ㉠ 승객을 기억한다.
    ㉡ 상스런 말을 하지 않는다.
    ㉢ 약간의 어려움을 감수하는 것이 좋은 관계를 형성한다.
    ㉣ 승객의 입장에서 이해하고 존중해 준다.
    ㉤ 진실한 마음으로 고객을 대한다.
    ㉥ 인간관계를 성실에 둔다.
    ㉦ 승객에게 관심을 갖는다.
    ㉧ 승객 개개인에 대한 차이를 인정하고 배려하도록 한다.
    ㉨ 승객에 대한 존중은 돈 들이지 않고 승객을 접대하는 효과가 있다.
    ㉩ 항상 변함없는 마음으로 승객을 대한다.

(7) 표정관리
① **표정의 중요성** – 첫 인상을 좋게 만들어야 호감도를 나타낸다. 호감 가는 미소와 이미지는 정신건강을 향상시킨다.
② **표정의 효과** – 건강증진에 도움이 되며 업무능력 향상에 도움이 된다.
③ **상대의 시선처리** – 부드러운 시선으로 눈동자는 중앙에 위치하도록 하며 승객의 눈높이와 맞춘다.
④ **잘못된 표정** – 상대의 눈을 보지 않는 것으로 무관심하며 얼굴이 자주 변하며 찡그리는 것

(8) 승객 응대의 마음가짐
① 승객 입장에서 생각한다.
② 사명감을 가지며 투철한 서비스 정신을 가진다.
③ 항상 긍정적으로 생각하며 원만하게 대한다.
④ 예의를 지켜 겸손하게 대한다.
⑤ 공과 사를 구별하고 공평하게 자신감을 갖고 행동한다.

(9) 단정힌 용모와 복장
깨끗하고, 단정하며, 품위 있고, 규정에 맞추어 통일감 있게 첫 인상을 주어야 한다.

(10) 승객과의 대화의 원칙
밝고 적극적으로 말하며, 공손 명료하게 말하고, 품위 있게 말한다.

(11) 흡연 예절
택시 안, 보행중인 도로, 승객 대기실 또는 승강장, 공공장소, 다른 사람에게 간접흡연의 영향을 끼칠 수 있는 장소,

(12) 올바른 직업윤리
소명의식, 천직의식, 직분의식, 봉사정신, 전문의식, 책임의식

5. 올바른 운전예절

(1) 운전예절의 중요성

사람은 일상생활의 대인관계에서 예의범절을 중시하고 있고 예절은 인간 고유의 것이며, 사람의 됨됨이를 그 사람이 얼마나 예의 바른가에 따라 가늠하기도 한다. 교통 현장에서도 이와 같은 예절을 지키려는 노력이 더 크게 요구된다. 예절 바른 운전습관은 명랑한 교통질서를 가져오며 교통사고를 예방케 할 뿐만 아니라 교통문화를 선진화하는데 지름길이 되기 때문이다.

(2) 지켜야 할 운전예절

① 안전운전은 운전기술만이 뛰어나다고 해서 되는 것이 아니고, 교통규칙을 준수하며 예절바른 행동이 뒷받침되어야 한다.
② 보행자가 먼저 지나가도록 일시 정지해 보행자를 보호하고, 횡단보도 내에 자동차가 들어가지 않도록 한다.
③ 도로상에서 고장 차량을 발견한 경우에는 즉시 서로 도와서 길 가장자리 구역으로 유도한다.
④ 교차로나 좁은 길에서 마주 오는 차끼리 만나면 양보해주고, 전조등은 하향으로 하거나 일시적으로 끄도록 한다.
⑤ 교차로에 정체 현상이 있을 때에는 앞차가 다 빠져나간 후에 여유를 갖고 서서히 출발한다.
⑥ 방향지시등을 켜고 끼어들려고 할 때는 양보하는 여유를 가지고, 도움을 받았을 때는 정중하게 손을 들어 답례한다.

(3) 삼가야 할 운전

① 도로 상에 사고차량을 세워 둔 채로 시비나 다툼 등의 행위를 해서 다른 차량의 통행을 방해하는 행위
② **신호등이 바뀌기 전에 빨리 출발하라고 경음기로 재촉하거나 전조등을 켰다 껐다 하는 행위**
③ 음악이나 경음기 소리를 크게 해서 다른 운전자를 놀라게 하는 행위
④ 자동차 계기판 윗부분 등에 발을 올려놓고 운전하는 행위
⑤ 운전을 하면서 야유나 욕설을 하거나 침이나 담배꽁초를 창 밖으로 뱉는 행위
⑥ 방향지시등을 켜지 않고 갑자기 끼어들거나, 버스전용차로를 무단통행하거나 갓길로 주행하는 행위
⑦ 교통 경찰관의 단속 행위에 불응하고 항의하는 행위

(4) 운전자의 인성과 습관

① **인성과 습관의 중요성** : 운전자는 일반적으로 자신의 성격대로 운전하는데 결국 성격은 운전행동에 대한 지대한 영향을 미치게 되어 운전 태도를 보면 그 사람의 인격을 알 수 있으므로 올바른 운전 습관을 통해 훌륭한 인격을 쌓도록 노력한다.
② 운전자의 습관 형성
  ㉠ 습관은 후천적으로 형성되는 조건반사 현상으로, 무의식중에 어떤 것을 반복적으로 행하게 될 때 자기도 모르게 습관화된 행동이 나타난다.
  ㉡ 습관은 본능에 가까운 강력한 힘을 발휘하게 되어 나쁜 운전습관이 몸에 배어 나중에는 고치기 어렵게 된다.
③ 운전자의 습관 교정
  ㉠ **좋은 습관을 지니도록 항상 노력한다.** 도로를 운행할 때에는 예상치 못한 돌발적인 상황이 일어날 수 있으므로 어떠한 상황에서 무의식적으로 행동하더라도 사고를 방지하기 위해서는 좋은 운전 습관을 몸에 지녀야 한다. 특히 운전자는 행동보다는 생각을 먼저 하는 습성을 익히면서 잘못된 운전습관을 스스로 고치려고 노력할 때만이 유능한 운전자가 될 수 있다.
  ㉡ **자신의 인격을 쌓도록 한다.** 모든 사람은 현재의 위치에서 자신의 존재와 상황, 하는 일에 대해서 자부심과 고귀성을 추구할 때 보람과 인생의 행복을 경험하게 된다. 비록 잠깐의 운전이라도 최선의 노력과 미덕을 발휘한다면 순간의 만족을 얻게 될 것이다. 바로 자신의 인격을

쌓게 되는 것이다.
ⓒ **이기주의적인 마음을 없애야 한다.** 운전자는 자기 위주의 이기적이고 편협한 사고를 하게 될 때 사고가 뒤따를 수 있으므로 "나보다는 저 길 가는 보행자를, 다른 차를" 먼저 생각하는 평소의 노력이 필요하다.

(5) 운전자의 사명과 자세
① 운전자의 사명
㉠ 남의 생명을 내 생명처럼 존중사람의 생명은 이 세상의 다른 무엇보다도 존귀하므로 인명을 존중하며, 안전운전을 이행하고 교통사고를 예방하여야 한다.
㉡ 운전자는 「공인」이라는 자각이 필요하다.

② 운전자가 가져야 할 기본적 자세
㉠ 교통법규를 이해하고 준수하여 교통법규나 규칙은 단지 알고 있는 것만으로는 부족하며, 운전자는 실제로 차를 운전하면서 변화하는 주위상황에 맞추어 적절한 판단으로 교통규칙을 준수하는 것이 중요하다.
㉡ **여유있고 양보하는 마음으로 운전** : 교통사고의 밑바탕에는 조급성과 자기중심적인 생각이 깔렸으므로 항상 마음의 여유를 갖고 서로 양보하는 마음의 자세로 운전한다.
㉢ **주의력 집중** : 운전은 한순간의 방심도 허용되지 않는 어려운 과정이므로 운전 중에는 방심하지 말고 온 신경을 운전에만 집중하여 위험을 빨리 발견하고 대응 조치를 할 수 있어야 사고를 예방할 수 있다.
방심으로 말미암은 전방 주시 태만, 과속, 운전 부주의 등은 대형교통사고의 주요 원인이 되고 있다.
㉣ **심신상태의 안정** : 운전자의 몸과 마음이 안정되어야 운전도 안전하게 할 수 있으므로 심신 상태를 조절하여 냉정하고 침착한 자세로 운전하여야 한다.
㉤ **추측 운전의 삼가** : 운전자는 자기에게 유리한 판단이나 행동은 삼가야 하며, 조그마한 의심이라도 반드시 안전을 확인한 후 행동으로 옮겨야 한다.
㉥ **운전기술의 과신은 금물** : 운전이란 혼자 하는 것이 아니라 많은 다른 운전자와 보행자 사이에서 하는 것이므로 아무리 유능하고 자신 있는 운전자라 하더라도 상대방의 실수로 사고가 일어날 수 있다.

제❷장 응급처치

1. 응급처치의 개념

(1) 응급처치의 정의
응급처치는 위급한 상황으로부터 자기 자신을 지키고 뜻하지 않은 부상자는 환자가 발생했을 때 전문적인 의료행위를 받기 전에 이루어지는 즉각적이고, 임시적인 처치를 말한다.

(2) 응급처치의 실시범위
응급처치는 어디까지나 전문적인 치료를 받기 전까지의 즉각적이고 임시적인 적절한 처치와 보호를 하는 것이므로 다음의 사항을 준수해야 한다.
① **처치요원 자신의 안전 확보**
② 환자나 부상자에 대한 생사의 판정은 금물
③ 원칙적으로 의약품을 사용하지 않음
④ 어디까지나 응급처치로 그치고 그 다음은 전문 의료요원의 처치에 맡김

(3) 응급처치의 일반적인 원칙
① 긴급 신속하고 조용하며 질서 있게 처치할 것
② 의사 또는 구급차를 부르거나 연락원을 보낼 것
③ 쇼크 예방에 힘쓸 것
④ 신체의 모든 손상 부위를 발견하도록 힘쓸 것

(4) 부상자 확인
① 의식상태 : 의식이 있을 때에는 괜찮다, 별일이 없을 것이라고 안심시키고 의식이 없을 경우에는 기도를 확보한다.

② **호흡상태** : 가슴이 뛰는지를 확인하여 호흡이 없으면 인공호흡을 하고 맥을 짚어 맥박이 없으면 인공호흡과 심장마사지를 한다.

③ **출혈상태** : 출혈이 있으면 그 부위에 지혈을 시킨다.

④ **구토상태 : 입 안에 오물이 있는지 살펴보고 있으면 기도를 확보한다.**

⑤ **신체상태** : 신체의 일부가 변형이 있으면 움직이지 않게 하고 통증을 호소하면 부위를 확인한다.

2. 부상별 응급처치 요령

(1) 창상

① 창상이란 신체의 조직이 손상된 상태로 주로 피부 및 점막이 손상된 것을 말하며 형태에 따라 찰과상, 절창, 열창, 자창의 4가지로 나눈다.

② 출혈이 심하지 않은 경우 응급처치 요령
  ㉠ 기본적인 처치는 병균의 침입을 막아 감염을 예방하는 것이다.
  ㉡ 상처를 손이나 깨끗하지 않은 헝겊으로 함부로 건드리지 말고 엉키어 뭉친 핏덩어리를 떼어내지 말아야 한다.
  ㉢ 흙이나 더러운 것이 묻었을 때는 물로 상처를 씻어준다.
  ㉣ 소독된 거즈를 상처에 대고 드레싱한다.

③ 출혈이 심한 경우
  ㉠ 즉시 지혈을 하고 출혈 부위를 높게 안정되게 눕힌다.
  ㉡ 지혈방법 : 직접압박, 지압법, 지혈대 사용법

(2) 골절

① 골절은 뼈가 부러지거나 금이 간 것을 말하며, 단순골절과 복합골절로 나눌 수 있다.

② **응급처치시 주의 사항**
  ㉠ 다친 곳을 건드리거나 부상자를 함부로 옮기면 안 된다.
  ㉡ 쇼크(충격)을 받을 우려가 있으므로 이에 주의한다.
  ㉢ 복잡골절에 있어 출혈이 있으며 직접압박으로 출혈을 방지하고 만약 출혈이 심하면 지압법으로 지혈한다.

3. 심폐소생술(구조호흡법)

(1) 구조호흡이 필요한 경우
  호흡이 중단 또는 정지된 경우

(2) 소생술의 기본 과정
  기도개방 → 인공호흡 2회 → 가슴압박 30회

(3) 구조 호흡의 방법(구강대 구강법)
  ① 입안 이물질이 있으면 손가락으로 제거
  ② 환자의 기도유지
  ③ 환자의 입을 처치원의 입으로 완전히 덮고 한 손으로는 환자의 코를 쥐어 막으로 2회 인공호흡
  ④ 환자의 상복부를 줄러줌으로써 허파 속의 공기를 더욱 많이 나오게 한다. (가슴압박)
  ⑤ 환자의 입안에 너무 많이 오염되어 있을 경우 입을 막고 코에 인공호흡한다. (비강대 구강법)

4. 교통사고 발생시의 조치

(1) 교통사고발생시의 조치(도로교통법 제54조)

① 차 또는 노면전차의 운전 등 교통으로 인하여 사람을 사상하거나 물건을 손괴한 경우에는 그 차 또는 노면전차의 운전자나 그 밖의 승무원은 즉시 정차하여 다음 조치를 하여야 한다.
  ㉠ 사상자를 구호하는 등 필요한 조치
  ㉡ 피해자에게 인적 사항(성명·전화번호·주소 등을 말한다.) 제공

② 그 차 또는 노면전차의 운전자등은 경찰공무원이 현장에 있을 때에는 그 경찰공무원에게, 경찰공무원이 현장에 없을 때에는 가장 가까운 국가경찰관서(지구대, 파출소 및 출장소를 포함한다.)에 다음의 사항을 지체 없이 신고하여야 한다. 다만, 차 또는 노면전차만 손괴된 것이 분명하고 도로에서의 위험방지와 원활한 소통을 위하여 필요한 조치를 한 경우에는 그러하지 아니하다.
  ㉠ **사고가 일어난 곳**

ⓛ 사상자 수 및 부상 정도
　　ⓒ 손괴한 물건 및 손괴 정도
　　ⓔ 그 밖의 조치사항 등
③ 신고를 받은 국가경찰관서의 경찰공무원은 부상자의 구호와 그 밖의 교통위험 방지를 위하여 필요하다고 인정하면 경찰공무원(자치경찰공무원은 제외한다)이 현장에 도착할 때까지 신고한 운전자등에게 현장에서 대기할 것을 명할 수 있다.
④ 경찰공무원은 교통사고를 낸 차 또는 노면전차의 운전자등에 대하여 그 현장에서 부상자의 구호와 교통안전을 위하여 필요한 지시를 명할 수 있다.
⑤ 긴급자동차, 부상자를 운반 중인 차, 우편물자동차 및 노면전차 등의 운전자는 긴급한 경우에는 동승자 등으로 하여금 조치나 신고를 하게 하고 운전을 계속할 수 있다.
⑥ 경찰공무원(자치경찰공무원은 제외한다)은 교통사고가 발생한 경우에는 대통령령으로 정하는 바에 따라 필요한 조사를 하여야 한다.

(2) 사고발생 시 조치에 대한 방해의 금지(도로교통법 제55조)
교통사고가 일어난 경우에는 누구든지 운전자등의 조치 또는 신고행위를 방해하여서는 아니 된다.

(3) 2차 사고예방을 위한 조치
① 비상등을 켜고 차량을 갓길로 이동시켜 탑승자를 안전한 곳으로 이동시킨다.
② 고장자동차의 표지판을 설치하여 2차 사고를 예방한다.
③ 경찰관서, 소방관서 및 한국도로공사에 도움을 청한다.

(4) 피해자의 대처 요령
① **가벼운 상처라도 반드시 경찰공무원에게 알려야 한다.** 피해자가 피해신고를 게으르게 하면 후일 사고로 말미암은 후유증의 발생 시 불리하게 될 뿐만 아니라 교통사고증명서를 받을 수 없게 되는 경우가 있다.
② 가벼운 상처나 외상이 없어도 두부 등에 강한 충격을 받았을 때에는 의사의 진단을 받아 두어야 나중에 후유증이 생겼을 때 선의의 피해를 보지 않는다.

(5) 사고현장에 있는 사람의 자발적 협조
① 부상자의 구호, 사고차량의 이동 등에 대하여 스스로 협력하는 것이 바람직하다.
② 사고를 내고 뺑소니하는 차는 그 차의 번호, 차종, 색깔, 특징 등을 메모 또는 기억하여 112번으로 경찰공무원에게 신고한다.
③ 특히 사고현장에는 휘발유가 흘러져 있거나 화물 중에 위험물 등이 있을 수 있으므로 담배를 피우거나 성냥불 등을 버리는 행위는 절대 삼가야 한다.

5. 차량고장 시 운전자의 조치사항

(1) 차량이동
고장난 차량은 안전한 곳으로 이동시켜야 한다.

(2) 하차
차에 타고 있는 사람을 모두 내리게 하고 안전하게 대피시켜야 한다.

(3) 자동차 표지판 설치
다른 차량에게 자신의 차량이 비상상태라는 것을 알릴 수 있는 자동차표지판을 설치한다. 자동차표지판은 자동차로부터 100m 이상의 뒤쪽에 설치하고 야간에는 200m 이상 도로에 설치한다.

(4) 신고
경찰이나 보험회사, 고장차량 견인업체에 연락한다.

(5) 보행금지
고속도로나 전용도로에서 갓길을 걷는다면 2차 위험이 발생할 수 있으므로 안전한 곳에서 구조를 기다리도록 한다.

제❸장 자주 출제되는 중국어, 영어, 일본어

1. 낮에 하는 인사말로 안녕하세요?의 가장 잘된 외국어표현은?
   - 下午 (씨아우)
   - Good afternoon (굿 애프터눈)
   - こんにちは (곤니찌와)

2. 오전에 하는 인사말로 안녕하세요?의 가장 잘된 외국어표현은?
   - 上午 (쌍우)
   - Good morning (굿모닝)
   - 午前 (오하요 고자이마스)

3. 저녁에 하는 인사말로 안녕하세요?의 가장 잘된 외국어표현은?
   - 晩飯 (완판)
   - Good evening (굿 이브닝)
   - 夕方 (곰방와)

4. 어서 오십시오.
   - 歡迎光臨 (환잉꽝린)
   - Welcome aboard (웰컴 어브로드)
   - いらっしゃいませ (이랏샤이마세)

5. 무엇을 도와드릴까요?
   - 需要帮忙嗎 (쉬야오 빵망마)
   - What can I do for you? (왓 캔 아이 두 포 유?)
   - おてつだい しましょうか? (오테즈다이 시마쇼까?)

6. 택시 타는 곳이 어디입니까?
   - 坐出租車的地方在哪里? (쭈어츄즈쳐더띠팡 짜이날리?)
   - Where is the taxi ride? (웨어 이즈 더 택시 라이더?)
   - タクシー乗り場がどこですか? (타꾸시 노리바와 도꼬데스까?)

7. 한국에 오신 것을 환영합니다.
   - 歡迎來到韓國° (후안-영 라이따오 한꾸어)
   - Welcome to Korea (웰컴 투 코리아)
   - 韓國へようこそ (칸코쿠에 요오코소)

8. 영어, 일본어, 중국어 할 수 있습니까?
   - 會說中文嗎? (휘이 쑤어 쭝원 마)
   - Can you speak English? (캔 유 스피크 잉글리시?)
   - 日本語できますか? (니혼고가 데끼마스)

9. 영어, 일본어, 중국어를 조금 밖에 못합니다.
   - 只有一点中文 (쯔요우이디엔쭝원)
   - I speak only a little English (아이 스피크 온리 어 리틀 잉글리시)
   - 日本語を少ししかできないです° (니혼고 스꼬시카 데키마셍)

10. 무슨 말씀인지 모르겠는데요.
    - 我不知道你在說什么 (워 뿌찌따오 니짜이 슈어쎔머)
    - I don't know what you're talking about. (아이 돈트 노우 왓 유어 톨킹 어바웃?)
    - 何を言っているのかわかりませんが° (난오 잇테 이루노카 와카리마세가)

11. 다시 말씀해 주시겠습니까?
    - 你能再說一遍嗎? (니이능 짜이 슈어 이삐엔 마?)
    - Can you repeat that? (캔 유 리피트 댓?)
    - もう一度おっしゃっていただけますが° (모오이치도 옷샤테이타다케마스카)

12. 조금 천천히 말씀 해주세요.
    - 請慢一点說° (칭만이띠엔수어)
    - Please speak a little slowly (플리즈 스피크 어 리틀 슬로우리)
    - 少しゆっくりおっしゃってください (못토 윳쿠리 하나시데쿠다사이)

13. 시내까지 얼마나 걸리는지요?
    - 到市中心需要多長時間 (따우쓰 쫑씬 슈여 뚜

어 쟝쓰지엔)
- How long does it take to get downtown? (하우 롱 도우즈 잇 테이크 투 겟 다운타운?)
- 市內までどれくらいかかりますか。(시나이마데 도레쿠라이 카카리마스카)

14. 약 20분 소요가 됩니다.
    - 這里大約需要20分鐘。(쩌리 따위에 슈어 얼 쒸펀중)
    - It takes about 20 minutes here. (잇 테이크 어바웃 투웬티 미니츠 히어)
    - 約20分所要になります。(야쿠 니주푼쇼요오니 나리마스)

15. 곧 도착합니다.
    - 馬上就到 (마하쌍취어또)
    - We are getting there soon (위 아 게팅 데어 순)
    - すぐ着きます。(스구 츠키마스)

16. 어디로 모실까요?
    - 請問您要帶到哪里? (칭원닌 야오따이따우나리)
    - Where do you want me to go? (웨어 두 유 원트 미 투 고?)
    - どちらに仕えましょうか (도치라니 츠카에마쇼오카)

17. 번화가로 가 주세요.
    - 請去繁華街 (칭취 판아찌에)
    - Please go to the downtown area (플리즈 고 투 더 다운타운 에리어)
    - 繁華街に行ってください。(한카가이니 잇테쿠다사이)

18. 이곳으로 가 주세요.
    - 請到那个地方去 (칭따우 나꺼 띠팡취)
    - Please go there (플리즈 고 데어)
    - ここに行ってください。(코코니 잇테쿠다사이)

19. 인천공항으로 가주세요.
    - 請去仁川机場 (칭취 렌천 창장)
    - Please go to Incheon International Airport (플리즈 고 투 인천 인터네이셔널 에어포트)
    - インチョン空港に行ってください。(인초쿠우코오니 잇테쿠다사이)

20. 김포공항으로 가주세요.
    - 請去金浦机場 (칭취 찐푸 창장)
    - Please go to Gimpo Airport (플리즈 고 투 김포 에어포트)
    - 金浦空港に行ってください。(킨포쿠우코오니 잇테쿠다사이)

21. 잠시만 기다려주십시오.
    - 請稍等 (칭 사오덩)
    - Please wait a moment (플리즈 웨이트 어 모먼트)
    - 少々お待ちください。(쇼오쇼오 오마치쿠다사이)

22. 트렁크에 싣겠습니다.
    - 我把它放在后備箱里 (워바타먼 황짜이호우빠이 씨앙리)
    - I'll load the trunk (아일 로드 더 트렁크)
    - トランクに乗せます。(토란쿠니 노세마스)

23. 문을 다시 닫아주시겠습니까?
    - 能把門再關一下嗎? (능 빠아 먼 짜이 꾸안 이씨아이 마)
    - Could you please close the door again? (쿠드 유 플리즈 클로즈 더 도어 어게인?)
    - ドアをまた閉めてもらえますか (도아오 마타 시메테 모라에마스카)

24. 안전벨트를 매어주세요.
    - 請系好安全帶 (칭씨하오 안취엔 따이)
    - Please tie the safety belt (플리즈 타이 더 세이프티 벨트)
    - シートベルトを締めてください (시이토베루토오 시메테쿠다사이)

25. 예, 지금 출발합니다.
    - 是的, 現在出發 (쓰더 씨엔짜이 추빠)
    - Yes, we're leaving now (예스, 위어 리빙 나우)

・はい、今出發します (하이, 이마 슈파츠시마스)

26. 여기서 내리겠습니다. 여기 세워주세요.
- 我在這裡下車, 請停在這裡。 (워어 짜이 쩌리 씨아쳐 칭 팅짜이쩌리)
- I'll get out of here. Please stop here (아윌 겟 아웃 오브 히어. 플리즈 스탑 히어)
- ここで降ります。ここに止めてください。 (코코데 오리마스 코코니 토메테쿠다사이)

27. 다 왔습니다.
- 已經到了 (이징따오러)
- we're here (위어 히어)
- すべて來ました (모 츠끼마시따)

28. 요금은 얼마입니까?
- 費用是多少? (페이용씨뚜어샤오?)
- What is the fare? (왓 이즈 더 페어?)
- 料金はいくらですか。 (료오킨와 이쿠라데스카)

29. 8,500원입니다.
- 是8,500元 (쓰 8,500위엔)
- It's 8,500 won (잇츠 에잇 사우전드 파이브 헌드레드 원)
- 8500ウォンです (하찌산젱고하꾸원데스)

30. 거스름 돈 여기 있습니다.
- 找零錢在這儿。 (쟈오링치엔자이쩔)
- Here's the change (히어즈 더 체인지)
- お釣りここにあります (하이 오쯔리데스)

31. 어디서 오셨습니까?
- 你從哪里來的? (닌 총 랄리 라이더?)
- Where are you from? (웨어 아 유 프롬?)
- どこからいらっしゃいましたか? (도코까라 이랏사이마시타까)

32. 어디를 찾으십니까?
- 您在找哪里? (닌 짜이짜오날리?)
- Where are you looking for? (웨어 아 유 루킹 포?)
- どこを探しますか? (도꼬오 오사가시데스까?)

33. 주소를 가지고 계십니까?
- 你有地址嗎? (닌 요우 띠즈 마?)
- Do you have an address? (두 유 해브 앤 어드레스?)
- 住所は持っていますが (주우쇼와 못테이마스카)

34. 가까운 곳에 숙소가 좋은 곳이 있습니까?
- 宿舍有好的地方嗎? (쑤 쒸어 요우 하오 떠 띠팡마?)
- Is there a good place to stay close by? (이즈 데어 어 굿 플레이스 투 스테이 클로즈 바이?)
- 近くに泊まるのに良い場所はありますか? (치카쿠니 토마루노니 요이 바쇼와 아리마스카)

35. 여기 관광명소로 유명한 곳이 있습니까?
- 有有名的旅游胜地嗎? (요우요우 뤼요우 썽띠 마멍?)
- Is there a place famous for tourist attractions? (이즈 데어 어 플레이스 페이머스 포 튜어리스트 어트랙션?)
- 觀光名所はありますか? (칸코오메에쇼와 아리마스카?)

36. 좋은 곳이 있습니다.
- 有好地方 (요우 하오 띠팡)
- There's a good place. (데어즈 어 굿 플레이스)
- 良いところがあります。 (이이도코로카 아리마스)

37. 안내해 드리겠습니다.
- 我來介紹一下。 (워 라이 찌에싸이오 이씨안)
- I'll show you (아윌 쇼 유)
- ご案內いたします (고안나이 시마쇼오)

38. 예 부탁드립니다.
- 請幇我 (칭팡워)
- Yes, please (예스, 플리즈)
- はい、お願しします (하이 오네가이시마스)

39. 밤에는 요금이 더 비싼가요?
    - 晚上的費用更貴嗎? (훤쑤엉 떠 페어용 꿩꾸이 마)
    - Is it more expensive at night? (이즈 잇 모어 익스펜시브 엣 나이트?)
    - 夜は料金がもっと高いですか (요루와 료오킨가 못토 타카이데스카)

40. 자정 이후에는 20% 할증료를 받습니다.
    - 午夜后,我們將得到20%的附加費 (우위에호우 워민찌앙드어따오 바이펀즈얼스 더푸지아페이)
    - After midnight, you get a 20% surcharge (애프터 미드나이트, 유 겟 어 투웬티 퍼센트 서차아지?)
    - 自淨この後には20%割り増し料を受けます (요루노 쥬 니지이고와 니쥬파 센토노 와리마시료 오 이따다끼마스)

41. 대기료를 받습니다.
    - 收取等候費 (쇼우치 덩호우페이)
    - Do you get the waiting fee? (두 유 겟 더 웨이팅 피?)
    - 待機料を受け取る (타이키료오오 우케토루)

42. 예 받습니다.
    - 收到 (쓰우따우)
    - Yes, sir. (예스 시어)
    - はいされます (이따까이마스)

43. 친절하고 안전하게 운전하여 감사합니다.
    - 謝謝您的安全駕駛 (쎄쎄 닌떠 안췐 짜이씨)
    - Thank you for being kind and safe (생큐 포 비잉 카인드 앤드 세이프)
    - ご親切で安全運轉ありがとうございます (고신세츠데 안젠운텐아리가토오고자이마스)

44. 좋은 하루 보내세요.
    - 祝您有美好的一天 (쭈닌 요우 하우더 이티엔)
    - Have a nice day (해브 어 나이스 데이)
    - 良い一日を過ごす (요이이찌니치오)

45. 미안합니다.
    - 對不起 (뚜이뿌치)
    - I'm sorry (아엠 소리)
    - すみません (스미마셍)

46. 안녕히 가세요.
    - 再見 (짜이찌엔)
    - Goodbye (굿바이)
    - さようなら (사요-나라)

47. 천만에요. 외국어표현은?
    - 不用客气 (뿌용커치)
    - You're welcome (유어 웰컴)
    - どういたしまして (도오이타시마시테)

48. 예 그렇습니다. 외국어 표현은?
    - 是的,是的 (쓰더 쓰더)
    - Yes it is (예스 잇 이즈)
    - はい そうです (하이 소오데스)

49. 반갑습니다. 외국어 표현은?
    - 很高興見到您 (헝고씽 찌엔 따우닌)
    - Nice to see you (나이스 투 씨 유)
    - うれしいです (우레시이데스)

50. 길이 막히네요.
    - 路上堵了 (루우 쌍 뚜우러)
    - The road is blocked (더 로드 이즈 블로커드)
    - 道が混んでますね (미치가 콘데마스네)

제❸편 운송서비스, 응급처치법 및 자주 출제되는 외국어 출제예상문제

01 택시운전자의 취업 및 퇴직 등과 관련한 인사관리를 전산 처리하는 곳은 어디인가?
① 택시공제조합
② 택시노동조합
③ 교통안전공단
④ 택시사업조합

02 ★☆ 응급상황 발생 시 대응해야 할 원칙으로 볼 수 없는 것은?
① 스스로 모든 일을 처리한다.
② 모든 조치는 침착하고 신속하게 진행한다.
③ 상식적인 모든 지식을 동원하여 조치한다.
④ 부상자의 위험요소를 확인한다.

03 흉부 손상으로 인해 깊은 열창을 입었을 때의 후송방법으로 알맞은 것은?
① 환자를 세운 상태로 부축하여 후송한다.
② 환자의 출혈 부위를 낮게 하여 후송한다.
③ 환자를 옆으로 눕혀서 후송한다.
④ 엉키어 뭉친 핏덩어리가 있을 경우 이를 떼어내고 후송한다.

04 교통사고에서 신속한 후송을 하기 위해 적절한 응급처지 시간은?
① 2시간 ② 1시간
③ 30분 **④ 10분**

05 ★☆ 응급처치의 일반적인 원칙으로 볼 수 없는 것은?
① 실질적인 치료 행위에 역점을 둘 것
② 긴급처치 하여야 할 것
③ 쇼크 예방에 힘쓸 것
④ 신속하고 조용하며 질서 있게 처치할 것

06 고객을 응대하는 바람직한 시선으로 볼 수 없는 것은?
① 자연스럽게 부드러운 시선으로 상대를 본다.
② 눈을 치켜뜨고 본다.
③ 눈동자는 항상 중앙에 위치하도록 한다.
④ 가급적 고객의 눈높이와 맞춘다.

07 위험예측훈련에 대한 설명으로 잘못된 것은?
① 위험예측훈련이란 잠재적 위험을 인식하고 대처할 수 있는 능력을 길러주는 훈련이다.
② 예측훈련의 목표는 가장 빠른 방법으로 목적지에 도착하는 훈련이다.
③ 대부분의 상황은 예측되지만 예측 못한 상황을 예측할 수 있어야 한다.
④ 다른 차들이 조금만 움직여도 위험여부를 예측하려고 노력한다.

08 다음 중 택시운전자가 가져야 할 마음자세로 볼 수 없는 것은?
① 승객에게 친절하게 대하는 마음

정답 01 ④ 02 ① 03 ③ 04 ④ 05 ① 06 ② 07 ② 08 ②

② 승객보다 회사의 수입을 우선시하는 마음
③ 교통법규를 지키려는 마음
④ 항상 안전운행에 주의를 기울이는 마음

09 다음 보기 중 지체장애인 승객이 원하는 서비스는?

① 승객을 동정하는 마음으로 대해주는 것
② 택시 요금의 할인 및 각종 편의 제공
③ 자신에게 별도의 특혜를 제공
④ 비장애인과 동등하게 대우해 주는 것

10 정중한 인사의 인사 각도로 적당한 것은?

① 60° ② 45°
③ 30° ④ 15°

11 다음은 운전기사가 승객에게 하여야 할 사항이 아닌 것은?

① 인사를 한다.
② 행선지를 묻는다.
③ 주행코스를 묻는다.
④ 직업을 묻는다.

12 교통 문화예절에 대한 설명 중 적절하지 못한 것은?

① 운전 중 다른 사람에게 폐를 끼치지 않으려는 마음
② 운전 중 실수를 하면 용서를 구하는 마음
③ 교통질서 유지를 위하여 운전자가 지켜야 할 공손한 몸가짐
④ 도로라는 공간을 먼저 이용하여 빨리 가려는 마음

13 택시 운전자의 승객에 대한 서비스 자세로 알맞은 것은?

① 승객의 인격을 존중하는 자세
② 승객의 이야기를 무시하는 자세
③ 승객의 요청을 묵살하는 자세
④ 승객의 태도를 훈계하는 자세

14 올바른 서비스를 제공하기 위한 요소가 아닌 것은?

① 공손한 인사   ② 친근한 말
③ 불친절한 응대 ④ 밝은 표정

15 다음 중 올바른 서비스 자세를 갖추기 위한 요건이 아닌 것은?

① 바른 언어 사용 ② 감사하는 마음
③ 정중한 태도   ④ 자존심

16 응급상황의 구조 활동 중 최우선적으로 해야 할 일은 무엇인가?

① 구조자의 육체적 고통 분담
② 구조자의 안전
③ 재산의 보전
④ 차량 손상 여부의 확인

 구조자의 안전을 최우선으로 생각하고 신속하고 질서있게 긴급처치하며 의사 또는 구급차를 부르거나 연락원을 보낼 것, 쇼크사 예방 및 신체 부위의 손상 발견

17 택시를 항상 청결하게 유지해야 하는 이유로 가장 알맞은 것은?

① 승객에게 쾌적함을 제공하기 위하여
② 승객에게 안정감을 제공하기 위하여
③ 회사의 규칙을 준수하기 위하여
④ 승객에게 많은 요금을 받기 위하여

정답 09 ④ 10 ② 11 ④ 12 ④ 13 ① 14 ③ 15 ④ 16 ② 17 ①

18 고객과 대화를 할 때 올바르지 않은 자세는?

① 불평불만을 함부로 떠들지 않는다.
② 불가피한 경우를 제외하고 논쟁을 피한다.
③ 잦은 농담을 고객을 즐겁게 한다.
④ 도전적 언사는 가급적 자제한다.

19 위급상황 발생 시 운전자 조치 요령으로 옳지 않은 것은?

① 가속페달이 되돌아오지 않고 엔진이 고속 회전 때에는 기어를 3단 또는 4단으로 변속하여 주행한다.
② 타이어의 펑크시 핸들이 돌아가지 않도록 꽉 잡고 가속페달에서 발을 뗀 후 시속 50km이하가 되면 비로소 브레이크를 가볍게 여러번 밟아 정지시킨다.
③ 진흙탕 속에서 한쪽바퀴가 빠져 헛돌 때에는 바퀴 밑에 모래나 볏짚 등을 깔아 빠져 나온다.
④ 내리막길에서 모든 브레이크가 작동되지 않으면 한쪽 바퀴를 배수로로 빠지게 하는 등의 조치를 취해 정지시킨다.

20 다음 중 운전자가 지켜야 할 운전예절로 볼 수 없는 것은?

① 안전운전은 운전 기술만이 뛰어나다고 해서 되는 것은 아님을 자각한다.
② 보행자가 먼저 지나가도록 일시 정지하여 보행자를 보호하는 데 앞장선다.
③ 교차로에서 마주 오는 차끼리 만나면 전조등을 꺼서는 안 된다.
④ 교차로에 정체 현상이 있을 때에는 다 빠져 나간 후에 여유를 가지고 서서히 출발한다.

21 고객대응의 명심사항으로 틀린 것은?

① 자신의 입장에서 생각하라.
② 고객을 공평하게 대하라.
③ 자신감을 가져라.
④ 투철한 서비스 정신으로 무장하라.

22 교통사고로 인한 부상자 발생 시 가장 먼저 확인해야 할 사항은 무엇인가?

① 부상자의 의식 확인
② 부상자의 체온 확인
③ 부상자의 호흡 확인
④ 부상자의 출혈 확인

23 다음 보기 중 가장 먼저 응급처치를 해야 할 대상은?

① 어린아이
② 임신한 산모
③ 나이든 어르신
④ 위독한 사람

24 택시의 장점에 대한 설명 중 틀린 것은?

① 택시운전자가 출발지에서 목적지까지 운전 서비스를 해주기 때문에 편리하다.
② 택시운전자가 그 지역의 지리를 잘 알기 때문에 목적지까지 신속히 갈 수 있다.
③ 택시운전자는 운전기술이 뛰어나기 때문에 목적지까지 편안하게 갈 수 있다.
④ 택시운전자는 운전기술이 미숙하기 때문에 목적지까지 시간소요가 너무 많다.

25 교통문화를 준수하는 민주시민으로 볼 수 없는 사람은?

① 교통법규를 잘 지키는 사람

정답 18 ③ 19 ① 20 ③ 21 ① 22 ③ 23 ④ 24 ④ 25 ④

② 도로라는 공간을 협조하면서 질서 있게 이용하는 사람
③ 도로라는 공간을 시간차를 두고 효율적으로 이용할 줄 아는 사람
④ 교통법규를 지키지 않는 것이 습관화되어 있는 사람

26 다음 중 위급 상황 발생 시 조치요령으로 적당하지 않은 것은?
① 중앙선을 넘어오는 대형차를 발견하면 즉시 감속과 함께 길 가장자리로 피한다.
② 중앙선을 넘어오는 차를 피할 수 없는 경우 측면 충돌이 되도록 하여 피해를 줄인다.
③ 눈길, 진흙탕 등에 차바퀴가 빠진 경우 바퀴 밑에 모래, 볏짚 등을 깔아 빠져나온다.
④ 타이어 펑크 시는 급브레이크를 밟아 급정지해야 한다.

27 대형사고 발생 시 구급 호출 번호는?
① 911 ② 119
③ 111 ④ 112

28 택시 고객서비스의 자세가 아닌 것은?
① 합승을 요구한다.
② 친절히 응대
③ 고객은 왕이다.
④ 먼저 인사한다.

29 다음 중 사업용 택시운전자가 근무 중 반드시 휴대해야 하는 것은?
① 범칙금 통지서
② 운전 면허증과 택시 운전자격증
③ 소속회사의 명함
④ 건강 보험증

30 운전자의 표정을 결정하는 미소의 중요성을 잘못 설명한 것은?
① 미소는 상대방을 즐겁고 유쾌하게 만드는 힘이 있다.
② 미소를 띠면서 대화하면 인상이 좋게 보인다.
③ 미소는 자신감 있는 사람으로 보이게 한다.
④ 가식적인 미소라도 상황을 부드럽게 할 수 있다.

31 택시에 필수적으로 게시 또는 비치하지 않아도 되는 것은?
① 택시운전 자격증
② 교통 불편 신고엽서
③ 금연표시판
④ 차량청소 안내표시판

32 다음 중 교통법규를 잘 지키는 운전자가 가지는 마음가짐은?
① 안전수칙을 무시하는 마음
② 불법주차나 정차를 대수롭지 않게 생각하는 마음
③ 모범적인 운전에 자부심을 가지는 마음
④ 교통법규나 사회질서를 무시하는 마음

33 고속도로 통행 시 필수 휴대품이 아닌 것은?
① 적색 섬광신호 (야간용)
② 전기제등 또는 불꽃 신호 (야간용)
③ 관광 안내지도
④ 고장차량 표지판 (삼각대 등)

정답 26 ④ 27 ② 28 ① 29 ② 30 ④ 31 ④ 32 ③ 33 ③

34 다음 보기 중 교통사고 발생 시 응급조치로 볼 수 없는 것은?

① 부근에 화기를 제거
② 경찰서에 신고
③ 소방서에 신고
④ 차량주위에서 다른 차량 접근을 통제

35 다음 중 택시운송 직업의식과 관계가 먼 것은?

① 천직의식　② 봉사정신
③ 권위의식　④ 희생정신

36 택시운전자의 서비스와 관련하여 고려할 필요가 없는 사항은?

① 고객서비스 정신 유지
② 단정한 복장
③ 회사의 수익 확대
④ 친절한 태도

37 다음 중 택시 운전으로 인해 발생하는 직업병으로 보기 힘든 것은?

① 요통
② 피로 및 과로
③ 스트레스
④ 규폐증

38 교통사고 발생 후 보험회사에 알려할 사항으로 틀린 것은?

① 사고발생 시각, 장소, 경위
② 피해자의 분실물 현황
③ 피해자의 인적 사항
④ 가해자의 인적 사항

39 다음 중 응급환자 구조의 원칙으로 볼 수 없는 것은?

① 응급처치
② 응급환자 이송
③ 환자에게 안정감 제공
④ 응급 사고 처리

 응급사고 처리는 사고현장보존 차원에서 해서는 아니된다.

40 다음 중 승객에 대한 접객요령을 순서대로 바르게 연결한 것은?

① 인사 → 코스안내 → 하차안내 → 목적지 확인 → 요금확인 → 인사
② 인사 → 목적지 확인 → 코스안내 → 하차안내 → 요금확인 → 인사
③ 코스안내 → 인사 → 목적지 확인 → 요금확인 → 하차안내 → 인사
④ 목적지 확인 → 인사 → 하차안내 → 코스안내 → 요금확인 → 인사

41 원활한 교통소통을 위해 택시운전자가 준수해야 할 사항으로 거리가 먼 것은?

① 규정 속도의 준수
② 택시 내부의 청결 유지
③ 진로 양보
④ 차간 안전거리 확보

42 다음 보기 중 골절 환자에 대한 응급처지 방법으로 올바른 것은?

① 심폐소생술 시술
② 부목으로 골절 부위 고정
③ 조치없이 병원으로 후송
④ 압박 붕대로 고정

43 교통사고로 인해 골절이 발생한 환자에 대한 응급처치 요령으로 적절하지 않은 것은?

① 쇼크(충격)를 받을 우려가 있으므로 이에 주의한다.
② 복잡골절에 있어 출혈이 있으면 직접압박으로 출혈을 방지한다.
③ 골절 부위에 출혈이 심한 경우에는 지압법으로 지혈한다.
④ 환자를 부축하여 안전한 곳으로 이동

44 성격이 급한 운전자 운전 습관은?

① 음주 운전 ② 난폭운전
③ 무면허 운전 ④ 준법운전

45 다음 중 택시고객의 욕구로 볼 수 없는 것은?

① 빨리가길 바란다.
② 칭찬 받고 싶어한다.
③ 평범한 사람으로 인식되기를 바란다.
④ 친절하게 해 주기를 바란다.

46 교통사고로 인한 사상자에 대한 조치사항으로 볼 수 없는 것은?

① 승객의 유류품 보관
② 사고 현장 방치 및 이탈
③ 신속한 부상자 후송
④ 부상 승객에 대한 응급조치

47 다음 중 택시기사가 가져야 할 마음가짐이 아닌 것은?

① 사람의 생명을 경시하는 마음가짐
② 승객에게 친절하게 대하는 마음가짐
③ 안전운행에 주의를 기울이는 마음가짐
④ 교통법규를 지키려는 마음가짐

48 택시에 설치된 미터기를 사용하지 않고 요금을 받을 수 있는 경우는?

① 구간운임 시행지역의 경우
② 승객의 특별한 요청이 있을 경우
③ 장거리 운행 시
④ 목적지가 정해진 경우

49 다음 중 택시 운전자가 준수해야 할 사항은?

① 택시에 불법 부착물은 단다.
② 도로상에서 남과 다툰다.
③ **부당요금을 징수하지 않는다.**
④ 합승손님만 태운다.

50 운전자의 자세로 가장 바람직한 것은?

① 인내심 강화 ② 예상운전
③ 추측운전 ④ 경솔한 마음가짐

51 택시운전자가 차량의 일상점검을 실시하여야 하는 가장 좋은 시기는?

① 도로 주행 전 ② 운행 종료 후
③ 운전 시작 전 ④ 틈나는 대로

52 다음 중 탈구환자에 대한 응급처지 요령으로 틀린 것은?

① 탈구는 빠르고 정확한 처치가 되도록 한다.
② 의사가 오기 전 탈구를 바로 잡아 응급처치를 해야 한다.
③ 찬 물수건으로 찜질을 하여 아픔과 붓는 것을 막는다.
④ 탈구된 부위가 팔 또는 다리라면 견인 붕대로 받쳐준다.

정답 43 ④ 44 ② 45 ③ 46 ② 47 ① 48 ① 49 ③ 50 ① 51 ③ 52 ②

53 교통사고가 발생하여 경찰관서에 신고할 경우 신고 내용으로 적절하지 않은 것은?
① 사고 일시
② 운전자 주민등록번호
③ 대인, 대물 피해 정도
④ 사고 장소

54 부상자의 기도 확보에 설명으로 틀린 것은?
① 기도 확보는 공기가 입과 코를 통해 폐에 도달할 수 있는 통로를 확보하는 것이다.
② 엎드려 있을 경우에는 무리가 가지 않도록 그대로 둔 상태에서 등을 두드린다.
③ 기도에 이물질 또는 분비물이 있는 경우 이를 우선 제거한다.
④ 의식이 없을 경우 머리를 뒤로 젖히고 턱을 끌어 올려 기도유지를 한다.

55 다음 중 개방성 창상의 종류에 해당하는 않는 것은?
① 찰과상   ② 탈구
③ 절창   ④ 열창

56 일반적으로 구조 호흡법이 필요한 사고 유형이 아닌 것은?
① 익사사고   ② 접촉사고
③ 가스중독사고   ④ 신경마비사고

57 심폐소생술의 일반적인 순서로 맞는 것은?
① 가슴압박 → 인공호흡 → 기도개방
② 인공호흡 → 기도개방 → 가슴압박
③ 인공호흡 → 가슴압박 → 기도개방
④ 기도개방 → 인공호흡 → 가슴압박

58 차내 청결을 위하여 세차 및 청소를 해야 할 시기는?
① 매일 1회 이상   ② 3일에 1회 이상
③ 1주일에 1회 이상   ④ 월 1회 이상

59 운전자의 직업적 특성으로 보기 힘든 것은?
① 사업장 자체가 이동 특성을 갖는다.
② 일단 출고하면 전적으로 본인이 책임을 진다.
③ 목적지에 안전하고 빠르게 도착해야 할 책임이 있다.
④ 승객이나 화물을 목적지까지 안전하게 운송하여야 한다.

60 다음 중 직업의 3가지 태도에 해당하지 않는 것은?
① 보상   ② 애정
③ 충성   ④ 긍지

61 응급 처치의 정의에 대한 설명으로 옳지 않는 것은?
① 전문적인 의료행위를 받기 전에 이루어지는 처지이다.
② 즉각적으로, 임시적인 적절한 처치를 말한다.
③ 환자나 부상자의 보호를 통해 고통을 덜어주는 것이다.
④ 의약품을 사용하여 환자나 부상자를 치료하는 행위이다.

62 응급처치의 실시범위에 대한 설명으로 틀린 것은?
① 처지 요원 자신의 안전을 확보
② 환자나 부상자에 대한 생사의 판정은 금물

정답 53 ② 54 ② 55 ② 56 ② 57 ④ 58 ① 59 ② 60 ① 61 ④ 62 ③

③ 전문 의료요원에 의한 처치
④ 원칙으로는 의약품을 사용하지 않는다.

63 다음 중 직업 운전자에게 바람직하지 못한 표정으로 볼 수 없는 것은?

① 무표정한 얼굴
② 입술을 옆으로 꽉 다문 표정
③ 가볍고 자연스러운 표정
④ 코웃음 치는 것 같은 표정

64 다음 중 택시의 실차율에 대한 설명으로 맞는 것은?

① 회사 전체 택시 중 1일 가동되는 택시의 비율을 말한다.
② 1일 교통인원 중 택시가 수송한 인원의 비율을 말한다.
③ 1일 운행거리 중 영업거리가 차지하는 비율을 말한다.
④ 택시의 1일 영업횟수 중 기본요금 승객의 비율을 말한다.

65 운송사업자가 승객이 쉽게 볼 수 있게 자동차 안에 게시하여야 할 것이 아닌 것은?

① 회사명
② 자동차번호
③ 운전자 성명
④ 요금표

66 운수종사자가 받아야 할 교육의 내용이 아닌 것은?

① 여객자동차 운수사업 관계 법령 및 도로교통 관계 법령
② 승객의 분류에 관한 사항
③ 서비스의 자세 및 운송질서의 확립
④ 교통안전수칙

67 운수종사자의 금지사항이 아닌 것은?

① 요금을 더 줄려고 하는 승객을 막는 행위
② 문을 완전히 닫지 아니한 상태에서 자동차를 출발시키거나 운행하는 행위
③ 휴식시간을 준수하지 아니하고 운행하는 행위
④ 여객자동차운송사업용 자동차 안에서 흡연하는 행위

68 운수종사자의 준수사항이 아닌 것은?

① 운송수입금의 전액을 운송사업자에게 내야 한다.
② 여객이 좌석안전띠를 착용하도록 안내하여야 한다.
③ 승객의 안전을 위하여 30분마다 휴식을 취하여야 한다.
④ 운행기록증을 식별하기 어렵게 하거나, 그러한 자동차를 운행하여서는 아니 된다.

69 다음 운수종사자가 지켜야 할 사항이 아닌 것은?

① 음주운전 금지
② 과로운전 금지
③ 차내 흡연금지
④ 요금징수 금지

70 다음 운전자의 사명으로 보기 어려운 것은?

① 인명존중
② 신속운전
③ 교통사고의 예방
④ 공인이라는 자각

71 운전자가 가져야 할 기본적인 자세가 아닌 것은?

① 여유있고 양보하는 마음으로 운전
② 주의력 집중
③ 추측운전
④ 심신상태의 안정

정답 63 ③ 64 ③ 65 ④ 66 ② 67 ① 68 ③ 69 ④ 70 ② 71 ③

72 다음 운전자의 자세로 바르지 못한 것은?

① 회사의 이익창출
② 운전기술의 과신은 금물
③ 추측 운전의 삼가
④ 남의 생명을 내 생명처럼 존중

73 운전예절이 중요한 이유로 볼 수 없는 것은?

① 예절은 인간 고유의 것이기 때문이다.
② **차량의 원활한 소통에 필수적이기 때문이다.**
③ 예절 바른 운전습관은 명랑한 교통질서를 가져온다.
④ 교통 문화를 선진화하는데 지름길이 때문이다.

74 운전자가 지켜야 할 운전예절이 아닌 것은?

① 교통규칙의 준수
② 보행자의 통행 우선
③ 좁은 길에서 양보운전
④ 전조등의 상향 고정

75 운전자의 올바른 예절이 아닌 것은?

① 횡단보도 내에 자동차가 들어가지 않도록 한다.
② 전조등은 일시적으로 끄거나 하향으로 하여 상대방 운전자의 눈이 부시지 않도록 한다.
③ **교차로에 정체 현상이 있을 때에는 빠르게 앞차에 근접한다.**
④ 고장 차량을 발견하였을 때에는 즉시 서로 도와 길 가장자리 구역으로 유도한다.

76 다음 운전자가 삼가야 할 운전행동이 아닌 것은?

① 뒤차에 대한 양보운전
② 끼어들기
③ 욕설
④ 도로 상에 사고 차량을 세워 둔 채로 시비

77 운전자가 하여야 할 바른 행동은?

① 음악이나 경음기 소리를 크게 하여 다른 운전자를 놀라게 하거나 불안하게 하는 행위
② 자동차 계기판 윗부분 등에 발을 올려놓고 운행하는 행위
③ 담배꽁초나 침을 창밖으로 뱉는 행위
④ **갑자기 끼어드는 차량에 비켜주는 행위**

78 올바른 서비스를 위한 기본적인 요소가 아닌 것은?

① 단정한 용모 ② 공손한 인사
③ **급정지, 급출발** ④ 밝은 표정

79 운전자가 습관을 교정하기 위한 자세가 아닌 것은?

① 좋은 습관을 지니도록 항상 노력한다.
② **빨리 가는 방법을 찾기 위해 노력한다.**
③ 자신의 인격을 쌓도록 한다.
④ 이기주의적인 마음을 없애야 한다.

80 다음 서비스의 특징으로 볼 수 없는 것은?

① 무형성 ② 소멸성
③ 동시성 ④ **소유성**

정답 72 ① 73 ② 74 ④ 75 ③ 76 ① 77 ④ 78 ③ 79 ② 80 ④

81 서비스가 상품과 다른 차이점이 아닌 것은?
① 보이지 않는다.
② 서비스는 항상 고정되어 있다.
③ 사람에 의존한다.
④ 생산과 동시에 소비가 발생한다.

82 다음 고객의 욕구로 보기 어려운 것은?
① 관심을 받고 싶어 한다.
② 기억되고 싶어 한다.
③ 무료로 승차하고 싶어 한다.
④ 존경받고 싶어 한다.

83 승객을 위한 기본예절로 보기 어려운 것은?
① 승객이 결점을 지적하면 반박한다.
② 승객을 기억한다.
③ 연장자는 선배로서 존중한다.
④ 승객의 입장을 이해한다.

84 승객을 대하는 태도로 바람직하지 않은 것은?
① 진실한 마음으로 대한다.
② 상스런 말을 하지 않는다.
③ 관심을 가져준다.
④ 범죄인상이 아닌지 아래위로 본다.

85 운전자가 지켜야 할 행동이 아닌 것은?
① 횡단보도에서 정지선을 지킨다.
② 교차로는 최대한 빠른 속도로 빠져나간다.
③ 대향차가 오면 전조등을 하향으로 한다.
④ 차로를 변경할 때에는 미리 방향지시등을 켠다.

86 운전자가 삼가야 할 행동이 아닌 것은?
① 부당한 요금을 요구하지 않는다.
② 과속운전을 하지 않는다.
③ 가장 빠른 길을 물어본다.
④ 지그재그 운전을 하지 않는다.

87 다음 교통질서의 중요성으로 보기 어려운 것은?
① 안전운전
② 교통수익의 증가
③ 국민의 생명과 재산 보호
④ 원활한 교통 흐름

88 운전자가 가져야 할 자세로 보기 어려운 것은?
① 빠른 운행을 위한 담력 향상
② 대기오염 최소화
③ 소음의 최소화
④ 심신상태의 안정

89 교통사고 발생시 운전자의 조치사항이 바르지 못한 것은?
① 엔진정지
② 사고차량으로부터 탈출
③ 사고지역으로부터 이탈
④ 인명구조

90 사고운전자가 경찰에 알릴 사항이 아닌 것은?
① 운전자 성명
② 부상자 수
③ 사고발생 지점
④ 피해자의 나이

정답 81 ② 82 ③ 83 ① 84 ④ 85 ② 86 ③ 87 ② 88 ① 89 ③ 90 ④

91 차량고장의 경우 운전자의 조치사항이 틀린 것은?

① 고장차량을 도로에 세워 두고 견인차를 부른다.
② 비상등을 점멸하면서 갓길에 정차한다.
③ 차에 내릴 때에는 다른 차의 통행에 유의하여야 한다.
④ 차의 후방에 고장표지판을 세운다.

92 교통사고 현장의 안전조치로 틀린 것은?

① 차량을 안전한 곳에 주차한다.
② 상대 차량의 상태가 비교적 양호하면 조치 없이 가도 된다.
③ 연쇄사고의 방지를 위하여 비상등을 켠다.
④ 부상자가 있으면 119에 신고한다.

93 교통사고 부상자에 대한 조치로 바르지 못한 것은?

① 출혈이 있으면 응급 지혈을 한다.
② 가능한 한 부상자를 빨리 인근 병원으로 옮긴다.
③ 부상자의 후송이 어려운 경우에는 부상부위나 호흡 등을 확인한다.
④ 부상자가 중상이면 빠르게 후송한다.

94 교통사고가 발생한 경우 부상자에 대한 구호조치로 적당하지 않은 것은?

① 호흡이 불안정하면 기도를 확보하도록 한다.
② 부상자가 토하려고 할 때에는 옆으로 뉘어서 토하게 한다.
③ 의식을 잃고 호흡이 불안정한 부상자는 최대한 빠르게 이송한다.
④ 이물질이 기도를 막고 있을 경우 이물질을 제거한다.

95 부상자의 상태에 따른 조치가 바르지 못한 것은?

① 맥박이 없을 때에는 기도를 유지한다.
② 의식이 있을 때에는 괜찮다고 하여 안정시키도록 한다.
③ 의식이 없으면 기도를 확보한다.
④ 호흡이 없을 때에는 인공호흡을 한다.

96 부상자를 관찰하고 이에 대한 조치로 틀린 것은?

① 출혈이 있으면 지혈을 한다.
② 입 속에 오물이 있으면 오물을 제거하고 기도를 유지한다.
③ 신체에 변형이 있으면 빨리 이송한다.
④ 강한 통증을 호소하면 원인을 확인한다.

97 다음 부상자의 체위관리가 틀린 것은?

① 가장 편한 자세로 눕힌다.
② 얼굴이 창백한 경우에는 상체를 높여준다.
③ 의식이 없으면 기도를 개방하고 바르게 눕힌다.
④ 토하는 경우에는 머리를 옆으로 돌려준다.

98 다음 기도확보가 필요한 경우가 아닌 것은?

① 의식장애가 있는 경우
② 호흡이 정지된 경우
③ 숨은 쉬나 가슴의 움직임이 부자연스러운 경우
④ 팔에 부상으로 피가 나는 경우

99 부상자에게 인공호흡이 필요한 경우가 아닌 것은?

① 다리에 골절이 있는 경우

정답 91 ① 92 ② 93 ④ 94 ③ 95 ① 96 ③ 97 ② 98 ④ 99 ①

② 기도를 확보하고 맥박이 뛰고 있는데 호흡을 하지 아니하는 경우
③ 가슴의 움직임이 없는 경우
④ 숨소리가 들리지 않는 경우

100 인공호흡은 1분간 몇 번 하는가?
① 10회 ② 12회
③ 20회 ④ 25회

101 외국인이 택시에 탑승할 때 건네는 말은?
① Welcome.(웰컴)
② I'm sorry.(아엠 소리)
③ Have a nice day.(해브 어 나이스 데이)
④ All right.(올 라이트)

102 어디로 모실까요?에 해당하는 영어는?
① May I help you?(메이 아이 헬프 유?)
② How do you do?(하우 두 유 두?)
③ Where to sir?(웨어 투 써?)
④ Have a nice day.(해브 어 나이스 데이)

103 downtown, please(다운타운 플리즈)는 무엇을 뜻하는 말인가?
① 시내로 가주세요.
② 호텔로 가주세요.
③ 공항으로 가주세요.
④ 시청으로 가주세요.

104 영어 할 줄 아세요?의 영어표현은?
① May I help you?(메이 아이 헬프 유?)
② Can you speak English?(캔 유 스피크 잉글리시?)
③ Have a nice day.(해브 어 나이스 데이)
④ Where are you from?(웨어 아 유 프롬?)

105 예. 약간 할 줄 압니다의 영어 표현은?
① How do you do?(하우 두 유 두?)
② That's all right.(댓츠 올 라이트.)
③ No, thank you.(노 생큐.)
④ I can speak a little English.(아이 캔 스피크 어 리틀 잉글리시.)

106 Where are you going sir?(웨어 아 유 고잉 써?)가 뜻하는 것은?
① 여기가 어디인가요?
② 무엇을 도와드릴까요?
③ 어디로 가세요?
④ 얼마인가요?

107 Please take me to city hall.(플리즈 테이크 미 투 씨티 홀.)이 뜻하는 것은?
① 고궁으로 가주세요.
② 시청으로 가주세요.
③ 가까운 역으로 가주세요.
④ 호텔로 가주세요.

108 실수를 하여 미안하다고 할 때의 영어 표현은?
① I'm sorry.(아엠 소리)
② Good luck.(굿 럭)
③ Welcome.(웰컴)
④ Oh yes.(오 예스)

정답 100 ② 101 ① 102 ③ 103 ① 104 ② 105 ④ 106 ③ 107 ② 108 ①

109 실례합니다의 영어 표현은?
① How are you?(하우 아 유?)
② Welcome.(웰컴)
③ Excuse me.(익스큐즈 미)
④ I'm sorry.(아이엠 소리)

110 택시 요금이 얼마인가를 묻는 바른 표현은?
① Here is your change.(히어 이즈 유어 체인지)
② How much is the fare?(하우 머치 이즈 더 페어?)
③ How do you do?(하우 두 유 두?)
④ Here you are.(히어 유 아.)

111 5천원입니다의 바른 표현은?
① Five thousand won, please.(파이브 사우전드 원 플리즈)
② Five thousand dollar, please.(파이브 사우전드 달러 플리즈)
③ Five hundred won, please.(파이브 헌드레드 원 플리즈)
④ Five zero zero zero won, please.(파이브 제로 제로 제로 원 플리즈)

112 택시 요금이 6,500원일 때 바른 표현은?
① Six five thousand won, please.(식스 파이브 사우전드 원 플리즈)
② Sixty five thousand won, please.(식스티 파이브 사우전드 원 플리즈)
③ Six thousand five hundred won, please.(식스 사우전드 파이브 헌드레드 원 플리즈)
④ Six five zero zero won, please.(식스 파이브 제로 제로 원 플리즈)

113 Here you are sir.(히어 유 아 써)의 뜻은?
① 도착했습니다.
② 출발합니다.
③ 요금을 내셔야 합니다.
④ 잠시만 기다려 주세요.

114 거스름 돈 여기 있습니다의 바른 표현은?
① Have a nice day.(해브 어 나이스 데이)
② Stop here, please.(스탑 히어 플리즈)
③ How much?(하우 머치?)
④ Here is your change.(히어 이즈 유어 체인지)

115 Thank you very much.(생큐 베리 머치)에 대한 대답은?
① No problem.(노 프라블럼)
② Have a nice day.(해브 어 나이스 데이)
③ You're welcome.(유아 웰컴)
④ Excuse me.(익스큐즈 미)

116 승객이 공항에 가자고 한다. 공항을 뜻하는 말은?
① department store(디파트먼트 스토어)
② airport(에어포트)
③ city hall(시티 홀)
④ station(스테이션)

117 승객이 계속하여 subway station(서브웨이 스테이션)이라고 말한다. 어디로 모셔야 하는가?
① 공원   ② 전철역
③ 시장   ④ 백화점

정답 109 ③ 110 ② 111 ① 112 ③ 113 ① 114 ④ 115 ③ 116 ② 117 ②

118 감사합니다의 바른 영어 표현은?
① How much is fare?(하우 머치 이즈 페어?)
② Here you are.(히어 유 아)
③ You're welcome.(유아 웰컴)
④ Thank you very much.(생큐 베리 머치)

119 안녕히 가세요의 바른 표현은?
① I'm sorry(아엠 소리)
② Good-by(굿 바이)
③ May I help you?(메이 아이 헬프 유?)
④ No problem(노 프라블럼)

120 다음에 또 오세요라고 할 때의 표현은?
① Please come again(플리즈 컴 어게인)
② Come on.(컴 온)
③ You're welcome.(유아 웰컴)
④ Good-by(굿 바이)

121 승객이 art museum(아트 뮤지엄)이라고 반복적으로 말한다. 어디로 가야 하는가?
① 고궁   ② 재래시장
③ 미술관   ④ 박물관

122 좋은 하루 되십시오의 영어 표현은?
① Good luck.(굿 럭)
② Have a nice day(해브 어 나이스 데이)
③ Welcome.(웰컴)
④ See you again(씨 유 어게인)

123 승객이 Stop here, please.(스톱 히어 플리즈)라고 할 때 해야 할 행동은?

① 경찰서로 데려다 준다.
② 외국인 관리청으로 데려다 준다.
③ 택시 요금을 말해준다.
④ 택시를 멈춘다.

124 외국인이 택시에 탑승할 때 건네는 말은?
① ようこそ(요오코소)
② ごめんなさい(고멘나사이)
③ 良い一日を요이(츠이타치오)
④ 分かりました(와카리마시타)

125 어디로 모실까요?에 해당하는 일어는?
① 手伝ってあげましょうか?(테츠닷테아게 마쇼오카)
② はじめまして(하지메마시테)
③ 所在地쇼(자이치)
④ 良い一日を(요이 츠이타치오)

126 繁華街でお願いします(한카가이데 오네가이시마스)는 무엇을 뜻하는 말인가?
① 시내로 가주세요.
② 호텔로 가주세요.
③ 공항으로 가주세요.
④ 시청으로 가주세요.

127 일어 할 줄 아세요?의 표현은?
① ご用件を承ります(고요오켄오 우케타마와리마스)
② 日本語が話せますか(니혼고가 하나세마스카)
③ 良い一日を(요이 츠이타치오)
④ 出身地はどこですか(슈신치와 도코데스카)

정답 118 ④ 119 ② 120 ① 121 ③ 122 ② 123 ④ 124 ① 125 ③ 126 ① 127 ②

128 예. 약간 할 줄 압니다의 일어 표현은?
① はじめまして(하지메마시테)
② 大丈夫だよ(다이조오부다요)
③ いいえ,結構です(이이에 켓코오데스)
④ 私は少し日本語が話せます(와타시와 스코시 니혼고가 하나세마스)

129 どこへ行くのですか.(도코에 이쿠노데스카) 가 뜻하는 것은?
① 여기가 어디인가요?
② 무엇을 도와드릴까요?
③ 어디로 가세요?
④ 얼마인가요?

130 私を市役所へ連れて行ってください(와타시오 시야쿠쇼에 츠레테잇테쿠다사이)이 뜻하는 것은?
① 고궁으로 가주세요.
② 시청으로 가주세요.
③ 가까운 역으로 가주세요.
④ 호텔로 가주세요.

131 실수를 하여 미안하다고 할 때의 일어 표현은?
① ごめんなさい(고멘나사이)
② がんばろう(간바로오)
③ ようこそ(요오코소)
④ ああそう(아아소오)

132 실례합니다.의 일어 표현은?
① お元気ですか(오겐키데스카)
② ようこそ(요오코소)
③ すみません(스미마세)
④ ごめんなさい(고멘나사이)

133 택시 요금이 얼마인가를 묻는 바른 표현은?
① お釣りです.(오츠리데스)
② 料金はいくらですか(료오킨와 이쿠라데스카)
③ お元気ですか?(오겐키데스카?)
④ はいどうぞ(하이 도오조)

134 오천원입니다의 바른 표현은?
① 5,000ウォンください(고센워 쿠다사이)
② 5,000ドルください(고센도루 쿠다사이)
③ 500ウォン下さい(고햐쿠워 쿠다사이)
④ ゼロウォンを5つください(제로워오 이츠츠쿠다사이)

135 택시 요금이 6,500원일 때 바른 표현은?
① 65,000ウォンください(로쿠만고센워 쿠다사이)
② 6万5000ウォン下さい(로쿠센만고센워 쿠다사이)
③ 6,500ウォンください(로쿠센고햐쿠워 쿠다사이)
④ ゼロウォンで6ドルください(제로워데 로쿠도루 쿠다사이)

136 はい,どうぞ(하이 도오조)의 뜻은?
① 도착했습니다.
② 출발합니다.
③ 요금을 내셔야 합니다.
④ 잠시만 기다려 주세요.

정답 128 ④ 129 ③ 130 ② 131 ① 132 ③ 133 ② 134 ① 135 ③ 136 ①

137 거스름 돈 여기 있습니다의 바른 표현은?

① 良い一日を(요이 츠이타치오)
② ここで止めてください(코코데 토메테쿠다사이)
③ いくら？(이쿠라)
④ お釣りです(오츠리데스)

138 ありがとうございました(아리가토오고자이마시타)에 대한 대답은?

① 問題ない(몬다이나이)
② 良い一日を(요이 츠이타치오)
③ どういたしまして(도오이타시마시테)
④ すみません(스미마센)

139 승객이 공항에 가자고 한다. 공항을 뜻하는 말은?

① 百貨店(햐카텐)
② 空港(쿠우코오)
③ 市役所(시야쿠쇼)
④ ステーション(스테에쇼)

140 승객이 계속하여 地下鐵驛(치카테츠에키)이라고 말한다. 어디로 모셔야 하는가?

① 공원
② 전철역
③ 시장
④ 백화점

141 "감사합니다"의 바른 일어 표현은?

① 料金はいくらですか？(료오킨와 이쿠라데스카)
② はいどうぞ(하이 도오조)
③ どういたしまして(도오이타시마시테)
④ どうもありがとうございました(도오모 아리가토오고자이마시타)

142 안녕히 가세요의 바른 표현은?

① ごめんなさい(고멘나사이)
② グッドバイ(굿도바이)
③ 手伝ってあげましょうか？(테츠닷테아게마쇼오카)
④ 問題ない(몬다이나이)

143 다음에 또 오세요라고 할 때의 표현은?

① また来てください(마타 키테쿠다사이)
② いい加減にして(이이 카겐니 시테)
③ どういたしまして(도오이타시마시테)
④ グッドバイ(굿도바이)

144 승객이 美術館(비주츠칸)이라고 반복적으로 말한다. 어디로 가야 하는가?

① 고궁
② 재래시장
③ 미술관
④ 박물관

145 좋은 하루 되십시오의 일본어 표현은?

① がんばろう(간바로오)
② 良い一日を(요이 츠이타치오)
③ ようこそ(요오코소)
④ またね(마타네)

정답 137 ④ 138 ③ 139 ② 140 ② 141 ④ 142 ② 143 ① 144 ③ 145 ②

146 승객이 ここで止めてください(코코데 토메테 쿠다사이)라고 할 때 해야 할 행동은?

① 경찰서로 데려다 준다.
② 외국인 관리청으로 데려다 준다.
③ 택시 요금을 말해준다.
④ 택시를 멈춘다.

147 외국인이 택시에 탑승할 때 건네는 말은?

① 欢迎光临(후아닝광린) 환영합니다.
② 对不起.(뒤부치) 미안합니다.
③ 祝你度过愉快的一天(추니두고유콰다리이데유치엔) 좋은 하루 되세요.
④ 知道了(취다올라) 알겠습니다.

148 어디로 가실까요?에 해당하는 것은?

① 要要帮您吗?(시야오방망마) 도와드릴까요?
② 初次见面(츄치지엔미엔) 처음 뵙겠습니다.
③ 您要去哪里呢(닌야오치나리) 어디로 가실까요?
④ 祝你度过愉快的一天(추니두고유콰다리이데유치엔) 좋은 하루 되세요.

149 請進城(친진차웅)는 무엇을 뜻하는 말인가?

① 시내로 가주세요.
② 호텔로 가주세요.
③ 공항으로 가주세요.
④ 시청으로 가주세요.

★☆
150 중국어를 할 줄 아세요?의 표현은?

① 请问尊姓大名?(징웬쭌씽다밍) 성함이 어떻게 되십니까?
② 能说中文吗?(후이슈오종젠마)
③ 祝你度过愉快的一天(추니두고유콰다리이데유치엔) 좋은 하루 보내세요.
④ 出生的地方是哪里?(츄쎙다디팡쉬나리) 태어난 곳은 어디입니까?

151 예. 중국어를 조금 할 줄 압니다.의 표현은?

① 初次见面(츄치지안미안) 처음 뵙겠습니다.
② 没关系(메이펜씨) 상관없습니다.
③ 没关系(메이꾸안씨) 괜찮아요.
④ 例子会说一点中文(휘슈오위디안쫑웬) 리즈후이슈오이디엔종원

★☆
152 去哪里?(튀나리)가 뜻하는 것은?

① 여기가 어디인가요?
② 무엇을 도와드릴까요?
③ 어디로 가세요?
④ 얼마인가요?

153 請去市政府(티안티시장장푸오)가 뜻하는 것은?

① 고궁으로 가주세요.
② 시청으로 가주세요.
③ 가까운 역으로 가주세요.
④ 호텔로 가주세요.

★☆
154 실수를 하여 미안하다고 할 때의 표현은?

① 对不起(뒤부치) 미안합니다.
② 加油吧!(쨔요우) 힘내라.
③ 欢迎光临(후아닝광린) 환영합니다.
④ 是的(쉬다) 그렇습니다.

155 실례합니다.의 표현은?
① 您好吗?(닌하오마) 안녕하십니까?
② 欢迎光临(환잉꽌린) 환영합니다.
③ 打扰一下(다라오이쟈) 실례합니다.
④ 对不起(뒤부치) 미안합니다.

156 택시 요금이 얼마인가를 묻는 바른 표현은?
① 初次见面(츄치지엔미엔) 처음 뵙겠습니다.
② 出租车费用是多少?(츄쭈쳐 페이용 씨이 떠워싸우오)
③ 你好吗?(니하오마) 안녕하십니까?
④ 是的(쉬다) 그렇습니다.

157 5천원입니다의 바른 표현은?
① 五千韩元(우치엔위안)
② 是5000美元(시우치엔메이안) 5000달러입니다.
③ 500韩元(우바이안) 500원입니다.
④ 五万韩元(오와니안) 5만원입니다.

158 택시 요금이 6,500원일 때 바른 표현은?
① 65,000韩元(류환유치안하니안) 65,000원
② 650韩元(리우바이우시하니안) 650원
③ 6,500韩元(리우바이하니안) 6,500원
④ 6美元(리우메이안) 6달러

159 到了(다오라)의 뜻은?
① 도착했습니다.
② 출발합니다.
③ 요금을 내셔야 합니다.
④ 잠시만 기다려 주세요.

160 거스름 돈 여기 있습니다의 바른 표현은?
① 祝你度过愉快的一天(추니두고유콰다리이데유치엔) 좋은 하루 되세요.
② 请在这里停在(치앙피앙이쌰) 여기 세워 주세요.
③ 多少钱?(듀오샤치엔) 얼마예요?
④ 零钱在这里(리안치안짜주어리)

161 감사합니다.에 대한 대답은?
① 沒关系(메이꽌시) 괜찮습니다.
② 祝你度过愉快的一天(추니두고유콰다리이데유치엔) 좋은 하루 되세요.
③ 不客气(부커치) 천만에요.
④ 对不起(듀부치) 미안합니다.

162 승객이 공항에 가자고 한다. 공항을 뜻하는 말은?
① 百货商店(바이휴오샹디엔) 백화점
② 机场(찌이 창) 공항
③ 市政厅(시정푸우) 시청
④ 地铁(띠지에) 지하철

163 승객이 계속하여 地鐵(띠지에)이라고 말한다. 어디로 모셔야 하는가?
① 공원
② 전철역
③ 시장
④ 백화점

164 "감사합니다"의 바른 표현은?
① 费用是多少?(페이용시듀오샤오) 요금은 얼마입니까?
② 给我吧(게이와바) 주세요.
③ 不客气(부커치) 천만에요.
④ 谢谢(쎄쎄)

165 안녕히 가세요의 바른 표현은?

① 对不起(디부치) 미안합니다.
② 您慢走(닌만조우)
③ 要要帮您吗?(히야오방망마) 도와드릴까요?
④ 沒关系(메이꽌시) 괜찮습니다.

166 다음에 또 오세요라고 할 때의 표현은?

① 下次再来吧(짱씨짜라이바)
② 再见(짜이지엔) 또 만나요.
③ 不客气(부커치) 천만에요.
④ 走好(조하오) 잘 가요.

167 승객이 美術館(메이슈관)이라고 반복적으로 말한다. 어디로 가야 하는가?

① 고궁   ② 재래시장
③ 미술관 ④ 박물관

168 좋은 하루 되십시오의 표현은?

① 累(레이) 힘들어요.
② 祝你度过愉快的一天(추니두고유콰다리이데유치엔)
③ 欢迎光临(환잉꽌린) 환영합니다.
④ 能再说一遍吗?(나잉짜이슈이비안마) 다시 말씀해 주시겠어요?

169 승객이 請在這里停車(치앙티앙이짜)라고 할 때 해야 할 행동은?

① 경찰서로 데려다 준다.
② 외국인 관리청으로 데려다 준다.
③ 택시 요금을 말해준다.
④ 택시를 멈춘다.

정답 165 ② 166 ① 167 ③ 168 ② 169 ④

제4편 전라북도 주요 지리
Taxi Driver's License

◇ 시청 소재지 : 완산구 효자로 225(효자동)
◇ 면적(km²) : 8069km²
◇ 행정구분 : 6시 8군 (읍15 면144 동82)
◇ 인구(명) : 1,818,917명(2019)
◇ 꽃 : 백일홍 –끊임없이 꽃이 피어나고 가뭄에도 꿋꿋이 견디어 내는 모습이 참을성 많고 끈기 있는 도민들의 기상을 상징
◇ 나무 : 은행나무 –수백 년씩 사는 나무로서 우리 도의 무궁한 발전을 상징
◇ 새 : 까치 –아침에 까치소리를 들으면 반가운 소식을 듣는다는 속설이 있는 새로서 우리 도에 좋은 일이 많이 있을 것을 상징
◇ 산 : 선운산, 덕유산, 지리산, 내장산, 마이산, 강천산, 모악산, 적상산
◇ 호수 : 옥정호, 용담호, 아중호수, 세병호, 월명호수, 군산호수, 명천호
◇ 강 : 만경강, 동진강, 금강, 적벽강, 섬진강
◇ 해수욕장 : 선유도, 격포, 변산, 구시포, 모항, 동호
◇ 계곡 : 뱀사골계곡, 구천동계곡, 운주계곡, 달궁계곡, 운일암반일암계곡, 백운동계곡, 운장계곡

1. 시·군 소재지

지역구분	읍·면·동	소재지
전주시	동 35개	전주시 완산구 노송광장로 10, 서노송동
군산시	읍1, 면10, 동16	군산시 시청로 17, 조촌동
익산시	읍1, 면14, 동14	익산시 인북로32길 1, 남중동
김제시	읍1, 면14, 동4	김제시 중앙로 40, 서암동
정읍시	읍1, 면14, 동8	정읍시 충정로 2324, 수성동
남원시	읍1, 면15, 동7	남원시 시청로 60, 도통동
완주군	읍3, 면10	완주군 용진읍 지암로 61, 운곡리
진안군	읍1, 면10	진안군 진안읍 중앙로 67, 군하리
무주군	읍1, 면5	무주군 무주읍 주계로 97, 읍내리
임실군	읍1, 면11	임실군 임실읍 수정로 30, 이도리
장수군	읍1, 면6	장수군 장수읍 호비로 10, 장수리
순창군	읍1, 면10	순창군 순창읍 경천로 33, 순화리
부안군	읍1, 면12	부안군 부안읍 당산로 91, 동중리
고창군	읍1, 면13	고창군 고창읍 중앙로 245, 교촌리

2. 주요 기관

지역구분	소 재 지
전주시	완산구청 완산구 서원로 232
	덕진구청 덕진구 벚꽃로 55
	덕진구보건소 덕진구 벚꽃로 55
	전주시보건소 완산구 전라감영로 33
	새만금지방환경청 덕진구 안전로 120
	전주 고용복지플러스센터 덕진구 태진로 114
	전주완산소방서 완산구 거마평로 73
	전라북도교육청 완산구 홍산로 111
	농촌진흥청 덕진구 농생명로 300
	금암119안전센터 덕진구 백제대로 611
	전주세무서 완산구 서곡로 95
	전라북도지방경찰청 완산구 유연로 180
	전주완산경찰서 완산구 전라감영로 66
	고용노동부종합청사 덕진구 건산로 251
	전주우체국 완산구 서원로 99
	전주덕진경찰서 덕진구 온고을로 299
	전북지방병무청 완산구 관선3길 14
	전주여의동우체국 덕진구 쪽구름로 80
	전주 출입국외국인사무소 덕진구 동부대로 857
	동전주우체국 덕진구 백제대로 714
	전라북도전주교육지원청 덕진구 태진로 100
	전주경원동우체국 완산구 전라감영5길 20
	서부파출소 완산구 마전들로 1
	북전주세무서 덕진구 벚꽃로 33
	전주덕진동우체국 덕진구 기린대로 490
	전주지방검찰청 덕진구 사평로 25
	서신지구대 완산구 새터로 46
	전북지방우정청 완산구 서원로 99
	전주장동우체국 덕진구 출판로 90
	전주삼천동우체국 완산구 거마중앙로 47
	전주시외버스공용터미널 덕진구 가리내로 30
	전주고속버스터미널 덕진구 가리내로 70
	전주공항버스정류소 덕진구 가리내로 21
	북전주역 간이역 덕진구 팔과정로 219-20
	동산역 덕진구 고랑동 782
	전주역 덕진구 동부대로 680
	한국소리문화의전당 덕진구 소리로 31
	전북일보사 덕진구 기린대로 418
	전북도민일보 본사 덕진구 벚꽃로 54
	새전북신문 덕진구 백제대로 728
	전라일보 완산구 전라감영로 75
	전라매일신문 덕진구 도당산4길 8-13
	CBS전북방송 덕진구 번영로 453
	JTV전주방송 덕진구 정여립로 1083
	전주MBC 완산구 선너머1길 50
	KBS전주방송총국 완산구 마전중앙로 30
	TBN전북교통방송 덕진구 정여립로 1097-10
	전주월드컵경기장 덕진구 기린대로 1055
	전주종합경기장 덕진구 기린대로 451
	전북대학교 전주캠퍼스 덕진구 금암동 663
	전주대학교 완산구 천잠로 303
	전주비전대학 완산구 천잠로 235
	전주교육대학교 완산구 서학로 50
	한국방송통신대학교 전북지역대학 완산구 태평3길 63
	예수대학교 완산구 서원로 383
	예원예술대학교 완산구 기린대로 192
	한일장신대학교 덕진구 백제대로 826
	전주기전대학 완산구 전주천서로 267
	전주예수병원 완산구 서원로 365
	수병원 완산구 서원로 63
	전주병원 완산구 한두평3길 13
	전주고려병원 덕진구 안덕원로 367
	전북대학교병원 덕진구 건지로 20
군산시	월드환경신문 조촌안4길 21
	군산뉴스 백토로 30-4
	군산시민신문 대학로 61
	군산미래신문 조촌4길 34-3
	군산사랑 현충로 30
	새군산신문 장미1길 27
	한국검찰신문 궁멀길 55-10
	군산신문사 구영7길 54
	전민일보 법원로 79
	군산시보건소 수송동로 58
	새만금개발청 새만금북로 466
	군산 고용복지플러스센터 조촌로 62
	군산소방서 번영로 308
	군산경찰서 구암3.1로 82
	군산우체국 거석길 42
	군산세관 해망로 244-7
	군산세무서 미장13길 49
	군산산업단지우체국 요죽3길 14
	군산지방해양수산청 설림길 11
	전주 출입국외국인사무소 군산출장소 해망로 254
	소룡119안전센터 공단대로 632
	비응파출소 비응남로 74-11
	비응119안전센터 새만금북로 43
	군산고용노동지청 조촌5길 44
	군산시농업기술센터 개정면 운회길 32
	군산교육지원청 조촌로 22
	전주지방검찰청 군산지청 법원로 70
	군산대야우체국 대야면 번영로 883
	서해파출소 공항로 377
	전북인력개발원 동장산로 119

	군산해양경찰서 군산창길 21		익산우체국 배산로 171
	금동119안전센터 군산창길 1		익산부송동우체국 부송1로 67-4
	군산준법지원센터 사정동 172		고용노동부 익산지청 하나로 478
	대야119안전센터 대야면 대야관통로 134		익산교육지원청 중앙로 127
	나운지구대 대학로 293		금마119안전센터 금마면 미륵사지로 130
	군산시외버스터미널 해망로 18		익산영등동우체국 동서로 370
	군산고속버스터미널 해망로 30		익산신동우체국 익산대로64길 22
	대야공용버스터미널 대야면 번영로 891		익산주현동우체국 서동로 53
	군산항연안여객터미널 임해로 378-8		익산예비군훈련장 함라면 신등리 950-8
	군산항국제여객터미널 임해로 378-14		익산시농업기술센터 함열읍 익산대로 1366-20
	군산역 내흥2길 197		익산중앙동우체국 평동로7길 57
	대야역 대야면 대야관통로 46-6		익산남중동우체국 인북로 242
	군산공항 옥서면 산동길 2		익산영등2동우체국 무왕로13길 20
	MBC전주문화방송 군산본부 조촌로 71		인화119안전센터 목천로 301
	금강방송 군산센터 동수송7길 1		함열119안전센터 함열읍 함열중앙로 133
	KBS한국방송 군산방송국 대학로 330		익산동산동우체국 평동로 734
	군산간호대학교 동개정길 7		익산시상하수도관리사업단 보석로 81
	군산대학교 대학로 558		익산화학재난합동방재센터
	서해대학교 서해대길 6		함열읍 익산대로78길 287
	군장대학교 성산면 군장대길 13		남중119안전센터 인북로 226
	호원대학교 임피면 호원대3길 64		익산119화학구조센터 함열읍 익산대로78길 287
	동군산병원 조촌로 149		김제소방서 벽성로 278
	차병원 수송로 8		김제우체국 중앙로 85
	군산의료원 의료원로 27		김제경찰서 중앙로 213
익산시	익산신문 인북로 190-1		전라북도김제교육지원청 요촌북로 70
	사랑방 무왕로23길 5		농업기술센터 동서로 59
	전북극동방송 마한로 145		김제 고용복지플러스센터 화동길 105
	익산 공공영상미디어센터 인북로 424		익산세무서 김제지서 신풍길 205
	전북원음방송 익산대로 501		김제예비군훈련장 용지면 부교리 269-20
	익산공용비스디미널 익산대로 52		공덕파출소 공덕면 유강로 221
	익산고속버스터미널 익산대로 56		만경119안전센터 만경읍 만경공단1길 7
	여산시외버스터미널 여산면 동헌길 5		신풍지구대 금성8길 21
	여산합동정류소 여산면 가람로 380		김제신풍동우체국 중앙로 206
	익산역 익산대로 153		고속도로순찰대 제12지구대
	동익산역 옛둑2길 84	김제시	성덕면 만경로 374-69
	황등역 황등면 황등중앙로 91		월촌지구대 벽골제로 837
	전북대학교 특성화캠퍼스 고봉로 79		김제금구우체국 금구면 금구로 45
	원광대학교 익산대로 460		김제만경우체국 만경읍 두내산로 48
	원광보건대학교 익산대로 514		금산119안전센터 금산면 금산사로 29
	육군부사관학교 여산면 옥금동길 100-36		김제 자유무역지역관리원 백산면 자유무역길 215
	원광대학교병원 무왕로 895		백구우체국 백구면 번영로 2514
	익산병원 무왕로 969		백구파출소 백구면 번영로 2503
	익산시보건소 무왕로 975		금구 파출소 금구면 봉두로 90
	익산경찰서 배산로 165-12		진봉파출소 진봉면 지평선로 1748
	익산소방서 무왕로 1338		교동119안전센터 벽성로 278
	익산 고용복지플러스센터 익산대로52길 11		금산파출소 금산면 원평로 85
	익산세무서 익산대로52길 19		김제월촌동우체국 벽골제로 802
	익산지방국토관리청 익산대로52길 27		김제공용버스터미널 동서로 241

지역	명칭 및 주소	지역	명칭 및 주소
	원평버스터미널 금산면 원평로 35		전북과학대학교 정읍사로 509
	만경터미널 만경읍 만경로 813		정읍아산병원 충정로 606-22
	김제역 두월로 198		정읍사랑병원 상동중앙로 94
	부용역 백구면 월연대길 313	남원시	남원우체국 광한북로 66
	김제문화예술회관 성산길 20		남원경찰서 교룡로 185
	한국폴리텍대학 김제캠퍼스 백학제길 154		남원산내우체국 산내면 천왕봉로 574
	전북농업마이스터대학 백구면 신모길 19		남원고용복지플러스센터 향단로 39
	김제중앙병원 동서로 77		전라북도남원교육지원청 남문로 373
	김제시보건소 성산길 138		남원국토관리사무소 이백로 13
정읍시	정읍태인우체국 태인면 향교1길 5		남원시농업기술센터 이백면 이백로 309
	정읍시보건소 수성1로 61		금지119안전센터 금지면 요천로 430
	정읍소방서 서부산업도로 507-5		남원도통동우체국 춘향로 15
	정읍경찰서 중앙1길 157		남원운봉우체국 운봉읍 운성로 27
	정읍우체국 중앙로 119		전주지방검찰청 남원지청 용성로 59
	정읍세무서 중앙1길 93		주천파출소 주천면 정령치로 93
	전라북도정읍교육지원청 충정로 93		인월119안전센터 인월면 황산로 1828
	정읍시농업기술센터 정우면 정우남로 282		용성119지역대 의총로 164
	정읍수성동우체국 수성로 45		금지파출소 금지면 요천로 527
	정읍 고용복지플러스센터 수성택지3길 28		대강119지역대 대강면 섬진로 853
	정읍시제2청사 정우면 정우남로 261		남원금지우체국 금지면 택내길 12
	정읍상동우체국 충정로 120		남원인월우체국 인월면 인월장터로 29
	정읍국유림관리소 벚꽃로 564-20		운봉파출소 운봉읍 운성로 30
	전주지방검찰청 정읍지청 수성6로 27		인월파출소 인월면 인월로 56
	정읍연지동우체국 중앙로 18		전주보호관찰소 남원지소 요천로 1391
	시기119안전센터 정읍남로 1421		중앙지구대 충정로 43
	칠보119지역대 칠보면 태산로 2165		전라북도 남원의료원 충정로 365
	신태인119안전센터 신태인읍 정신로 1241		남원병원 충정로 115
	정읍예비군훈련장 소성면 주천리 38-7		남원시보건소 요천로 1285
	입암파출소 입암면 정읍남로 501		남원공용버스터미널 용성로 109
	고부파출소 고부면 영주로 542		인월지리산공용터미널 인월면 인월로 73
	정읍산외우체국 산외면 운전2길 2		남원고속버스터미널 춘향로 78
	법무부정읍준법지원센터 중앙1길 149		반선시외버스터미널 산내면 지리산로 841
	정읍칠보우체국 칠보면 칠보중앙로 103		남원역 교룡로 71
	국립 농산물품질관리원 정읍사무소 서부산업도로 396		산성역 내척길 179
	과교파출소 정읍사로 145		주생역 주생면 요천로 779-9
	전라북도 동물위생시험소 서부지소 북면 정읍북로 800		서도역 사매면 서도길 23-17
	정읍공용버스터미널 중앙로 30		옹정역 금지면 입암리 1297-4
	내장터미널 추령로 2207		금지역 금지면 택내길 81
	태인터미널 태인면 태인로 26	완주군	완주군보건소 삼례읍 삼봉로 215-20
	신태인공용터미널 신태인읍 서태길 29		지방자치인재개발원 이서면 반교로 150
	정읍고속버스터미널 중앙로 32		완주경찰서 봉동읍 봉동로 28
	정읍역 서부산업도로 305		국립원예특작과학원 본원 이서면 농생명로 100
	천원역 입암면 접지중앙길 212		완주소방서 삼례읍 삼봉로 518
	노령역 입암면 입암로 171-18		전주우편집중국 봉동읍 둔산3로 102
	신태인역 신태인읍 정신로 1163		국립축산과학원 이서면 금평리 808
	감곡역 감곡면 호남철로 501		완주대대소양예비군훈련장 소양면 죽절리 7
			완주우체국 삼례읍 삼봉로 19
			혁신119안전센터 이서면 지사제2로 12

	완주봉동우체국 봉동읍 봉동로 157
	완주군농업기술센터 고산면 고산천로 720-45
	전주국토관리사무소 이서면 이서남로 328
	삼례119안전센터 삼례읍 삼례역로 27
	고산119안전센터 고산면 고산로 49
	봉동파출소 봉동읍 봉동동서로 145
	완주용진우체국 용진읍 완주로 178
	완주이서우체국 이서면 이서로 65
	둔산파출소 봉동읍 과학로 1041
	이서파출소 이서면 이서로 51
	삼례파출소 삼례읍 삼례역로 29
	상관119지역대 상관면 신리로 49
	완주고산우체국 고산면 고산로 96
	용진파출소 용진읍 완주로 198
	화산파출소 화산면 화산로 860
	국립농업과학원 이서면 농생명로 166
	완주전주신문 봉동읍 봉동동서로 48
	삼례공용터미널 삼례읍 동학로 24
	봉동터미널 봉동읍 봉동로 150
	대둔산공용버스터미널 운주면 대둔산공원길 11
	고산공용터미널 고산면 고산로 91
	삼례역 삼례읍 삼례역로 85-32
	백제예술대학교 봉동읍 백제대학로 171
	한일장신대학교 상관면 왜목로 726-15
	우석대학교 삼례읍 삼례로 443
진안군	진안군농업기술센터 진안읍 진무로 702-30
	전라북도산림환경연구소 백운면 덕현로 45-54
	진안119안전센터 진안읍 진무로 1179
	마령119안전센터 마령면 임진로 2077-24
	신안경찰서 신안읍 우화산길 3
	진안교육지원청 진안읍 학천변길 47
	진안우체국 진안읍 진무로 1114
	고속도로순찰대 제9지구대 진안읍 익산장수고속도로 44-1
	주천용담파출소 주천면 동상주천로 2201
	진안예비군훈련장 진안읍 운산리 193
	진안백운우체국 백운면 임진로 1322
	진안정천우체국 정천면 봉학로 73
	북전주세무서 진안지서 진안읍 중앙로 43
	용담치안센터 용담면 안용로 1074
	마이파출소 진안읍 진무로 1018
	동향안천파출소 동향면 양지길 35
	진안용담우체국 용담면 안용로 999
	국립농산물품질관리원 진안사무소 진안읍 대광길 11
	탑사문화재관리사무소 마령면 마이산남로 362
	부귀파출소 부귀면 부귀로 335
	진안안천우체국 안천면 보한길 16

	정천상전파출소 정천면 봉학로 105
	호남지방통계청 진안사무소 진안읍 중앙로 78
	맑은물사업소 진안읍 마이산로 130
	성수파출소 성수면 관진로 771
	진안군보건소 진안읍 진무로 1189
	진안시외버스공용정류장 진안읍 진무로 1120
무주군	무주우체국 무주읍 주계로 100
	무주국유림관리소 무주읍 주계로 152
	구천파출소 설천면 구천동1로 160
	무주119안전센터 무주읍 당산강변로 126
	무주경찰서 무주읍 한풍루로 408
	전라북도무주교육지원청 교군 무주읍 단천로5길 22
	무주군농업기술센터 무주읍 한풍루로 416
	무주설천우체국 설천면 무설로 1606
	적상파출소 적상면 적상산로 37
	설천파출소 설천면 무설로 1549
	안성파출소 안성면 안성로 274
	주계파출소 무주읍 적천로 367
	남원국토관리사무소 무주출장소 적상면 무주로 1069
	무주안성우체국 안성면 시장윗길 6
	안성119지역대 안성면 단지봉길 9
	구천동119지역대 설천면 구천동1로 54
	부남파출소 부남면 부남로 856
	무풍파출소 무풍면 현내로 203
	무풍우체국 무풍면 현내로 230
	무주적상우체국 적상면 적상산로 24
	부남우체국 부남면 대소길 24
	무주예비군훈련장 무주읍 대차리 146
	설천119지역대 설천면 무설로 1607
	무주군청 마을만들기사업소 무주읍 주계로 97
	국립농산물품질관리원 전북지원 무주사무소 무주읍 향학로 90
	무주군보건의료원 무주읍 한풍루로 413
	무주공용버스터미널 무주읍 한풍루로 351
	무주안성시외버스터미널 안성면 시장윗길 6-3
	구천동임시버스터미널 설천면 구천동1로 166
	설천공용터미널 설천면 무설로 1571
임실군	임실군보건의료원 임실읍 호국로 1680
	임실119안전센터 임실읍 감천로 33
	전라북도보건환경연구원 임실읍 호국로 1601
	임실우체국 임실읍 봉황8길 27
	임실경찰서 임실읍 호국로 1702
	전주훈련소 임실읍 감성리 산 90-3
	임실교육지원청 임실읍 봉황로 247
	임실강진우체국 강진면 호국로 52
	임실관촌우체국 관촌면 사선로 33

	강진119지역대 강진면 호국로 6
	충경신병교육대 임실읍 대곡리 1081
	하운암파출소 운암면 강운로 1018
	신덕119지역대 신덕면 수지로 106
	강진파출소 강진면 강운로 143
	오수지구대 오수면 충효로 2095-7
	임실운암우체국 운암면 임운로 1883-6
	임실오수우체국 오수면 삼일로 19
	임실예비군훈련장 임실읍 감성리 304
	관촌119지역대 관촌면 사선10길 14
	임실군농업기술센터 임실읍 수정로 30
	운수파출소 임실읍 봉황로 212
	임실하수종말처리장 임실읍 두곡리 312-1
	신평파출소 신평면 가덕로 665
	오수119지역대 오수면 금암1길 39-13
	임실 성수우체국 성수면 임진로 204
	임실신평우체국 신평면 원천1길 3
	임실공용터미널 임실읍 운수로 20
	강진공용버스터미널 강진면 갈담리 379
	오수공용버스정류장 오수면 오수로 173
	청웅터미널 청웅면 청웅로 152
	임실군민회관 임실읍 호국로 1703
	예원예술대학교 신평면 창인로 117
장수군	무진장소방서 장계면 육십령로 136
	장수군농업기술센터 장수읍 와동길 55
	장수경찰서 장수읍 신천로 8
	장수우체국 장수읍 싸리재로 5
	장수교육지원청 장수읍 호비로 50
	장수119안전센터 장수읍 호비로 42
	장수사과시험장 장수읍 와동길 56
	전라북도동물위생시험소 장수읍 노하숲길 18-4
	산서파출소 산서면 비행로 20
	장수군청환경자원사업소 가축분뇨자원화시설 장계면 금곡로 351
	천천파출소 천천면 천천로 67
	번암파출소 번암면 장수로 474
	산서119지역대 산서면 비행로 39-2
	장계파출소 장계면 한들로 97
	장수파출소 장수읍 장천로 228
	번암119지역대 번암면 장수로 462
	계북파출소 계북면 장무로 953
	장수군 선거관리위원회 장수읍 시장로 12-4
	장수 번암우체국 번암면 장수로 471
	장수천천우체국 천천면 송탄로 43
	장수산서우체국 산서면 보산로 1852
	국립농산물품질관리원 전북지원 장수사무소 장수읍 와동길 55
	계남우체국 계남면 장수로 3078

	장수군시설관리사업소 장수읍 한누리로 393
	장계우체국 장계면 한들로 94
	장수공용버스터미널 장수읍 장천로 175
	장계시외공용버스터미널 장계면 한들로 90-1
	장수군보건의료원 장수읍 장천로 245
순창군	가인연수관 법무연수원 복흥면 가인로 442-141
	순창교육지원청 순창읍 장류로 383
	순창119안전센터 순창읍 교성로 24
	전북도로관리사업소 적성면 적성로 128-13
	순창경찰서 순창읍 장류로 311
	순창군농업기술센터 유등면 담순로 1548
	복흥119지역대 복흥면 추령로 1157-1
	순창우체국 순창읍 장류로 342
	순창금과우체국 금과면 담순로 619
	동계119지역대 동계면 동계1길 15-1
	동계파출소 동계면 충효로 347
	순창동계우체국 동계면 동계로 11
	강천산임시치안센터 팔덕면 강천산길 66-8
	쌍치파출소 쌍치면 쌍계로 25
	순창복흥우체국 복흥면 추령로 1168
	복흥파출소 복흥면 추령로 1147
	구림119지역대 구림면 방화로 17
	국립농산물품질관리원 순창사무소 순창읍 장류로 304
	순창군장류사업소 순창읍 민속마을길 61
	금과치안센터 금과면 담순로 623
	순창미생물산업사업소 순창읍 민속마을길 61
	순창군농업기술센터 순창읍 경천로 33
	구림파출소 구림면 구림로 469
	옥천인재숙 순창읍 옥천로 145-8
	남계파출소 순창읍 남계로 30
	순창군보건의료원 순창읍 교성로 135
	순창공용버스정류장 순창읍 장류로 355
	쌍치버스터미널 쌍치면 쌍계리 447
부안군	부안소방서 행안면 변산로 86
	부안경찰서 행안면 염소로 33
	부안우체국 부안읍 석정로 192
	부안교육지원청 부안읍 매창로 113
	부안군농업기술센터 행안면 변산로 16
	부안해양경찰서 부안읍 동중2길 15
	부안격포우체국 변산면 격포로 190
	격포119안전센터 변산면 격포항길 64-17
	부안줄포우체국 줄포면 줄포중앙로 52
	원광대학교 임해수련원 변산면 노루목길 8-8
	진서119지역대 진서면 곰소7길 47
	격포파출소 변산면 격포로 180
	줄포파출소 줄포면 줄포1길 4
	부안 고용복지플러스센터 부안읍 번영로 145

	부안백산우체국 백산면 시기길 14
	부안군맑은물사업소 부안읍 당산로 81
	서림지구대 부안읍 석정로 154
	보안파출소 보안면 부안로 1154
	계화119지역대 계화면 창북3길 7
	변산119지역대 변산면 내변산로 46-1
	부안계화우체국 계화면 간재로 400
	변산파출소 변산면 방파제길 39
	가력도출장소 변산면 새만금로 447-27
	줄포119지역대 줄포면 줄포4길 5
	부안곰소우체국 진서면 청자로 937-1
	부안종합버스터미널 부안읍 석정로 210
	격포터미널 변산면 격포항길 2
	줄포시외버스터미널 줄포면 줄포6길 10
	부안성모병원 부안읍 오정2길 24
고창군	고창군보건소 고창읍 전봉준로 90
	고창선운산수련원우체국 아산면 중촌길 37
	고창소방서 고창읍 녹두로 1294
	고창경찰서 고창읍 보릿골로 175
	고창우체국 고창읍 월곡1길 7
	무장119안전센터 무장면 무장남북로 20-5
	고창군상하수도사업소 고창읍 중거리당산로 74-12
	고창해리우체국 해리면 해리중앙로 96-1
	대산119안전센터 대산면 공음대산로 932
	고창전력시험센터 상하면 명사십리로 50
	전라북도고창교육지원청 고창읍 중앙로 258
	고창군농업기술센터 고창읍 중거리당산로 94
	흥덕파출소 흥덕면 선운대로 3759
	흥덕119안전센터 흥덕면 문화2길 21
	모양지구대 고창읍 남구1길 14
	대산파출소 대산면 고산성로 4
	부안파출소 부안면 복분자로 873
	고창대산우체국 대산면 대성로 266-6
	고창파출소 상하면 구시포해변길 74
	고창흥덕우체국 흥덕면 선운대로 3755
	성송파출소 성송면 대성로 777
	무장파출소 무장면 무장남북로 20-8
	해리119지역대 해리면 동시길 30
	고창고수우체국 고수면 고수로 5
	전라북도농업기술원 수박시험장 대산면 장자산로 768
	아산파출소 아산면 녹두로 796
	고창공용버스터미널 고창읍 중앙로 191
	흥덕터미널 흥덕면 선운대로 3722
	해리공용터미널 해리면 해리중앙로 39
	대산공용정류장 대산면 대성로 234
	무장터미널 무장면 성내리 247-7
	상하버스터미널 상하면 선운대로 792
	전북대학교 고창캠퍼스 고창읍 태봉로 361
	고창종합병원 고창읍 화신1길 9

3. 문화유적, 절, 공원, 산, 계곡, 해수욕장 등

(1) 문화유적, 절

지역구분	소 재 지
전주시	정혜사 완산구 외칠봉1길 36
	만월사 덕진구 팔달로 340-27
	동고사 완산구 낙수정2길 103-100
	원각사 완산구 완산길 42
	삼경사 완산구 남고산성1길 118
	전주한옥마을 완산구 교동
	목우헌 완산구 기린대로 88
	충경사 완산구 남고산성1길 31
	전주풍패지관 완산구 중앙동3가 1
	경기전 완산구 태조로 44
	오목대 완산구 기린대로 55
	전주향교 완산구 향교길 139
	풍남문 완산구 풍남문3길 1
	호남제일문 덕진구 여의동
	한벽당 완산구 기린대로 2
	이목대 완산구 자만동2길 5
	승광재 완산구 최명희길 12-6
	초록바위 완산구 동완산동 산 1-9
	남고산성 완산구 동서학동 산 153-1
	조경단 덕진구 덕진동1가 산 28
	신석정가옥 완산구 관선4길 42-9
	동고산성 완산구 대성동 산 25
	산민재 완산구 향교길 153
	회안대군묘 덕진구 금상동 산 59-1
	전주향교 만화루 완산구 교동 152-3
	황강서원 완산구 황강서원5길 8-7
	만경강철교 덕진구 화전동 969
	경기전 하마비 완산구 태조로 44
	지행당 덕진구 초당길 60-23
	전주사고 완산구 풍남동3가 102
	전라감영 완산구 전라감영로 57
	관성묘 완산구 남고산성1길 159-9
	청하서원 완산구 중인1길 272
군산시	동국사 동국사길 16
	은적사 설림3길 49
	상주사 서수면 함안로 57-29
	흥천사 동산길 29
	불주사 나포면 군둔길 226
	옛군산세관 해망로 244-7
	군산근대건축관 해망로 214

	해망굴 해망동		연동리석불좌상 삼기면 진북로 273
	이영춘가옥 동개정길 7		익산미륵산성 금마면 신용리 산 124-1
	새만금방조제준공조형물 옥도면 신시도리 4-55		삼세오충렬유적 용안면 현내로 468
	조선은행 해망로 214		조해영가옥 함라면 수동길 8
	옥구향교 옥구읍 광월길 33-50		단군사당 평동로25길 39
	임피향교대성전 임피면 임피향교길 46		여산동헌 여산면 동헌길 13
	수시탑 해신동		호소가와농장주택 춘포면 춘포4길 48
	채만식생가터 임피면 동군산로 701		영등동유적 영등동 814
	최호장군유지 개정면 원발산길 33-1		함벽정 왕궁면 호반로 30-21
	31운동성역지 구암동		여산향교 대성전 여산면 여산교동길 23-2
	군산탑동삼층석탑 대야면 죽산리 66-1		금산사 금산면 모악15길 1
	시마타니금고 개정면 바르메길 43		망해사 진봉면 심포10길 94
	염의서원 옥산면 염의서원길 156-9		귀신사 금산면 청도6길 40
	구군산부윤관사 월명동		성모암 만경읍 화포3길 54-9
	발산리석등 개정면 바르메길 43		청운사 청하면 청공로 185-55
	동국사 석가삼존불상 동국사길 16		남산서원 성덕면 만경로 600-92
	점방산 봉수대사적비 소룡동		벽골제 부량면 벽골제로 442
	발산리오층석탑 개정면 바르메길 43		김제향교 향교길 89-3
	옥산서원 옥구읍 광월길 33-50		원평 집강소 금산면 봉황로 5
	채원병가옥 성산면 고봉3길 41-37		남강정사 금구면 서도길 56-8
	해병대군산,장항,이리전투 전적비 금동 38-3		하시모토농장사무소 죽산면 죽산로 111-1
	노성당 임피면 동헌길 36		김제금산사일원 금산면 금산리 39
	군산개정면구일본인농장창고 개정면 바르메길 53-5	김제시	정화암 생가 장화2길 152-9
	숭림사 웅포면 백제로 495-57		김제부 거리 옹기가마 백산면 옹기가마길 13
	심곡사 낭산면 장암길 113		김제동헌 동헌4길 46-1
	석불사 삼기면 진북로 273		금구향교 금구면 금구3길 12
	문수사 여산면 천호산길 140		김제군 관아와 향교 동헌4길 46-1
	태봉사 삼기면 진북로 347-23		백구금융조합 백구면 부용1길 27
	미륵사지유물전시관 금마면 미륵사지로 362		만경향교 대성전 만경읍 두내산1길 25-10
	나바위성당 망성면 나바위1길 146		하서리 백산서원 백산면 하서3길 84
	왕궁리유적전시관 왕궁면 궁성로 666		이석정선생생가 백산면 요교길 187
	입점리고분전시관 웅포면 입점리 174-1		김제 서강사 금구면 양시로 125-27
	여산향교 여산면 여산교동길 23-2		안위장군묘 백산면 조종리 산 4-5
	익산미륵사지 금마면 기양리 32-2		이종희선생 생가 금산면 용호길 106
익산시	미륵사지석탑 금마면 기양리 32-9		금산사 심원암북강삼층석탑 금산면 금산리 산 1-1
	여산숲정이순교성지 여산면 여산리 295		해학 이기선생 생가 성덕면 대석3길 41
	익산왕궁리오층석탑 왕궁면 왕궁리 산 80-1		장화리 쌀뒤주 장화2길 150-5
	익산쌍릉 석왕동 산 55		내장사 내장산로 1253
	고도리석불입상 금마면 동고도리 1086		백련암 내장산로 1220-74
	이병기 생가 여산면 가람1길 64-8		석탄사 칠보면 허궁실2길 186-125
	익산제석사지 왕궁면 왕궁리 247-1		일광사 성황산길 50
	익산백제토기도요지 금마면 신용리 92-2	정읍시	유선사 고부면 영원로 644-224
	서동 생가 터 금마면 서고도리 383-12		태인향교 태인면 태성리
	익산토성 금마면 서고도리 산 52-2		무성서원 칠보면 원촌1길 44-12
	김안균가옥 함라면 수동길 20		우화정 내장동 산 231
	함열향교 함라면 함라교동길 27-4		정읍피향정 태인면 태산로 2951
	율촌리고분군 황등면 율촌리 산 41		전봉준선생고택지 이평면 조소1길 20
			김명관고택 산외면 공동길 66

	만석보터 이평면 하송리 658		오룡대 산내면 와운길 178
	동학농민혁명기념관 황토현전적지 덕천면 하학리 산 2-2		남원 실상사 석장승 산내면 입석리 50-1
	고부 관아터 고부면 교동3길 14		덕치리초가 주천면 회덕길 25-8
	동학혁명 모의탑 고부면 신중리 산 16		남원사직단 용정안길 15
	정읍 화호리 구일본인농장가옥 신태인읍 화호리 766-2		신계리마애여래좌상 대산면 신계리 산 18
	강증산탄생지 덕천면 신송길 34-2		운봉향교 운봉읍 운봉남길 217-28
	정읍은선리삼층석탑 영원면 은선리 43		만복사지당간지주 왕정동 533
	정읍향교 대성전 충정로 184		완월정 천거동 175-1
	전봉준장군단소 이평면 창동리	완주군	송광사 소양면 송광수만로 255-16
	천곡사지칠층석탑 망제동 산 9-2		화암사 경천면 화암사길 271
	말목장터와 감나무 이평면 두지리 191-2		위봉사 소양면 대흥리 21
	무명 동학농민군위령탑 고부면 신중리 618		안심사 운주면 안심길 372
	정읍안진사고택 정읍사로 150-25		봉서사 용진읍 봉서안길 313
	태인향교만화루 태인면 향교2길 45		봉양서원 비봉면 내월리
	동죽서원 덕천면 학전길 32-57		아원고택 소양면 송광수만로 516-7
	보화리석불입상 소성면 보화리 110-6		위봉산성 소양면 대흥리 1-32
	고부읍성 고부면 고부리 1-1		비비정 정자 삼례읍 후정리 820-3
	고부향교 고부면 교동4길 18		웅치전적지 소양면 신촌리 18-1
	김개남장군생가터 산외면 동곡리 713		되재성당지 화산면 승치로 477
남원시	실상사 산내면 입석길 94-129		고산향교 대성전 고산면 고산로 147-23
	선원사 용성로 151		남계정 구이면 원두현길 12-12
	귀정사 산동면 대상2길 246		구호서원 봉동읍 구미2길 44
	백장암 산내면 천왕봉로 447-76		무등리입석 봉동읍 제내리 363-2
	운지사 운봉읍 바래봉길 210-86		용계산성 운주면 금당리 642
	퇴수정 산내면 대정리		이치전적지 운주면 산북리 산 12-1
	남원향토박물관 양림길 14-9		추수경장군묘역 봉동읍 추동안길 14-7
	환봉서원 금지면 금지순환길 269		안심사부도군 운주면 완창리 22
	만인 의총 만인로 3		배매산산성유적 봉동읍 용암리
	용담사 주천면 원천로 165-12		경복사지 구이면 평촌리 1
	사계정사 주생면 영천리		송광사 벽안당부도 소양면 대흥리 산 10
	광한루 요천로 1447		용진서원 용진읍 원구억1길 41-33
	육모정 주천면 호경리 16		창암 이삼만선생 묘역 구이면 평촌리 산 255
	만복사지 오층석탑 왕정동 481-1		안심사 계단 및 승탑군 운주면 안심길 372
	교룡산성 산성길 218		학동마을 보호수 동상면 수만리
	남원향교 향교길 43		진묵대사부도 용진읍 간중리 산 70-1
	남원몽심재 수지면 내호곡2길 19		탄현봉수대 운주면 고당리
	춘향묘 주천면 호경리	진안군	마이산탑사 마령면 마이산남로 367
	황산대첩비지 운봉읍 가산화수길 84		금당사 마령면 마이산남로 217
	실상사 백장암삼층석탑 산내면 대정리 975		은수사 마령면 마이산남로 406
	남원유곡리와두락리고분군 인월면 유곡리 산 746-1		천황사 정천면 수암길 54
	남원월산리고분군 아영면 청계리 산 1-10		보흥사 마령면 원강정1길 16-133
	김주열열사 묘지 금지면 옹정리 산 6-1		만덕산성지 성수면 중길리
	남원성 동충동 464		마이산돌탑 마령면 마이산남로 367
	지리산전적기념비 산내면 부운리		수선루 마령면 강정리 산 57
	남원오리정 사매면 월평리 27-1		태고정 용담면 수천리 13-14
	박초월생가 운봉읍 비전실 7		영모정 백운면 노촌리 676
			진안평지리 이팝나무 마령면 임진로 2122
			와룡암 주천면 주양리 135

	금당사석탑 마령면 마이산남로 227	임실군	상이암 성수면 성수산길 658
	진안향교 진안읍 향교길 13-6		신흥사 관촌면 상월로 889-19
	용담향교 동향면 진성로 1697		해월암 오수면 오수8길 49-30
	주천서원 주천면 금평1길 30-7		운수사 임실읍 봉황10길 109
	천황사부도 정천면 갈용리 1425-3		죽림암 임실읍 호반로 79-53
	만취정 백운면 운교리 산 66-1		영천서원 지사면 영천3길 33
	운산리삼층석탑 진안읍 운산리 1392		김용택시인생가 덕치면 장암2길 16
	태평봉수대 주천면 대불리 산 31-2		양요정 운암면 입석리 490-3
	쌍계정 마령면 평지리 산 3-3		임실향교대성전 임실읍 이도리 812
	만육최양선생유허비 백운면 반송리 360-2		임실오수망루 오수면 오수리 349-1
	강정리오층석탑 마령면 원강정1길 16-133		의견비 오수면 오수리 322
	도덕정 주천면 대불리 산 230-4		소충사 성수면 산성로 725-23
	김대거종법사생가 성수면 원좌길 33-10		신안서원 임실읍 신안1길 8-12
	회사동석탑 상전면 주평리 117		임실용암리석등 신평면 용암리 734
	호남창의동맹단 마령면 동촌리 산 24		운서정 관촌면 관진로 61-20
	지선당 동향면 내금2길 70		계림군사당 삼계면 후천로 43
	은진송씨세거비락 주천면 신양리 999		화락당 성수면 왕방길 199-5
	충혼탑 백운면 운교리 514-21		이석용 생가 성수면 삼봉3길 56-3
	회사동3층석탑 상전면 주평리		박준승생가 청웅면 옥석2길 11-14
무주군	안국사 적상면 산성로 1050		이웅재고가 오수면 둔덕2길 55
	백련사 설천면 백련사길 580		주암서원 지사면 방계3길 46
	원통사 안성면 원통사로 676		김개인생가지 지사면 충효로 2643
	북고사 무주읍 북고사길 67		수운정 임실군 신덕면 금정길 62-4
	관음사 설천면 양지길 92-38		오괴정 삼계면 삼은2길 22-31
	적상산사고지유구 적상면 산성로 960		광제정 삼계면 세심길 82
	도산서원 안성면 사전1길 24-13		만취정 삼계면 산수1길 62
	무주 한풍루 무주읍 한풍루로 326-5		상이암부도 성수면 성수리 산 1-1
	무주향교 무주읍 단천로 135		관곡서원 지사면 관기1길 32-7
	무주적상산성 적상면 사천리 산 119-1		사선문 관촌면 덕천리 산 41-1
	현내리 백산서원 무풍면 북리길 40		노동환가옥 삼계면 후천1길 19-20
	무주 설천면 반송 설천면 삼공리 산 31	장수군	장수죽림정사 번암면 죽림2길 31
	무주 지전마을 옛담장 설천면 길산리 48-1		신광사 천천면 신광길 31
	적상산사고터 적상면 북창리		팔성사 장수읍 비행로 1455-94
	백련사 일주문 설천면 백련사길 580		성관사 상계면 장무로 492-83
	적산산성 적상면 사천리 산 144		영월암 산서면 봉서로 182-135
	치목 적상면 괴목리		논개사당 장수읍 논개사당길 41
	서벽정 설천면 구천동로 1868-30		논개생가지 장계면 의암로 558
	분양서원 무풍면 지성길 119		장수향교 장수읍 향교길 31-14
	칠연의총 안성면 공정리 산 6		정상윤가옥 산서면 서원길 8
	무주 오산리 구상화강 편마암 무주읍 오산리 229		창계서원 장수읍 양선길 33-6
	백련사정관당부도 설천면 삼공리 산 936-1		타루각 천천면 장자울로 4
	삼도봉대화합기념탑 설천면 미천리 산 1		합미성 장수읍 식천리 산 177-1
	백련 사계단 설천면 삼공리 산 107		백장선생유적 장계면 장무로 495-14
	매월당부도 설천면 삼공리 107		정인승생가 계북면 양악길 119
	죽계서원 안성면 평장길 79		침령산성 계남면 침곡리 산 73-2
	백련사 범종각 설천면 백련사길 580		금남군정충신영정각 장계면 원금곡길 44-8
	관음사 목조관음보살상 설천면 양지길 92-38		도암서원 장계면 서변길 49-27
	안국사 삼성각 적상면 산성로 1050		권희문가옥 산서면 오메길 9

	장수삼고리고분군 천천면 삼고리 산 76		보령원 상서면 감교리
	월강사 장계면 도장골길 37-6		수성당 변산면 적벽강길 54
	자락정 장계면 삼봉리 942		백산성 백산면 용계리 산 8-2
	장재영가옥 번암면 원노단길 15		반계선생유적지 보안면 우동리 128-1
	압계서원 산서면 구암길 77-14		부안향교 부안읍 향교길 25
	절렬양정씨지려 산서면 계월로 319-23		신석정고택 부안읍 석정로 63
	용연정 계북면 양악길 156-12		백산성지 백산면 용계리 산 12-4
	창원정씨종가 산서면 서원길 16		부안동문안당산 부안읍 동중리 387-5
	육십령루 장계면 육십령로 1012		부안김상만가옥 줄포면 교하길 8
	김성만 가옥 산서면 사창길 11		부안구암리지석묘군 하서면 석상리 707-1
순창군	강천사 팔덕면 강천산길 270		정유재란 호벌치전적지 상서면 부안로 1521
	구암사 복흥면 봉덕길 131-144		원광선원 변산면 사자동길 37
	만일사 구림면 안심길 103-134		간재선생유지 계화면 양지길 12
	무량사 적성면 고원리 산 38-2		변산팔각정 변산면 대항리
	대모암 순창읍 장류로 197-22		우금산성 상서면 감교리 산 99
	영광정 쌍치면 시산리		서외리당간지주 부안읍 서외리 298-2
	전북 산림박물관 복흥면 추령로 1777		위도관아 위도면 진리안길 14-4
	담양금성산성 팔덕면 청계리		이매창묘 부안읍 매창로 89
	훈몽재 쌍치면 둔전2길 83		초가지붕황토방 행안면 변산로 171
	녹두장군 전봉준관 쌍치면 피노길 65-29		돌모산당산 부안읍 내요리 723-1
	순창귀래정 순창읍 가남리 538-1		위도띠뱃놀이전수관 위도면 대장길 15-15
	순창향교 순창읍 교성1길 13		부안서문안당산 부안읍 서외리 203
	순창 구암정 동계면 구미리 1028		부안 실상사지 변산면 실상길 122
	가인김병로선생 생가터 복흥면 하리길 160		대항리패총 변산면 대항리 389-1
	낙덕정 복흥면 상송리 49-1		효충사 하서면 청호리
	홀어머니 산성 순창읍 백산리 산 55		부안진서리도요지 진서면 진서리 56
	순창객사 순창읍 순창7길 40	고창군	선운사 아산면 선운사로 250
	강천사오층석탑 팔덕면 강천산길 270		문수사 고수면 칠성길 135
	산동남근석 팔덕면 산동리		도솔암 아산면 도솔길 294
	칭딕리 남근석 필딕면 칭딕리 1148		미소사 고창읍 석정2로 263-35
	남원양씨종가 동계면 귀미2길 14-9		소요사 부안면 질마재로 226-236
	순창합미성 동계면 신흥리 산 51		고창고인돌박물관 고창읍 고인돌공원길 74
	국립회문산자연휴양림 비목공원위령탑 구림면 안정리 산 3-1		효감천 신림면 외화리
			도동서원 신림면 가평리 168-3
	순화리삼층석탑 순창읍 장류로 295-11		고창읍성 고창읍 읍내리 산 9
	설씨부인 신경준선생유지 순창읍 남산길 32-3		고창고인돌공원 고창읍 고인돌공원길 74
	순창충신리석장승 순창읍 장류로 407-11		무장읍성 무장면 무장읍성길 45
	순창삼인대 팔덕면 청계리 산 271		전봉준장군생가터 고창읍 당촌길 41-8
	삼외당 금과면 매우리 160-1		개갑순교성지 공음면 석교리 157-1
	순창설씨장영진사공묘 구림면 운남리 산 73		인촌김성수선생 생가 부안면 인촌안길 32-1
	의사김일두선생추모비 동계면 관전리		미당서정주생가 부안면 미당길 16
	구암재 동계면 이동리 산 36-1		운곡서원 아산면 운곡서원길 337
	고려직제학양수생처열부이씨려 동계면 구미리 568		두암초당 아산면 영모정길 88
부안군	내소사 진서면 내소사로 243		선운사도솔암마애불 아산면 도솔길 294
	개암사 상서면 개암로 248		고창신재효고택 고창읍 동리로 100
	월명암 변산면 내변산로 236-180		김소희 생가 흥덕면 김소희길 33
	성황사 부안읍 서림공원길 92		고창중산리의 이팝나무 대산면 중산리 313-1
	내원암 위도면 내원암길 42		무장현관아 무장면 성내리 149-1

문수사대웅전 고수면 칠성길 135
고창무장객사 고창군 무장면 무장읍성길 45
고창무장동학농민혁명기포지 공음면 구암리
취석정 고창읍 노동로 191-9
황윤석선생생가 성내면 조동길 33
고창향교 고창읍 향교길 27-3
김기서 강학당 고수면 사동길 40-160
도산리지석묘 고창읍 지동길 16-6
흥덕향교대성전 흥덕면 흥덕향교길 28-12
백관수고택 성내면 도덕길 58

(2) 공원, 산, 계곡, 해수욕장 등

지역구분	소 재 지
전주시	전주덕진공원 덕진구 덕진동1가 1316-2 완산공원 완산구 매곡로 35-29 완산체육생활공원 완산구 모악산자락길 22 아중체련공원 덕진구 우아동1가 1085 덕진체련공원 덕진구 소리로 54 화산체육공원 완산구 백제대로 310 중산공원 완산구 중화산동2가 나들목가족공원 덕진구 용정동 469-15 다가공원 완산구 중화산동1가 150-3 오송제 생태공원 덕진구 송천동1가 산 1-1 기지제수변공원 덕진구 장동 1094 효자공원 완산구 효자동1가 634 문학대공원 완산구 효자동3가 1523-2 솔내생활체육공원 덕진구 고내천변로 58 그린공원 완산구 거마남로 41 혼불문학공원 덕진구 덕진동1가 산 36-26 전주시어린이교통공원 덕진구 번영로 455 거마공원 완산구 삼천동1가 176-2 인정길공원 완산구 중화산동2가 586 서곡공원 완산구 서곡2길 29-6 오공공원 덕진구 중동 830 마전숲공원 완산구 홍산4길 8 엽순근린공원 덕진구 장동 1073-1 노송공원 완산구 문화3길 14-3 전주동물원 덕진구 소리로 68 장군봉 완산구 효자동1가 건지산 덕진구 덕진동1가 640-8 도당산 덕진구 우아동3가 산 107-3 황방산 완산구 효자동3가 산 75-1 서산 완산구 중화산동2가 가련산 덕진구 덕진동2가 승암산 완산구 대성동 산 25 남고산 완산구 동서학동 다가산 완산구 중화산동1가 곤지산 완산구 효자동1가 금성산 완산구 석구동 안적골 전주시 완산구 색장동 연분암골 완산구 중인동 매장골 완산구 효자동2가 추동골 완산구 원당동 독배골 완산구 용복동 성지골 덕진구 용정동 참나무골 완산구 효자동3가 용골 완산구 석구동 조총골 덕진구 중동 외절골 완산구 삼천동3가
군산시	은파호수공원 은파순환길 9 진포해양테마공원 내항2길 32 군산월명공원 해망동 금강습지생태공원 성산면 성덕리 419-6 돌고래쉼터 옥도면 야미도리 새만금비응공원 새만금북로 27 군산수송공원 수송동 851 해너미쉼터 비응도동 군산시 어린이교통공원 동장산로 135 백년광장 장미동 소룡시민체육공원 소룡동 신시광장 옥도면 신시도리 산 4-188 구암역사공원 영명길 29 선양동해돋이공원 선양안길 13 금강체육공원 내흥동 894 금강시민공원 성산면 성덕리 오식도 공원 오식도동 503 어린이맘껏광장 축동로 72 내초공원 내초동 231 생말공원 오식도동 508 새만금야미광장 옥도면 야미도리 167 월명동근대쉼터 중앙로 185 수송근린공원 수송동 진포 시비공원 내흥동 894-15 미원광장 미원동 402-11 대각산 옥도면 신시도리 산 17-1 청암산 회현면 세장리 오성산 성산면 여방리 월명산 송풍동 월영산 옥도면 신시도리 4-82 남악산 옥도면 선유도리 망해산 서수면 축동리 점방산 소룡동 앞산 옥도면 신시도길 42 공주산 나포면 나포리 정자골 내흥1길 13

	옥정골 옥구읍 옥정리		작은갓골 낭산면 구평리
	상갈골 임피면 월하리		뱃나다리골 황등면 황등리
	안구석골 나포면 주곡리		오상앞들 임상동
	큰새터골 나포면 옥곤리		쌍정 춘포면 쌍정리
	한서을골 옥구읍 오곡리		하갈들 삼기면 서두리
	지계골 지곡동		잠상들 동산동
	헤미골 서수면 화등리		배못골 석암동
	너븐들 산북동		온수리당골 왕궁면 온수리
	선유도해수욕장 옥도면 선유도리 115-1		신촌앞골 용제동
	옥돌해수욕장 옥도면 선유도리 산 65		통정골 왕궁면 오포길 50
	몽돌해수욕장 옥도면 선유도1길 235		바람쉼터 진봉면 새만금로 1290
	미니해수욕장 옥도면 신시도리 산 15-1		너울쉼터 진봉면 심포리 2434
	개야도해수욕장 옥도면 개야도리		소라쉼터 진봉면 새만금로 1110
익산시	중앙체육공원 어양동 52		체육공원 검산동
	금마서동공원 금마면 동고도리 533-2		능제근린공원 만경읍 만경리 216-4
	배산체육공원 동서로 21		자연쉼터 진봉면 새만금로 1502
	보석박물관 공룡테마공원 왕궁면 호반로 8		백구소공원 백구면 삼정리 506-7
	배산공원 모현동2가 산 9-1		동동동심원 금산면 청도리
	수도산체육공원 하나로3길 52		레포츠공원 검산동 산 58-2
	익산축구공원 금마면 황금로 818-19		동진강변공원 죽마면 서포리 910-5
	용안생태습지공원 용안면 난포리 313-12		광활동산 광활면 옥포리 672-30
	유천생태습지공원 금강동 992-5		모락랜드 금산면 모악로 476-39
	익산시민공원 영등동		성산공원 향교길 89-16
	농촌테마공원 금마면 금마호수길 37		문화체육공원 검산동
	소라산공원 동서로35길 27-14		백구소공원 백구면 삼정리
	아사달공원 함열읍 함낭로 492		동진강변공원 죽산면 서포리
	익산쌍릉내공원 석왕동 6-19		구성산 금구면 선암리
	모현공원 배산로3길 10		황산 황산동 산 24-10
	팔봉공원 팔봉동 442-10	김제시	상목산 금구면 선암리
	부송공원 하나로10길 57-13		멍랑산 죽신면 죽신리
	마동공원 서동로13길 11-42		죽산산 죽산면 죽산리
	조각공원 금마면 고도9길 41-14		매봉산 금구면 오봉리
	어양공원 어양동 661		봉두산 금구면 선암리
	소라산자연마당 영등동 산 142		상두산 금산면 선동리 산 67
	팔봉한솔공원 팔봉동 883		성덕산 성덕면 성덕리
	영등공원 영등동 854		진봉산 진봉면 심포리
	동지산공원 함열읍 와리		금산사계곡 금산면 금산리
	미륵산 금마면 신용리 산124-1		금동계곡 금산면 금산리
	함라산 웅포면 웅포리		수룡귀지리골 백구면 부용리
	배산 모현동2가		동상물골 금구면 대화리
	용화산 여산면 원수리		절골 공덕면 황산리
	수도산 금강동		섭다리골 하동
	낭산산 낭산면 낭산리		아침넘어골 금산면 청도리
	봉개산 춘포면 인수리 산 674		깊은골 죽산면 옥성리
	봉화산 용동면 화실리		작은방죽골 백산면 부거리
	장자산 신흥동		백자골 용지면 부교리
	도리산 왕궁면 광암리		상대골 청하면 월현리

정읍시	옥정호구절초테마공원 산내면 매죽리 571 정읍사공원 정읍사로 541 정읍단풍생태공원 내장동 364-2 내장산워터파크 쌍암동 1065-2 정읍어린이교통공원 벚꽃로 537 장성갈재 통일공원 입암면 등천리 186 내장산조각공원 쌍암동 389-2 죽림폭포공원 천변로 176 장승공원 내장동 산 232-3 충무공원 충정로 228-13 칠보물테마유원지 칠보면 무성리 1016-3 구절제소공원 칠보면 시산리 산 115-15 말고개공원 장명동 상동시민공원 벚꽃로 511 선도동산 부전동 1060-4 팔팔공원 정우면 정신로 778 산외미로정원 산외면 오공리 224 정읍사공원 초산동 81-2 내장산국립공원 내장산로 936 백암산 신정동 두승산 흑암동 입암산 신정동 산 183 칠보산 금붕동 산 63 장금산 산내면 종성리 묵방산 산외면 종산리 산 73 채계산 산외면 동곡리 성황산 수성동 왕자산 산내면 예덕리 금선계곡 내장동 원적계곡 내장동 갈재골 입암면 등천리 상잿울골 신태인읍 양괴리 시랑골 산내면 예덕리 잿벙어리골 산내면 두월리 방성골 산내면 두월리 문수동골 산내면 능교리 상두골 산내면 두월리 서담골 금붕동		백장골 쌈지공원 산내면 대정리 산 136 금암공원 노암동 쌈지공원 송동면 세전리 큰산초록공원 대산면 운교2길 22 남원시추모공원 광치동 요천 쌈지공원 쌍교동 1 고인 체육공원 아영면 고인청계길 48 근린공원 도통동 반야봉 산내면 부운리 지리산 정령치 산내면 정령치로 1523 바래봉 운봉읍 봉화산 아영면 일대리 만행산 산동면 대상리 산 129-2 견두산 수지면 고평리 산 206-2 고남산 산동면 부절리 산 20-1 세걸산 운봉읍 공안리 교룡산 산곡동 산 25-9 덕두산 인월면 중군리 산 75 삼봉산 산내면 중황리 장백산 이백면 효기리 천마산 수지면 유암리 뱀사골계곡 산내면 부운리 달궁계곡 산내면 덕동리 구룡계곡 주천면 덕치리 심원계곡 산내면 지리산로 842-8 호동골 산동면 식련리 매방죽골 대강면 신덕리 수성대골 인월면 중군리 산지당골 덕과면 사율리 만학동계곡 금지면 방촌리 곰장골 주천면 주천리 구룡폭포 주천면 덕치리 뱀사골실비단폭포 산내면 남원자연휴양림 보산로 228
남원시	사랑의광장 어현동 37-11 춘향골 체육공원 충정로 341 고소바위공원 산동면 대기리 404 서림공원 운봉읍 서천리 350-1 요천생태습지공원 주생면 중동리 1275 남원어린이교통공원 이백면 이백로 333 운봉체육소공원 운봉읍 행정리 바래봉철쭉공원 운봉읍 용산리 남원애견놀이공원 주생면 중동리 1009-48 지리산자생식물환경공원 운봉읍 용산리 442-3	완주군	둔산공원 봉동읍 둔산3로 94 지사울공원 이서면 반교로 107-16 생강골공원 봉동읍 낙평리 732 중앙공원 봉동읍 용암리 823 고산문화공원 고산면 고산휴양림로 89 경천생활체육공원 경천면 경천리 680-3 소양체련공원 소양면 해월리 다복공원 봉동읍 용암리 고산체육공원 고산면 서봉리 728 운주면생활체육공원 운주면 장선리 199 금와습지생태공원 삼례읍 후상제방길 54 소예공원 봉동읍 제내리 설화공원 이서면 농생명로 100 장기늘푸름공원 봉동읍 장기리

	봉동근린공원 봉동읍 낙평리 783 매동공원 봉동읍 용암리 화산면생활체육공원 화산면 화월리 485 학골공원 봉동읍 용암리 둔산어린이공원 봉동읍 둔산리 명동자연공원 봉동읍 용암리 윤슬공원 이서면 금평리 791 노울공원 이서면 갈산리 신월햇살공원 봉동읍 낙평리 상관생활체육공원 상관면 신리 우동공원 봉동읍 둔산2로 62 소리공원 이서면 갈산리 고산자연휴양림 고산면 고산휴양림로 246 대아수목원 동상면 대아수목로 94-34 대둔산 운주면 산북리 611-34 모악산 구이면 모악산길 111-3 오봉산 구이면 백여리 천등산 운주면 산북리 운암산 동상면 대아리 기차산 동상면 신월리 만덕산 소양면 신촌리 봉실산 봉동읍 은하리 연석산 동상면 사봉리 고덕산 구이면 평촌리 운주계곡 운주면 장선리 492 운장계곡 동상면 대아리 운장산계곡 동상면 신월리 용문골 운주면 산북리 밤티재골 구이면 안덕리 신흥계곡 경천면 가천리 은천계곡 동상면 대아리 대둔산얼음계곡 운주면 대둔산로 2130-10 후역전 삼례읍 후정리 동상계곡 동상면 신월리 완주옥계천 운주면 산북리 위봉폭포 소양면 대흥리		정천수변체련공원 정천면 봉학리 455-2 가막유원지 진안읍 가막리 211-1 상전수변체련공원 상전면 주평리 모래공원 부귀면 모래재로 571 월랑체육공원 진안읍 군하리 마령체련공원 마령면 강정리 632 마이산생태수변공원 진안읍 단양리 700-25 부기체련공원 부귀면 거석리 712-1 월랑공원 진안읍 군상리 진안공설운동장 월랑공원 진안읍 군하리 253-8 효령대군가족공원 진안읍 전진로 3071-31 개미공원 주천면 삼거길 13 마이돈테마공원 진안읍 단양리 풍혈냉천 성수면 좌포리 고원화목원 백운면 덕현리 678-3 운장산자연휴양림 정천면 휴양림길 77 마이산 마령면 동촌리 구봉산 주천면 운봉리 운장산 부귀면 황금리 부귀산 진안읍 정곡리 산 5 성치산 주천면 용덕리 덕태산 백운면 백암리 죽도 진안읍 가막리 산 6 선각산 백운면 백암리 내동산 백운면 덕현리 운일암반일암계곡 주천면 대불리 백운동계곡 백운면 백암리 갈거계곡 정천면 갈용리 산 183 장군봉골 부귀면 세동리 마소리골 정천면 봉학리 북도골 안천면 백화리 고금당골 마령면 동촌리 직절곡골 부귀면 황금리 병목안 백운면 신암리 큰터골 부귀면 신정리 두남천계곡 부귀면 두남리
진안군	마이산 도립공원 진안읍 마이산로 130 용담댐 조각공원 안천면 삼락리 1101-7 주천생태공원 주천면 신양리 705-2 용담호공원 정천면 갈용리 384-5 한국수자원공사 자연생태공원 용담면 진용로 2742 용담체련공원 용담면 송풍리 1182-3 용담가족테마공원 용담면 송풍리 1221-6 노적봉 쉼터 주천면 동상주천로 1716 운일암반일암 삼거광장 주천면 대불리 75-1 상전망향의광장 상전면 진무로 2395-24 동향체련공원 동향면 능금리 성수체련공원 성수면 좌포리 1462	무주군	지남공원 무주읍 당산리 1195 적상체육공원 적상면 사천리 294-4 반딧불이환경테마공원 설천면 청량리 1422 안성생활체육공원 안성면 구량천로 82 무풍생활체육공원 무풍면 현내리 617 부남체육공원 부남면 대유리 1238-20 북리마을공원 무풍면 현내리 벽천공원 무주읍 읍내리 837-6 심곡리공원 설천면 심곡리 41-4 경관광장 무주읍 읍내리 9-19 무주덕유산리조트 조각공원 설천면 심곡리 1209-4 교통광장 무주읍 오산리 1019-1

	회차로잔디밭 적상면 방이리 158-11		덕재산 지사면 금평리 산 1
	단지공원 안성면 장기리 192-41		백이산 운암면 학암리
	덕유산국립공원 설천면 구천동1로 159		회문산 강진면 용수리
	부남면체육공원 부남면 대유리		치마산 신덕면 신덕리
	덕유산 설천면 삼공리		용추계곡 청웅면 두복리
	적상산 적상면 북창리		장구목골 강진면 용수리
	대덕산 무풍면 증산리		범당골 임실읍 두곡리
	초점산 무풍면 덕지리 산 2		백련산 용소폭포 강진면 방현리
	삼봉산 무풍면 삼거리		방죽골 지사면 계산리
	향로산 무주읍 읍내리		이윤골 강진면 방현리
	조항산 적상면 방이리		구수골 임실읍 정월리
	백운산 설천면 소천리 산 1		세심자연휴양림 삼계면 임삼로 485
	지장산 부남면 고창리		성수산자연휴양림 성수면 성수리 산124
	박석산 설천면 미천리 산 1		옥정호 운암면 운정리
	향적봉 설천면	장수군	의암공원 장수읍 두산리
	덕유산자연휴양림 무풍면 삼거리 산1		장수누리파크공원 장수읍 논개사당길 65
	구천동계곡 설천면 삼공리		뜬봉샘생태공원 장수읍 수분리 536-2
	월하탄 설천면 삼공리		장수물빛공원 번암면 죽림리 295-2
	명천계곡 안성면 죽천리		장계체육공원 군 장계면 체육공원길 40
	덕산계곡 안성면 덕산리		방촌공원 장수읍 방촌길 9
	수경대계곡 설천면 삼공리		3.1운동기념공원 산서면 동화리 257-1
	구월담 설천면 삼공리 산 121		시동강천변공원 번암면 노단리
	인월담 설천면 삼공리 산 100		장안산군립공원 장수읍 덕산리
	오두재절 무풍면 삼거리		장안산 계남면 장안리
	칠연계곡 안성면 칠연로 543		영취산 장계면 대곡리 산 92-26
	파회계곡 설천면 심곡리		백운산 번암면 지지리
	만조탄계곡 설천면 두길리		천반산 천천면 연평리
	천일폭포 적상면 북창리		팔공산 장수읍 대성리
	용추폭포 안성면 공정리		봉화산 번암면 동화리
	연하폭포 설천면 삼공리		신무산 장수읍 식천리
	칠연폭포 안성면 공정리		영대산 산서면 오산리
	송대폭포 적상면 괴목리		백화산 계남면 화음리
임실군	오수 의견공원 오수면 충효로 2096-16		덕산계곡 장수읍 덕산리
	요산공원 운암면 입석리 458-9		지지계곡 번암면 지지리
	사선대조각공원 관촌면 덕천리 495-2		토옥동계곡 계북면 양악리
	섬진강생활체육공원 덕치면 회문리		방화동계곡 번암면 사암리
	쌍암리공원 운암면 쌍암리		방화동계곡 번암면 죽산리 산 50-2
	원동산공원 오수면 오수리 332		서구이재골 장수읍 송천리
	망향탑 운암면 입석리 490-1		피야골 계남면 가곡리
	박사골 희망마을체육공원 삼계면 삼계리		솔정이골 산서면 봉서리
	사선대 관촌면 사선2길 68-7		비룡계곡 장계면 명덕리
	임실군생활체육공원 임실읍 이도리		천상데미 장수읍 노하리
	고덕산 관촌면 운수리		방화동자연휴양림 번암면 방화동로 778
	백련산 청웅면 두복리		와룡자연휴양림 천천면 비룡로 632
	경각산 신덕면 조월리	순창군	섬진강군민체육공원 유등면 유등로 560-22
	성수산 덕치면 사곡리		구송정체육공원 동계면 서호길 48-12
	나래산 운암면 운종리		일품공원 순창읍 장류로 407-11

	복흥정산체육소공원 복흥면 정산리 427-2 금과 동산 금과면 방축리 회문산 체육공원 구림면 안정리 강천산군립공원 팔덕면 청계리 산263-1 내장산국립공원 복흥면 봉덕리 강천공원 팔덕면 청계리 회문산자연휴양림 구림면 안정리 내장산 복흥면 봉덕리 강천산 팔덕면 청계리 추월산 복흥면 대방리 회문산 구림면 안정리 채계산 적성면 괴정리 산 157 소백산 복흥면 서마리 용궐산 동계면 어치리 무직산 구림면 안정리 아미산 순창읍 백산리 체계산 적성면 내월리 강천산계곡 팔덕면 청계리 가마골 인계면 도룡리 금골 쌍치면 쌍계리 어치골 동계면 어치리 물통골 구림면 구산리 영통골 복흥면 봉덕리 아미산골 순창읍 백산리 바람골 쌍치면 금성리		봉래구곡 변산면 중계리 184 수락폭포 변산면 도청리 선계폭포 보안면 우동리 와룡소계곡 상서면 청림리 산 251-1 가마소계곡 상서면 청림리 산 299 분옥담계곡 변산면 중계리 지름박골 변산면 운산리 직소폭포 변산면 중계리 채석강 변산면 격포리 301-1 변산해수욕장 변산면 변산로 2076 격포해수욕장 변산면 변산해변로 1 모항해수욕장 변산면 모항길 23-1 고사포해수욕장 변산면 노루목길 28 상록해수욕장 변산면 도청리 577 위도해수욕장 위도면 위도로 366 언포해수욕장 변산면 도청리
부안군	줄포만갯벌생태공원 줄포면 생태공원로 170 매창공원 부안읍 서외리 567 금구원야외조각미술관 변산면 조각공원길 31 해넘이공원 변산면 격포리 788-25 사링의낙조 공원 변산면 대힝리 113-13 서림공원 부안읍 동중리 산 4-2 해창쉼터 하서면 백련리 변산체련공원 변산면 지서리 천배산체련공원 줄포면 장동리 부안상설시장 옥상테마공원 부안읍 부풍로 47 주산면체련공원 주산면 돈계리 41 격포체육공원 변산면 격포리 270-25 변산반도국립공원 변산면 대항리 부안자생태공원 줄포면 우포리 가력도생태공원 변산면 대항리 내변산 변산면 중계리 변산 변산면 운산리 우금산 상서면 감교리 산 113 석불산 하서면 청호리 갑남산 변산면 도청길 106 계화산 계화면 계화리 천배산 줄포면 장동리	고창군	운곡습지 아산면 운곡리 서해안바람공원 심원면 만돌1길 7-3 뚜라조각공원 고창읍 당촌길 29 고창새마을공원 고창읍 교촌리 생활체육테마공원 고창읍 석교리 모양성공원 고창읍 읍내리 고창농어촌테마공원 상하면 상하농원길 31 어린이생태놀이터 고창읍 월곡리 소생태공원 고창읍 읍내리 429 고창새마을공원 고창읍 석교리 선운산 공원 아산면 삼인리 춘산공원 대산면 춘산리 늘푸른공원 고창읍 전봉준로 242 근린공원 고창읍 월곡14길 3 고인돌공원 고창읍 도산리 외정공원 고창읍 석정리 선운산 심원면 연화리 방장산 신림면 가평리 소요산 부안면 선운리 화시산 아산면 운곡리 산 4-1 청용산 해리면 하련리 선운계곡 아산면 삼인리 도솔계곡 아산면 삼인리 산 99-1 학골 고수면 남산리 동매기골 아산면 용계리 신답골 고수면 은사리 용추폭포 신림면 신평리 구시포해수욕장 상하면 자룡리 동호해수욕장 해리면 동호리 동호해변 해리면 동호리

4. 호텔, 백화점

지역구분	소재지
전주시	라마다호텔 전주 완산구 팔달로 227 베니키아 전주한성호텔 완산구 전주객사5길 43-3 그랜드힐스턴호텔 완산구 서곡5길 22-5 로니관광호텔 완산구 전주객사4길 74-50 전주관광호텔 완산구 팔달로 201-4 JS호텔 완산구 팔달로 212-9 르윈호텔 완산구 기린대로 85 엔브릿지호텔 완산구 전주천서로 81 왕의지밀 완산구 춘향로 5218-20 호텔다빈 완산구 팔달로 160 풍남관광호텔 완산구 전주객사2길 45-7 솔호텔 덕진구 아중2길 22-4 전주영화호텔 완산구 전주객사2길 28-27 황실관광호텔 완산구 은행로 22 에비뉴호텔 덕진구 산정2길 12-16 재즈어라운드호텔 덕진구 정언신로 182 태조궁 완산구 전라감영로 40 나비잠한옥호텔 완산구 팔달로 150-17 한옥호텔궁 완산구 풍남문4길 25-19 호텔바라한 덕진구 용산2길 17-5 이화호텔 완산구 전라감영로 76 호텔투썸스테이 완산구 어은로 12-4 르시엘호텔 덕진구 산정2길 23 화이트관광호텔 덕진구 전주천동로 501 궁호텔 덕진구 용산1길 17-4 더시티호텔 완산구 충경로 65 롯데백화점 전주점 완산구 온고을로 2 NC웨이브 전주점 완산구 전주객사5길 35 세이백화점 서전주점 완산구 홍산로 254
군산시	라마다군산호텔 대학로 400 베니키아 아리울 호텔 가도안1길 45 베스트웨스턴호텔 새만금북로 435 에이본호텔 군산 해망로 10 오스카스위트호텔 소룡1길 55 리츠프라자호텔 한밭안길 30 애플트리호텔 군산점 가도안1길 17 군산리버힐관광호텔 성산면 철새로 56 호텔세인트 진포로 136-2 호텔파라다이스 조촌1길 21 호텔아네스빌 부원로 24 웨스턴호텔 옥서면 선연길 17 엘리스호텔 가도안1길 19 타워팰리스관광호텔 부곡1길 52 호텔아리울 비응남1길 11 호텔몽 비응안2길 12
익산시	웨스턴라이프호텔 동서로 380 익산그랜드팰리스호텔 목천로1길 9 익산비즈니스관광호텔 인북로 10 하노바관광호텔 중앙로 22-202 켈리포니아호텔 익산대로2길 14-3
김제시	드라이브인M호텔 금구면 봉두로 48
정읍시	호텔로얄 중앙로 170 금오호텔 중앙3길 11
남원시	더 스위트호텔 남원 주천면 원천로 217 마음호텔 소리길 124 호텔춘향 소리길 114 남원예촌 by켄싱턴 광한북로 17 호텔춘향가 양림길 28-14 남원호텔 주천면 정령치로 122-11 지리산칸호텔 산내면 지리산로 815 지리산구룡관광호텔 인월면 천왕봉로 143 드래곤레이크컨트리클럽 골프텔 대산면 대사로 498 리버호텔 소리길 120
완주군	더클래식호텔 이서면 오공로 21-19 대둔산호텔 운주면 대둔산공원길 37 위드유호텔 봉동읍 봉동로 105
진안군	진안관광호텔 진안읍 중앙로 78 운장산유스호텔 주천면 내처사길 74-69
무주군	무주덕유산리조트 호텔티롤 설천면 만선로 185 부영덕유산리조트 국민호텔 설천면 만선로 185
장수군	장수온천호텔 번암면 장수로 673-14
순창군	화이트밸리 구림면 안심길 183-5
부안군	베니키아 채석강 스타힐스호텔 변산면 채석강길 33 모항해나루가족호텔 변산면 모항해변길 73 바다호텔 변산면 채석강길 38
고창군	선운산관광호텔 아산면 중촌길 21 동백호텔 아산면 중촌길 26 골프존카운티선운 스테이션운 아산면 운곡로 418

5. 교량, 터널

(1) 교량

교량명	소재지	연결 구역
남천교	전주시 완산구 동서학동	전주시 완산구 교동~ 전주시 완산구 동서학동
동백대교	군산시 금동 55-8	군산시 금동~ 서천군 장항읍 원수리
동진강교	정읍시 태인면 태창리	정읍시 태인면 낙양리~ 정읍시 태인면 태창리

동진대교	부안군 동진면 동전리	부안군 동진면 동전리~ 부안군 동진면 동전리	
마전교	전주시 완산구 중화산동2가	전주시 완산구 중화산동~ 전주시 완산구 효자동	
만경대교	군산시 대야면 복교리	김제시 청하면 동지산리~ 군산시 대야면 복교리	
매곡교	전주시 완산구 동완산동	전주시 완산구 전동~ 전주시 완산구 동완산동	
봉동교	완주군 봉동읍 신성리	완주군 용진읍 신지리~ 완주군 봉동읍 신성리	
삼례교	전주시 덕진구 화전동	전주시 덕진구 화전동~ 완주군 삼례읍 삼례리	
서곡교	전주시 완산구 서신동	전주시 완산구 서신동~ 전주시 완산구 효자동3가	
영강교	진안군 용담면 와룡리	진안군 용담면 와룡리~ 진안군 용담면 와룡리	
와룡교	진안군 용담면 와룡리	진안군 용담면 와룡리~ 진안군 용담면 와룡리	
운암대교	임실군 운암면 운종리	임실군 운암면 마암리~ 임실군 운암면 운종리	
웅포대교	익산시 웅포면 맹산리	익산시 웅포면 맹산리~ 부여군 양화면 내성리	
월령교	정읍시 내장동	정읍시 내장동~ 정읍시 내장동	
이동교	전주시 완산구 효자동2가	전주시 완산구 효자동~ 전주시 완산구 효자동	
장자대교	군산시 옥도면 선유도리	군산시 옥도면 선유도리~ 군산시 옥도면 장자도리	
천딤교	임실군 덕치면 천담리	임실군 덕치면 천담리~ 임실군 덕치면 친담리	
추천대교	전주시 덕진구 팔복동2가	전주시 덕진구 덕진동~ 전주시 덕진구 팔복동	
하리교	완주군 삼례읍 하리	전주시 덕진구 전미동~ 완주군 삼례읍 하리	
홍산교	전주시 완산구 효자동3가	전주시 완산구 서신동~ 전주시 완산구 효자동	
회포대교	완주군 용진읍 상운리	전주시 덕진구 전미동~ 완주군 용진읍 상운리	
적성교	순창군 적성면 고원리	순창군 적성면 괴정리~ 순창군 적성면 고원리	
서천교	전주시 완산구 동완산동	전주시 완산구 동완산동~ 전주시 완산구 다가동	
효자교	전주시 완산구 효자로	전주시 완산구 효자동~ 전주시 완산구 효자동	

(2) 터널

터널명	소 재 지
향가터널	순창군 풍산면 대가리
진북터널	전주시 완산구 서신동
어은터널	전주시 덕진구 진북동
밤재터널	남원시 주천면 송치리
장수터널	장수군 계남면 침곡리
숭림사생태통로터널	익산시 함라면 금성리
모래재터널	진안군 부귀면 세동리
정령치생태터널	남원시 주천면 고기리
남원터널	남원시 주생면 내동리
춘향터널	남원시 광치동
월명터널	군산시 신흥동
삼도봉터널	무주군 무풍면 금평리
곰티터널	진안군 부귀면 세동리
개운치터널	순창군 쌍치면 방산리 121-4
광곡터널	완주군 구이면 평촌리
백두대간사치재터널	남원시 아영면 아곡리
솥튼터널	정읍시 감곡면 통석리
산곡터널	남원시 교룡로 58-22
풍천터널	고창군 아산면 삼인리
무풍터널	무주군 무풍면 현내리
방곡터널	장수군 천천면 춘송리
싸리재터널	무주군 무주읍 용포리
대명터널	군산시 성산면 대명리
고창터널	고창군 고수면 은사리
조금재터널	무주군 적상면 삼유리 산 29
입암터널	정읍시 입암면 등천리
싸리재터널	무주군 무주읍 용포리
계곡터널	완주군 구이면 계곡리
덕지삼기터널	무주군 무풍면 삼거리 산 1-7
방곡터널	장수군 천천면 춘송리
샘골터널	정읍시 수성동
슬치터널	완주군 상관면 용암리
적상터널	무주군 적상면 삼가리
천호터널	익산시 여산면 태성리
치목터널	무주군 적상면 괴목리
밤재터널	임실군 강진면 학석리
입석터널	정읍시 고부면 입석리
항가터널	정읍시 태인면 태흥리
상관2터널	완주군 상관면 의암리
용호터널	정읍시 상동
모악터널	완주군 구이면 두현리
희망터널	익산시 남중동
내장산터널	정읍시 쌍암동
고로치터널	무주군 부남면 장안리 산 136-2
사매1터널	남원시 사매면 계수리

제④편 전라북도 주요 지리 출제예상문제

01 다음 중 임실군에 소재하지 않는 것은?
① 사선대 ② 임실용암리석등
③ 옥정호 ④ **논개사당**

02 다음 중 전주시 덕진구 관할 동이 아닌 것은?
① 인후동 ② 팔복동
③ 고사동 ④ 금암동

03 다음 중 전주 완산구 중화산동에 있는 것은?
① 전주 MBC
② 완산구청
③ 전주 예수병원
④ 전주병원

04 다음 중 전라북도청사가 소재하는 동은?
① 전동 ② 고사동
③ **효자동** ④ 덕진동

05 다음 중 전주시 덕진구 덕진동에서 볼 수 없는 것은?
① 전주지방법원
② **전라북도청**
③ 전북대학교
④ 고속버스 터미널

06 다음 중 전주시에서 찾아볼 수 없는 것은?
① 객사
② 전동성당
③ 한옥마을
④ 전봉준생가

07 다음 중 가라내로와 백제대로가 만나는 교량은?
① **백제교** ② 서신교
③ 어은교 ④ 다가교

08 다음 중 전주교육대학교가 위치한 동은?
① 동서학동 ② 평화동
③ 서서학동 ④ 교동

09 다음 중 광주대구고속국도가 통과하지 않는 지역은?
① 남원시 ② 무주군
③ 장수군 ④ 순창군

10 다음 중 익산시와 인접한 전라북도 지역이 아닌 것은?
① 군산시 ② 김제시
③ **정읍시** ④ 완주군

정답 01 ④ 02 ③ 03 ③ 04 ③ 05 ② 06 ④ 07 ① 08 ① 09 ② 10 ③

11 다음 중 전주시청과 가장 인접한 호텔은?
① 전주 관광호텔
② **라마다호텔**
③ 전주 코아 리베라 호텔
④ 세종호텔

12 다음 중 전북완주교육지원청과 가장 가까운 학교는?
① 전주여고
② 전일초등학교
③ 동묵초등학교
④ 금평초등학교

13 다음 중 전주시 동서학동에 소재지가 아닌 사찰명은?
① 불정사
② 충경사
③ **안행사**
④ 삼경사

14 다음 중 전주천을 연결해 주는 교량이 아닌 것은?
① 남천교
② 싸전다리
③ 어우교
④ **마전교**

15 다음 중 완산구지역에서 덕진구지역과 가장 근접한 동은?
① 중화산동
② **태평동**
③ 산천동
④ 효자동

16 다음 중 전주고등학교가 소재하는 동 이름은?
① 서노송동
② **중노송동**
③ 남노송동
④ 풍만동

17 다음 중 전주역과 만나는 도로는?
① 문화로
② 아중로
③ 호성로
④ **백제대로**

18 다음 중 서해안고속도로 중 전북지역을 지나는 곳에 있는 IC가 아닌 것은?
① 군산 IC
② 김제 IC
③ 줄포 IC
④ 부안 IC

19 다음 중 군산시 중앙로에 위치한 주요기관이 아닌 곳은?
① 군산우체국
② 해신동주민센터
③ KT군산
④ **홍남동주민센터**

20 다음 중 군산시 대학로에 있는 호텔은?
① 라마다 군산호텔
② 에이븐 호텔
③ 오스카 호텔
④ 아네스 호텔

21 다음 중 군산시에 없는 초등학교는?
① 중앙초등학교
② 구암초등학교
③ **금성초등학교**
④ 군산서초등학교

22 다음 보기 중 군산상고와 거리가 가장 멀리 위치한 학교는?
① 나운초등학교
② 군산기계공고
③ 문화초등학교
④ **군산여자상업고**

정답 11 ② 12 ① 13 ③ 14 ④ 15 ② 16 ② 17 ④ 18 ② 19 ④ 20 ① 21 ③ 22 ④

23 다음 중 정읍천에 없는 교량은?
① 죽림교　② 정동교
③ 연지교　④ 학교

24 다음 보기 중 정읍시청과 가장 멀리 떨어져 있는 관공서는?
① 보건소
② 경찰서
③ 정읍제일고등학교
④ 전주지검정읍지청

25 다음 중 전라북도 지역에 월드컵 경기장이 있는 도시는 어디인가?
① 정읍시　② 군산시
③ 익산시　④ 전주시

26 다음 중 정읍시 전북과학대학교가 있는 동은?
① 상동　② 구룡동
③ 시기동　④ 연지동

27 다음 중 남원시청이 소재하고 있는 동은?
① 향교동　② 도통동
③ 동충동　④ 천지동

28 다음 보기 중 남원경찰서와 거리가 가장 멀리 있는 곳은?
① 광한루
② 성원고등학교
③ 남원여자고등학교
④ 원정들

29 다음 보기 중 김제역에서 택시를 타고 중앙로를 지나고 있다. 주행 중 볼 수 있는 것은?
① 김제고등학교
② 김제보건소
③ 우석병원
④ 김제경찰서

30 다음 보기 중 김제시에서 가장 가까운 지방자치단체는?
① 남원시　② 완주군
③ 부안군　④ 정읍시

31 다음 보기 중 남원시에서 가장 멀리 있는 지방자치단체는?
① 임실군　② 장수군
③ 부안군　④ 정읍시

32 다음 중 호남고속도로의 IC가 다른 하나는?
① 김제 IC　② 완주 IC
③ 익산 IC　④ 삼례 IC

33 다음 중 전북 임실군과 인접되지 않은 지역은?
① 무주군　② 장수군
③ 정읍시　④ 진안군

34 다음 중 전라북도를 지나는 호남고속도로 IC가 아닌 것은?
① 익산IC　② 부안IC
③ 전주IC　④ 정읍IC

35 다음 중 전주에서 임실군 소재 옥정호로 가려면 몇 번 지방 국도를 이용해야 하나?
① 1번 ② 21번
③ 27번 ④ 30번

36 보기 중 덕진호와 덕진공원 주변에서 볼 수 없는 것은?
① 덕진예술회관 ② MBC방송국
③ 도립국악원 ④ 전북대학교

37 다음 중 전주시 문화유적명승지 중 위치가 다른 하나는?
① 조경묘 ② 경기전
③ 수복청 ④ 남고산성

38 다음 중 전주지방병무청이 위치한 곳은?
① 남소송동 ② 풍안동
③ 교동 ④ 대성동

39 다음 중 익산시에 소재하지 않는 것은?
① 왕궁리유적 ② 벽골제
③ 원불교중앙총부 ④ 왕궁탑

40 다음 중 전라북도 지역에 있는 도립공원이 아닌 것은?
① 선운산 도립공원
② 내장산 도립공원
③ 마이산 도립공원
④ 모악산 도립공원

41 다음 중 군산시 지역에 있는 섬이 아닌 것은?
① 무녀도 ② 비안도
③ 선유도 ④ 위도

42 다음 중 전주시에서 남원시를 가려면 몇 번 국도를 이용하여야 하는가?
① 17번 국도 ② 26번 국도
③ 27번 국도 ④ 30번 국도

43 다음 중 동학혁명 발상지이며 동학군을 이끌었던 전봉준장군 고택이 있는 지역은 어디인가?
① 김제시 ② 정읍시
③ 완주군 ④ 전주시

44 다음 중 임실군에 소재하지 않는 것은?
① 사선대관광지
② 세심자연휴양림
③ 옥정호
④ 와룡자연휴양림

45 다음 보기 중 순창군 지역에 있지 않은 면소재지는?
① 금과면 ② 인계면
③ 옥과면 ④ 구림면

46 다음 중 전북지역에 있는 국도립공원과 지역이 잘못 연결된 것은?
① 진안군 – 마이산도립공원
② 정읍시 – 내장산국립공원
③ 완주군 – 덕유산국립공원
④ 고창군 – 선운산도립공원

정답 35 ③ 36 ② 37 ① 38 ① 39 ② 40 ② 41 ④ 42 ① 43 ② 44 ④ 45 ③ 46 ③

47 다음 중 익산시에서 남원시로 가려면 경유하는 지역은?
① 진안군　② 정읍시
③ 장수군　④ 임실군

48 다음 중 전라북도에 소재한 관광지가 아닌 것은?
① 내장산　② 송산리 고분
③ 변산반도　④ 고군산군도

49 다음 중 고창군과 관계없는 것은?
① 선운사　② 구시포해수욕장
③ 팔열각　④ 동백나무숲

50 다음 중 전북도청이 있는 전주시와 인접된 지역으로 맞는 것은?
① 완주군　② 남원시
③ 정읍시　④ 군산시

51 다음 중 철도에서 호남선과 전라선이 분리되는 지역은 어디인가?
① 군산시　② 김제시
③ 익산시　④ 서대전

52 다음 중 번영로라는 명칭을 가진 도로는 어느 구간인가?
① 전주 - 군산
② 전주 - 고창
③ 전주 - 김제
④ 전주 - 임실

53 다음 중 통영~대전고속국도가 경유하는 전북지역의 IC가 있는 곳은 다음 중 어느 곳인가?
① 진안군　② 완주군
③ 장수군　④ 순창군

54 다음 중 익산시에서 가장 거리가 먼 지역은 다음 중 어디인가?
① 진안군　② 군산시
③ 김제시　④ 완주군

55 다음 중 순창군에서 진안군에 있는 마이산 도립공원을 가려면 몇 번 도로를 이용하는가?
① 13번 국도
② 30번 국도
③ 21번 국도
④ 17번 국도

56 다음 중 무주군에서 소재하지 않은 것은?
① 호국사　② 세벽정
③ 적상산성　④ 송계사

57 다음 중 철도 전라선이 통과하는 전라북도 지역의 역이 아닌 것은 다음 중 어느 것인가?
① 남원역　② 나주역
③ 곡성역　④ 전주역

58 다음 중 국립공원으로 지정된 산이 아닌 것은?
① 마이산　② 덕유산
③ 내장산　④ 지리산

정답 47 ④ 48 ② 49 ③ 50 ① 51 ③ 52 ① 53 ③ 54 ① 55 ② 56 ② 57 ② 58 ①

59 다음 중 장수군 지역에 소재한 것이 아닌 것은?
① 용추산 자연휴양림
② 논개사당
③ 덕산계곡
④ **합미성**

60 다음 중 부안군 지역에 소재하지 않는 것은?
① 만경강　② **만취정**
③ 내소사　④ 개암사

61 다음 중 호남선 철도의 기점과 종점이 맞는 것은?
① 여수 – 서대전　② **서대전 – 목포**
③ 여수 – 대전　④ 목포 – 대전

62 다음 중 호남고속도로 구간으로 맞는 것은?
① 대전 – 논산　② 순천 – 광주
③ **순천 – 논산**　④ 회덕 – 광주

63 다음 중 전주시에 있는 호텔이 아닌 것은?
① 전주관광호텔
② 베니키아 한성호텔
③ **프린스 호텔**
④ 라마다 호텔

64 다음 중 전주시내에서 군산시내로 가려면 몇 번 국도를 이용해야 하는가?
① 17번 국도　② 21번 국도
③ 23번 국도　④ **26번 국도**

65 전라북도 시·군 중 지역 간 거리가 가장 먼 것은?
① 군산시 – 고창군
② 익산시 – 김제시
③ **부안군 – 장수군**
④ 임실군 – 남원시

66 다음 중 민속행사를 지역별로 연결한 것 중 틀린 것은?
① 장수군 – 마한민속제
② 전주시 – 풍남제
③ 무주군 – 반딧불축제
④ 남원시 – 춘향문화제

67 다음 중 전라북도, 전라남도, 경상남도에 걸쳐 있는 산은?
① 덕유산　② 지리산
③ 대둔산　④ 내장산

68 다음 중 광주·대구고속도로 상에 있는 IC 중 전북지역에 있지 않은 것은?
① 남장수 IC
② 순창 IC
③ **함양 IC**
④ 남원 IC

69 다음 중 전라북도 지역에 지정된 국립공원이 아닌 것은?
① 내장산국립공원
② 덕유산국립공원
③ 변산반도국립공원
④ **속리산국립공원**

정답 59 ④　60 ②　61 ②　62 ③　63 ③　64 ④　65 ③　66 ①　67 ②　68 ③　69 ④

70 다음 중 전라북도 지역으로 고속도로가 통과하는 구간 중 틀린 것은?
① 호남고속도로 : 익산-전주-정읍
② 서해안고속도로 : 군산-부안-고창
③ 완주순천고속도로 : 완주-임실-남원
④ 통영·대전고속도로 : 무주-장수-함양

71 다음의 전통음식 중 이강주, 비빔밥, 콩나물국밥으로 유명한 지역은 어디인가?
① 정읍시　② 군산시
③ 순창군　④ 전주시

72 다음 중 고창군 지역에 소재하지 않는 것은?
① 도솔계곡　② 선운사
③ 고인돌　④ 군장산업단지

73 다음 보기 중 부안군 지역과 관계없는 것은 어느 것인가?
① 위도　② 태인
③ 변산　④ 선위도

74 다음 중 익산시 지역에 있는 육군부사관학교 소재지는?
① 여산면　② 신용동
③ 남중동　④ 평화동

75 다음 중 군산 지역에 있는 대학교와 소재지가 연결이 바르게 짝지어지지 않은 것은?
① 서해대학 - 오룡동
② 호원대학교 - 임피면
③ 군산대학교 - 경암동
④ 군산간호대학 - 개정동

76 다음 중 익산시 신용동 지역에 있는 대학교는?
① 한국 폴리텍대학
② 원광대학교
③ 군장대학교
④ 호서대학교

77 다음 중 한국에서 가장 오래된 최대의 저수지 둑을 벽골제라 한다. 어느 지역에 있는가?
① 남원시　② 부안군
③ 김제시　④ 임실군

78 다음 중 두 개의 암봉으로 이루어진 마이산은 전라북도 어느 지역에 있는 산인가?
① 전주시　② 장수군
③ 진안군　④ 임실군

79 다음 중 완주군 지역에 소재하지 않는 것은?
① 대둔산도립공원
② 덕유산국립공원
③ 고산자연휴양림
④ 대아자연휴양림

80 다음 중 전라북도 지역 중 다른 도와 인접된 시·군이 아닌 것은?
① 정읍시　② 장수군
③ 순창군　④ 김제시

81 다음 기관 중 전주시 지역에 소재하지 않는 것은?
① 지방법원　② KBS방송국
③ 전북 교육청　④ 전매청

정답 70 ④　71 ④　72 ④　73 ②　74 ①　75 ③　76 ②　77 ③　78 ③　79 ②　80 ④　81 ④

82 다음 중 서해안고속도로가 지나는 지역 중에서 전라북도 지역에 있지 않은 것은?
① 서천시 ② 군산시
③ 김제시 ④ 고창군

83 다음 중 전주시 지역에서 가장 거리가 먼 지역은?
① 진안군 ② 고창군
③ 완주군 ④ 임실군

84 다음 중 벚꽃길이 유명한 도로로서 연결된 도시가 맞게 된 것은?
① 전주시 - 김제시
② 전주시 - 정읍시
③ 전주시 - 익산시
④ 전주시 - 군산시

85 다음 중 진안군 지역에 소재하지 않는 산은?
① 마이산 ② 부귀산
③ 덕유산 ④ 구봉산

86 다음 중 예로부터 춘향전과 목기제작으로 널리 알려진 지역은 어디인가?
① 고창군 ② 전주시
③ 정읍시 ④ 남원시

87 다음 중 섬진강 상류 오원천 기슭 사선대 주변에 조성된 사선대관광지가 있는 지역은?
① 임실군 ② 장수군
③ 순창군 ④ 전주시

88 다음 보기 중 정읍시에 소재한 것으로 사계절 경치가 아름다운 명승지로 알려진 사찰은 어느 것인가?
① 선운사 ② 내장사
③ 송광사 ④ 금산사

89 다음 중 미륵사에 있는 백제 말기의 화강석 석탑인 미륵사지석탑은 어느 지역에 있는가?
① 익산시 ② 무주군
③ 고창군 ④ 장수군

90 다음 중 김제시 지역에 소재하지 않는 것은?
① 우석병원 ② 벽골제
③ 금산사 ④ 내장사

91 다음 보기 중 대아저수지를 보유하고 있는 곳은 어디인가?
① 임실군 ② 순창군
③ 완주군 ④ 진안군

92 다음 전주시에 있는 대학이 아닌 것은?
① 원광대학교
② 전북대학교
③ 전주대학교
④ 전주교육대학교

93 다음 중 전주시 동고산성이 있는 동은?
① 동서학동 ② 평화동
③ 대성동 ④ 삼천동

정답 82 ① 83 ② 84 ④ 85 ③ 86 ④ 87 ① 88 ② 89 ① 90 ④ 91 ③ 92 ① 93 ③

94 다음 중 전주시에서 진안군청으로 갈 때 이용하는 도로는?
① 1번 도로　② 26번 도로
③ 17번 도로　④ 21번 도로

95 다음 중 전주시청에서 전주월드컵경기장으로 이어지는 도로는?
① 신복로　② 추천로
③ 팔복로　④ 기린대로

96 다음 중 전북대학교 전주캠퍼스가 있는 동은?
① 덕진동　② 동산동
③ 효자3동　④ 평화동

97 다음 중 전주시와 완주군을 잇는 다리가 아닌 것은?
① 회포대교　② 하리교
③ 삼례교　④ 만경교

98 다음 전라북도청 근처에 있는 것이 아닌 것은?
① 전북지방경찰청
② 으뜸병원
③ 마전숲공원
④ 대한방직

99 다음 중 전주시 백제대로와 가리대로가 만나는 교차로는?
① 통일광장사거리
② 터미널사거리
③ 백제교사거리
④ 금암광장사거리

100 다음 중 전주시 어중로와 견훤왕궁로가 만나는 교차로는?
① 시청입구사거리
② 진안사거리
③ 동부시장사거리
④ 완산경찰서사거리

101 다음 중 전주시를 지나는 국도가 아닌 것은?
① 13번 도로　② 1번 도로
③ 17번 도로　④ 27번 도로

102 다음 중 호남고속도로를 이용하여 전주월드컵경기장으로 갈 때 이용하는 IC는?
① 삼례　② 전주
③ 서전주　④ 김제

103 다음 중 전주역에서 종합경기장으로 이어지는 도로는?
① 견훤로　② 호성로
③ 조경단로　④ 백제대로

104 다음 중 서해안고속도로상에서 금강을 건너는 다리는?
① 금강갑문　② 금강대교
③ 웅포대교　④ 황산대교

105 다음 중 군산대학교가 있는 동은?
① 미룡동　② 옥서면
③ 옥산면　④ 금광동

정답 94 ②　95 ④　96 ①　97 ④　98 ②　99 ③　100 ②　101 ①　102 ②　103 ④　104 ②　105 ①

106 다음 중 군산시에 있는 호수가 아닌 것은?
① 옥구지 ② 은파 유원지
③ 능제저수지 ④ 미제저수지

107 다음 중 군산시청 인근에 있는 것이 아닌 것은?
① 군산교육지원청
② 월명호수
③ 전주지방법원 군산지원
④ 군산동초등학교

108 다음 중 군산시청에서 동군산병원으로 이어지는 도로는?
① 조촌로 ② 진포로
③ 번영로 ④ 경포천로

109 다음 중 군산시 번영로와 공단대로가 만나는 교차로는?
① 동초교사거리 ② 제일고삼거리
③ 사정삼거리 ④ 구암삼거리

110 다음 중 군산시와 서천군 사이를 흐르는 강은?
① 동진강 ② 금강
③ 만경강 ④ 영산강

111 다음 중 군산시 지역에 있는 해수욕장이 아닌 것은?
① 고사포해변
② 옥돌해변
③ 신유도해수욕장
④ 옥돌해수욕장

112 다음 중 김제시와 군산시를 잇는 교량이 아닌 것은?
① 공덕대교 ② 금강대교
③ 청하대교 ④ 목천대교

113 다음 중 김제시에 있는 고속도로 IC가 아닌 것은?
① 태인 ② 금산사
③ 서김제 ④ 김제

114 다음 중 모악산도립공원이 있는 지역은?
① 군산시 ② 완주군
③ 김제시 ④ 고창군

115 다음 중 호남고속도로를 이용하여 모악산도립공원으로 갈 때 이용하는 IC는?
① 김제 ② 서전주
③ 태인 ④ 금산사

116 다음 중 김제시에 있는 포구는?
① 가력도항 ② 심포항
③ 송포항 ④ 격포항

117 다음 중 익산시 미륵사지가 있는 지역은?
① 금마면 ② 황등면
③ 오산면 ④ 남산면

118 다음 중 익산시 왕궁리 유적을 지나는 도로는?
① 21번 도로 ② 27번 도로
③ 1번 도로 ④ 17번 도로

정답 106 ③ 107 ② 108 ① 109 ③ 110 ② 111 ① 112 ③ 113 ① 114 ③ 115 ④ 116 ② 117 ① 118 ③

119 다음 중 익산화물터미널에서 무왕릉(쌍릉)으로 이어지는 도로는?
① 부송로　② 궁동로
③ 선화로　④ **무왕로**

120 다음 중 익산시 중앙체육공원내에 있는 시설물이 아닌 것은?
① 미술관　② **신흥지**
③ 익산문화원　④ 익산 예술의전당

121 다음 남원시 지역에 있는 것이 아닌 것은?
① 구룡계곡　② 광한루원
③ **천왕봉**　④ 흥부골자연휴양림

122 다음 중 남원시 산내면 지역에 있는 것이 아닌 것은?
① 춘향테마파크
② 달궁계곡
③ 뱀사골계곡
④ 실상사

123 다음 중 광주대구고속도로를 이용하여 남원시청으로 갈 때 가장 가까운 IC는?
① 지리산　② 남원
③ 순창　④ 함양

124 다음 중 남원시 지역에서 철쭉으로 유명한 산은?
① **바래봉**　② 토끼봉
③ 만행산　④ 견두산

125 다음 정읍시 지역에 있는 것이 아닌 것은?
① 내장사
② 동학농민혁명기념관
③ **모악산**
④ 금선계곡

126 다음 정읍시 지역에 속한 면소재지가 아닌 것은?
① 산내면　② 태인면
③ 산외면　④ **줄포면**

127 다음 중 정읍시 지역에 있는 고속도로 IC가 아닌 것은?
① 태인　② **백양사**
③ 정읍　④ 내장산

128 다음 중 정읍시와 순창군의 경계에 있는 국립공원은?
① **내장산**　② 지리산
③ 변산반도　④ 덕유산

129 다음 중 고창고인돌 유적이 있는 소재지는?
① 상하면　② 해리면
③ 고창읍　④ 심원면

130 다음 중 고창군 지역 선운산도립공원이 있는 곳은?
① 성내면　② 심원면
③ 신림면　④ **아산면**

131 다음 중 서해안고속도로를 이용하여 고창군청으로 갈 때 이용하는 IC는?
① 선운산　　② 고창
③ 남고창　　④ 영광

132 다음 중 고창군 지역에 있는 해수욕장은?
① 구시포해수욕장
② 가마미해수욕장
③ 모래미해변
④ 상록해수욕장

133 다음 중 무주군지역에 있는 것이 아닌 것은?
① 라제통문　　② 함벽소
③ 칠연계곡　　④ 용담호

134 다음 중 무주군과 거창군의 경계를 이루는 국립공원은?
① 무등산　　② 덕유산
③ 가야산　　④ 지리산

135 다음 중 무주군청에서 영동군청으로 이어지는 도로는?
① 4번 도로　　② 13번 도로
③ 19번 도로　　④ 37번 도로

136 다음 중 덕유산 인근에 있는 것이 아닌 것은?
① 반디랜드　　② 구천동계곡
③ 용추폭포　　④ 스키장

137 다음 중 부안군 지역에 있는 국립공원은?
① 내장산　　② 변산반도
③ 덕유산　　④ 지리산

138 다음 중 부안군 지역에서 직소폭포, 영상테마파크 등이 있는 지역은?
① 줄포면　　② 백산면
③ 상서면　　④ 변산면

139 다음 중 부안군 지역에 있는 항구가 아닌 것은?
① 격포항　　② 곰소항
③ 동호항　　④ 궁항

140 다음 중 부안군 지역에 있는 해수욕장이 아닌 것은?
① 백바위해변
② 상록해수욕장
③ 변산해수욕장
④ 고사포해수욕장

141 다음 중 순창군 지역에 속하는 면소재지가 아닌 것은?
① 적성면　　② 산내면
③ 팔덕면　　④ 풍산면

142 다음 중 순창읍지역내에 있는 것이 아닌 것은?
① 귀래정　　② 순창요양병원
③ 창덕리남근석　　④ 순창IC

정답　131 ②　132 ①　133 ④　134 ②　135 ①　136 ①　137 ②　138 ④　139 ③　140 ①　141 ②　142 ③

143 다음 중 순창군 지역에 있는 고속도로 휴게소는?
① 지리산 ② 순천
③ 녹두장군 ④ 강천산

144 다음 중 완주군 지역에 있는 것이 아닌 것은?
① 고산자연휴양림
② 경천저수지
③ 왕궁리유적
④ 대둔산도립공원

145 다음 중 임실군 지역에 있는 가장 큰 호수는?
① 옥정호 ② 동림저수지
③ 청호저수지 ④ 장성호

146 다음 중 임실군 성수산자연휴양림이 있는 지역은?
① 운암면 ② 성수면
③ 신덕면 ④ 덕치면

147 다음 중 임실군지역에 흐르는 하천은?
① 금강 ② 동진강
③ 영산강 ④ 섬진강

148 다음 중 장수군에 있는 것이 아닌 것은?
① 용담호
② 장안산군립공원
③ 와룡자연휴양림
④ 토옥동계곡

149 다음 중 장수군과 경계를 이루는 시·군이 아닌 것은?
① 남원시 ② 임실군
③ 진안군 ④ 완주군

150 다음 중 장수군 장안산군립공원이 있는 지역은?
① 산서면 ② 장계면
③ 장수읍 ④ 계북면

151 다음 전라북도와 경계를 이루는 시·도가 아닌 것은?
① 경상남도 ② 경상북도
③ 충청남도 ④ 광주광역시

152 다음 중 바다를 접하고 있는 지역이 아닌 것은?
① 익산시 ② 부안군
③ 고창군 ④ 김제시

153 다음 전주시청으로 가려고 하는데 도로명주소로 맞는 것은?
① 천변로 143
② 완산구 노송광장로 10
③ 사직로 139-1
④ 예성로 323-1

154 다음 전주시에 있는 기관으로 도로명주소의 연결이 맞는 것은?
① 완산구청 - 완산구 서원로 232
② 덕진구청 - 덕진구 벚꽃로 55
③ 덕진구보건소 - 덕진구 벚꽃로 55
④ 전주완산소방서 - 완산구 전라감영로 33

정답 143 ④ 144 ③ 145 ① 146 ② 147 ④ 148 ① 149 ④ 150 ③ 151 ④ 152 ① 153 ② 154 ④

155 다음 익산시청으로 가려고 하는데 도로명주소로 맞는 것은?

① 익산대로 501
② **인북로 32길 1**
③ 익산대로 52
④ 익산대로 56

156 다음 익산시에 있는 기관으로 도로명주소의 연결이 맞는 것은?

① 익산시보건소 - 무왕로 975
② 익산경찰서 - 배산로 165-12
③ 익산소방서 - 무왕로 1338
④ **익산세무서 - 익산대로 460**

157 다음 군산시청으로 가려고 하는데 도로명주소로 맞는 것은?

① 번영로 308   ② **시청로 17**
③ 구암3.1로 82   ④ 조촌5길 44

158 다음 군산시에 있는 기관으로 도로명주소의 연결이 맞는 것은?

① 군산우체국 - 거석길 42
② 군산세관 - 해망로 244-7
③ 군산세무서 - 미장13길 49
④ **군산시보건소 - 조촌로 149**

159 다음 김제시청으로 가려고 하는데 도로명주소로 맞는 것은?

① 중앙로 85
② **중앙로 40**
③ 중앙로 213
④ 중앙로 206

160 다음 김제시에 있는 기관으로 도로명주소의 연결이 맞는 것은?

① 김제시보건소 - 성산길 138
② 김제소방서 - 벽성로 278
③ **김제우체국 - 중앙로 206**
④ 김제경찰서 - 중앙로 213

161 다음 남원시청으로 가려고 하는데 도로명주소로 맞는 것은?

① 광한북로 66
② **시청로 60**
③ 춘향로 15
④ 향단로 39

162 다음 남원시에 있는 기관으로 도로명주소의 연결이 맞는 것은?

① 남원시보건소 - 요천로 1285
② 남원공용버스터미널 - 용성로 109
③ 남원경찰서 - 교룡로 185
④ **남원우체국 - 향단로 39**

163 다음 정읍시청으로 가려고 하는데 도로명주소로 맞는 것은?

① 중앙1길 93   ② **충정로 2324**
③ 충정로 93   ④ 수성1로 61

164 다음 정읍시에 있는 기관으로 도로명주소의 연결이 맞는 것은?

① 정읍시보건소 - 수성1로 61
② 정읍소방서 - 서부산업도로 507-5
③ 정읍경찰서 - 중앙1길 157
④ **정읍우체국 - 중앙로 30**

정답 155 ② 156 ④ 157 ② 158 ④ 159 ② 160 ③ 161 ② 162 ④ 163 ② 164 ④

165 다음 완주군청으로 가려고 하는데 도로명주소로 맞는 것은?
① **용진읍 지암로 61**
② 삼례읍 삼봉로 215-20
③ 용진읍 완주로 178
④ 봉동읍 봉동로 28

166 다음 진안군청으로 가려고 하는데 도로명주소로 맞는 것은?
① 진안읍 진무로 702-30
② **진안읍 중앙로 67**
③ 진안읍 학천변길 47
④ 진안읍 진무로 1114

167 다음 무주군청에 가려고 하는데 도로명주소의 연결이 맞는 것은?
① 무주읍 주계로 100
② **무주읍 주계로 97**
③ 무주읍 한풍루로 408
④ 무주읍 적천로 367

168 다음 임실군청으로 가려고 하는데 도로명주소로 맞는 것은?
① 임실읍 감천로 33
② **임실읍 수정로 30**
③ 임실읍 호국로 1680
④ 임실읍 봉황로 247

169 다음 장수군청에 가려고 하는데 도로명주소의 연결이 맞는 것은?
① **장수읍 호비로 10**
② 장수읍 호비로 50
③ 장수읍 싸리재로 5
④ 장수읍 장천로 228

170 다음 순창군청에 가려고 하는데 도로명주소의 연결이 맞는 것은?
① 순창읍 장류로 311
② 순창읍 교성로 24
③ **순창읍 경천로 33**
④ 순창읍 장류로 342

171 다음 부안군청으로 가려고 하는데 도로명주소로 맞는 것은?
① 부안읍 석정로 192
② 부안읍 매창로 113
③ 부안읍 동중2길 15
④ **부안읍 당산로 91**

172 다음 고창군청에 가려고 하는데 도로명주소의 연결이 맞는 것은?
① 고창읍 녹두로 1294
② 고창읍 전봉준로 90
③ **고창읍 중앙로 245**
④ 고창읍 월곡1길 7

제5편
제주특별자치도 주요 지리
Taxi Driver's License

- ◇ 도청 소재지 : 제주시 문연로 6, 연동
- ◇ 면적(km^2) : 1,849.2km^2
- ◇ 행정구분 : 2시 (7읍 5면 31동)
- ◇ 꽃 : 참꽃 – 붉은 꽃을 무더기로 피우고 불타는 의욕과 응결된 의지를 나타내는 의미
- ◇ 나무 : 녹나무-제주특별자치도민의 특성과 기질과 신앙을 상징하고 있다.
- ◇ 새 : 제주큰오색딱따구리- 가슴의 바탕색은 연한 황백색이며 산림해충을 구제하는 데 유익하다.
- ◇ 인구(명) : 696,478(2019년 5월 현재)
- ◇ 산 : 한라산
- ◇ 섬 : 추자도, 마라도, 우도

1. 시 소재지

시	행정구역	소 재 지
제주시	4읍 3면 19동	제주시 광양9길 10, 이도2동
서귀포시	3읍 2면 12동	• 서귀포시 중앙로 105, 서홍동 (1청사) • 서귀포시 신중로 55, 법환동 (2청사)

2. 주요 기관

행정구역	소 재 지
제주시	정부제주지방합동청사 청사로 59 제주특별자치도 교육청 문연로 5 제주지방우정청 청사로 59 제주우편집중국 1100로 3307 제주노형동우체국 월랑로 20 제주화북동우체국 화삼로 1 제주도남동우체국 도남로 87 신제주우체국 선덕로 5 제주우체국 관덕로 33 하귀우체국 애월읍 하귀로23길 20 제주동광우체국 동광로 136-1 제주지방병무청 청사로 59 제주세무서 청사로 59 제주특별자치도 고용복지플러스센터 중앙로 165 제주특별자치도 선거관리위원회 연삼로 506 제주국제자유도시개발센터 첨단로 213-4 대한적십자사 제주특별자치도 지사 전농로 7 제주지방법원 남광북5길 3 제주출입국외국인청 용담로 3 제주지방경찰청 문연로 18 제주해양경찰서 임항로 154 제주동부경찰서 동광로 66 제주서부경찰서 애월읍 애조로 215 제주소방서 중앙로 342 서부소방서 한림읍 한림중앙로 150 제주국제공항 공항로 2 제주항국제여객선터미널 임항로 193 제주항연안여객터미널 임항로 111 제주시외버스터미널 서광로 174 제주운전면허시험장 애월읍 평화로 2072

	제주대학교 사라캠퍼스 일주동로 61
	제주대학교 아라캠퍼스 제주대학로 102
	제주국제대학교 516로 2870
	한국방송통신대학교 제주지역대학 정존7길 34
	제주한라대학교 한라대학로 38
	제주관광대학교 애월읍 평화로 2715
	KCTV 제주방송 아연로 2
	KBS 제주방송총국 복지로1길 8
	TBN제주교통방송 기자길 101
	JIBS 제주방송 연삼로 95
	MBC 제주문화방송 문연로 35
	CBS제주방송 신광로 15
	제주극동방송 애월읍 가문동상4길 67
	CTS 제주방송 인다8길 7
	불교방송 임항로 14
	제주시보건소 연삼로 264
	제주한라병원 도령로 65
	한마음병원 연신로 52
	한국병원 서광로 193
	중앙병원 월랑로 91
	제주대학교병원 아란13길 15
	제주의료원 산천단남길 10
서귀포시	국립기상과학원 서호북로 33
	서귀포시교육지원청 토평로 43
	제주특별자치도 농업기술원 중산간서로 212
	서귀포농업기술센터 남원읍 중산간동로 7413
	제주국제컨벤션센터 중문관광로 224
	서귀포천문과학문화관 1100로 506-1
	제주세무서 서귀포지서 신중로 55
	강창학종합경기장 중산간서로 95
	제주월드컵경기장 월드컵로 31
	제주해안경비단 표선면 번영로 3262
	서귀포경찰서 신중로 27
	서귀포해양경찰서 서호남로 11
	표선파출소 표선면 표선동서로 217
	성산파출소 성산읍 성산중앙로 53
	중동지구대 태평로 552
	서귀포의료원 장수로 47
	서귀포우체국 신중로 34
	서귀포중앙동우체국 중정로 57
	서귀포중문동우체국 천제연로 175
	모슬포우체국 대정읍 상모로 316
	서귀포고성우체국 성산읍 서성일로 1253
	성산포우체국 성산읍 성산중앙로 42
	위미우체국 남원읍 태위로 139
	서귀포소방서 서호남로 20
	동부소방서 성산읍 일주동로4120번길 7
	남원119센터 남원읍 남원체육관로221번길 23
	중문119센터 천제연로 164
	대신119센터 서호남로 20
	영어교육도시119센터 대정읍 에듀시티로 238
	동홍119센터 동홍로 31
	안덕119안전센터 안덕면 화순서서로 2
	서귀포시외버스터미널 일주동로 9217
	성산포항 종합여객터미널 성산읍 성산등용로 130-21
	서귀포항 여객선터미널 칠십리로72번길 14
	성산포항종합여객터미널 도항선선착장 성산읍 성산등용로 112-7

3. 문화유적, 사찰, 공원, 산, 계곡, 해수욕장

(1) 문화유적 · 사찰

행정구역	소 재 지
제주시	국립제주박물관 일주동로 17
	해녀박물관 구좌읍 해녀박물관길 26
	불탑사 원당로16길 41
	제주향교 서문로 43
	제주교육박물관 오복4길 25
	제주평화박물관 한경면 청수서5길 63
	제주도민속자연사박물관 삼성로 40
	시촌향사 조천읍 신촌5길 27
	귤림서원 이도1동 1438
	덕암헌 한경면 청수동7길 13
	만덕관 사라봉길 75
	항파두리 항몽유적지 애월읍 항파두리로 50
	관덕정 관덕로 19
	삼성혈 삼성로 22
	제주목 관아 관덕로 25
	산천단 아라일동 375-4
	별방진 구좌읍 하도리 3354
	연북정 조천읍 조천리 2690
	복자 김기량 순교현양비 조천읍 함덕리 940-2
	선인장자생지 한림읍 월령리
	명월성지 한림읍 명월리 2237
	오현단 오현길 61
	제주삼양동유적 선사로2길 13
	송당본향당 구좌읍 송당리 산 199-1
	제주고산리유적 한경면 고산리 3628
	곤을동마을터 화북일동 4440
	진아영 할머니삶터 한림읍 월령1길 22
	와흘본향당 조천읍 와흘리 1274-1
	제주성지 이도1동 1437-6

행정구역	소재지
	영모원 애월읍 하귀1리 1134-1
	낙선동4.3유적지 조천읍 선흘서5길 7
	애월환해장성 애월읍 애월로3길 60
	한동환해장성 구좌읍 한동리 1696-9
	모충사 사라봉길 75
	관음사 산록북로 660
	선운정사 애월읍 구물동길 65
	남국사 중앙로 738-16
	월정사 아연로 216-5
	불탑사 원당로16길 41
	대원암 월대5길 17
서귀포시	신영영화박물관 남원읍 태위로 536
	이중섭미술관 이중섭로 27-3
	감귤박물관 효돈순환로 441
	제주민속촌 표선면 민속해안로 631-34
	성읍민속마을 표선면 성읍정의현로 19
	선임교 색달로189번길 27
	위미동백나무군락 남원읍 위미중앙로300번길 23-7
	추사유배지 대정읍 추사로 44
	무오법정사 항일운동발상지 1100로 740-168
	정난주마리아묘 대정읍 동일리 10-1
	알뜨르비행장 일제지하벙커 대정읍 상모리 1670
	대정향교 안덕면 향교로 165-17
	제주송악산외륜 일제동굴진지 대정읍 상모리 186-1
	이중섭거주지 이중섭로 29
	대정성지 대정읍 보성리
	서귀포층 패류화석산지 남성중로 43
	섯알오름위령탑 대정읍 상모리
	서귀본향당 이중섭로 23-11
	하멜기념비 안덕면 사계리 112-3
	서귀진지 서귀동 717-4
	백조일손지묘 대정읍 상모리 586-1
	무등이왓 안덕면 신화역사로586번길 21-7
	서귀진성 서귀동 717-1
	산방연대 안덕면 사계리 산 33-2
	성읍민속마을 정의향교 표선면 성읍서문로 14
	동광문화마을 안덕면 동광리
	제주셋알오름 일제고사포진지 대정읍 상모리 316
	현의합장묘 남원읍 중산간동로 6242-56
	세계7대자연경관선정기념 인증조형물 성산읍 일출로 284-12
	약천사 이어도로 293-28
	산방굴사 안덕면 사계리 3693
	효명사 남원읍 516로 815-41
	법화사 하원동 1071-1
	선덕사 516로771번길 64

(2) 공원, 산, 계곡, 해수욕장 등

행정구역	소재지
제주시	제주김녕미로공원 구좌읍 만장굴길 122
	한림공원 한림읍 한림로 300
	메이즈랜드 구좌읍 비자림로 2134-47
	제주돌문화공원 조천읍 남조로 2023
	만장굴 구좌읍 김녕리 3341-3
	김녕사굴 구좌읍 덕천리
	비자림 구좌읍 비자숲길 55
	제주러브랜드 1100로 2894-72
	한라수목원 수목원길 72
	방림원 한경면 용금로 864
	북촌돌하르방공원 조천읍 북촌서1길 70
	환상숲곶자왈공원 한경면 녹차분재로 594-1
	제주4.3평화공원 명림로 430
	한담공원 애월읍 애월리 2459-1
	탑동광장 건입동
	삼무공원 연동 270-3
	생각하는정원 한경면 저지리 1525-3
	신산공원 일도이동 830
	삼다공원 연동 301-15
	용담레포츠공원 용담2동
	사라봉공원 사라봉동길 74
	싱계물공원 한경면 신창리 1322-1
	어영공원 용담삼동
	제주돌마을공원 한림읍 금능남로 421
	우도등대공원 우도면 우도봉길 105
	제주밭담테마공원 구좌읍 월정리 1400-14
	제주시민복지타운광장 도남동
	금산공원 애월읍 납읍리 1457
	낙천의자공원 한경면 낙수로 97
	해거름마을공원 한경면 판포리 1602-1
	산짓물공원 건입동 1342-1
	제주생활체육공원 와흘전1길 32
	종달고망난돌쉼터 구좌읍 종달리 112-5
	노형미리내공원 미리내길 84
	한마음근린공원 이도2동 1942-1
	한라산 해안동 산220-1
	수월봉 한경면
	용두암 용담2동
	서우봉 조천읍 함덕리 169-1
	산굼부리 조천읍 교래리 산38
	돈대산 추자면 예초리
	봉글레산 추자면 대서리
	무수천 계곡 애월읍 광령리
	천아계곡 애월읍 광령리
	방선문 계곡 오등동
	용연계곡 용담일동 2581-4

	어리목계곡 애월읍 광령리
	아흔아홉골계곡 노형동
	김녕해수욕장 구좌읍 해맞이해안로 7-6
	함덕해수욕장 조천읍 조함해안로 525
	이호테우해수욕장 이호일동 1665-13
	곽지해수욕장 애월읍 곽지리 1565
	협재해수욕장 한림읍 한림로 329-10
	월정리해수욕장 구좌읍 월정리 33-3
	금능해수욕장 한림읍 금능길 119-10
	한담해변해수욕장 애월읍 애월리
	세화해변해수욕장 구좌읍 해녀박물관길 27
	삼양해수욕장 삼양이동 1960-4
	검멀레해변해수욕장 우도면 연평리
	하도해변해수욕장 구좌읍 하도리
	우도산호해변해수욕장 우도면 연평리
	신창풍차해안해수욕장 한경면 신창리 1290-2
	엉알해안해수욕장 한경면 고산리
	하고수동해변해수욕장 우도면 연평리
	평대리해수욕장 구좌읍 평대리
	종달리해변해수욕장 구좌읍 종달리 622-5
	몽돌해변해수욕장 내도동 465-2
	알작지해변해수욕장 내도동 465-2
	신흥해수욕장 조천읍 신흥리
	톨칸이해변해수욕장 우도면 연평리
	모진이몽돌해변 추자면 신양리 56
서귀포시	휴애리자연생활공원 남원읍 신례동로 256
	노리매 공원 대정읍 중산간서로 2260-15
	자구리문화예술공원 서귀동 70-1
	하모체육공원 대정읍 하모리
	서귀포칠십리시공원 서홍동 576-9
	제주조각공원 안덕면 일주서로 1836
	제주자연생태공원 성산읍 금백조로 446
	새섬공원 서귀동
	대왕수천예래생태공원 상예동 5002-26
	생수천생태문화공원 색달로81번길 53
	삼다체육공원 서호동 1602
	환태평양평화소공원 대정읍 상모리 1683-8
	사계리해안체육공원 안덕면 사계리 3530-7
	성산포JC공원 성산읍 고성리
	헤르메스가든 공원 토평공단로 78-27
	강창학 공원 중산간서로 95
	신흥2리체육공원 남원읍 신흥리 1760-9
	송악공원 대정읍 상모리 산 2
	삼매봉공원 서홍동 821
	허브마을공동체정원 표선면 세화로 154
	화산석테마공원 회수동 574
	일출랜드 제주현무암분재공원 성산읍 삼달리
	삼달리체육공원 성산읍 중산간동로 4390
	서귀포잠수함 남성중로 40
	천지연폭포 천지동 667-7
	신화역사공원 안덕면 서광리
	제주곶자왈도립공원 대정읍 에듀시티로 178
	녹차미로공원 산록남로 1240
	천지연 걸매생태공원 서홍로 4-42
	제주초콜릿박물관 대정읍 일주서로3000번길 144
	섭지코지 성산읍 고성리
	대유랜드 상예로 381
	돈내코유원지 돈내코로 114
	여미지식물원 중문관광로 93
	퍼시픽랜드 중문관광로 154-17
	쉬리의 언덕 색달동
	소인국테마파크 안덕면 중산간서로 1878
	제주서광다원 안덕면 서광리 1235-3
	송악산 대정읍 상모리 산 2
	산방산 안덕면 사계리
	한라산1100고지 색달동 산 1-2
	한라산 상효동
	영주산 표선면 성읍리 산 18-1
	성산일출봉 성산읍 일출로 284-12
	주상절리대 중문동
	외돌개 서홍동 791
	안덕계곡 안덕면 일주서로 1524
	돈내코계곡 돈내코로 137
	엉덩물계곡 색달동 3384-4
	수악계곡 남원읍 신례리
	용머리해안 안덕면 사계리
	중문색달해수욕장 색달동 3039
	광치기해변 해수욕장 성산읍 오조리
	표선해수욕장 표선면 표선리
	황우지해안 해수욕장 천지동 765-7
	화순금모래해수욕장 안덕면 화순해안로 69
	논짓물해변해수욕장 하예동
	신양섭지해수욕장 성산읍 섭지코지로 88
	하효쇠소깍해변해수욕장 하효동 997-3
	사계해변해수욕장 안덕면 사계리
	하모해수욕장 대정읍 하모리

4. 호텔, 백화점

행정구역	소 재 지
제주시	제주오리엔탈호텔 탑동로 47 제주퍼시픽호텔 서사로 20 제주KAL호텔 중앙로 151 라마다프라자제주호텔 탑동로 66 라마다바이윈덤 제주더함덕호텔 조천읍 신북로 470 베니키아호텔 제주 애월읍 애월해안로 554-10 신라스테이 제주 노연로 100 베니키아홈더제주리조트 한림읍 협재로 226 유탑유블레스호텔 제주 조천읍 조함해안로 502 호텔휘슬락 서부두2길 26 호텔난타 선돌목동길 56-26 하워드존슨제주호텔 삼무로 57 그랜드하얏트제주 노형동 925 호텔리젠트마린 서부두2길 20 베스트웨스턴제주호텔 도령로 27 라마다제주시티홀 중앙로 304 롯데시티호텔 제주 도령로 83 그라벨호텔제주 일주서로 7316 메종글래드제주 노연로 80 오션스위츠 제주호텔 탑동해안로 74 다인오세아노호텔 애월읍 애월해안로 394 호텔살롬제주 동광로 34 탐라스테이호텔 애월읍 애월해안로 881 더아트스테이 조천읍 조함해안로 504 캠퍼트리 호텔앤리조트 해안마을서4길 100 아이미제주비치호텔 조천읍 조함해안로 474 호텔시리우스 도령로 133 유니호텔 앤 풀빌라 애월읍 애월해안로 656
서귀포시	해비치 호텔앤드리조트 제주 표선면 민속해안로 537 켄싱턴제주호텔 중문관광로72번길 60 하얏트리젠시 제주 중문관광로72번길 114 서귀포KAL호텔 칠십리로 242 스위트호텔 제주점 중문관광로72번길 67 라마다앙코르이스트호텔 서호중로 65 베니키아중문호텔 천제연로 166 롯데호텔 제주 중문관광로72번길 35 베니키아 호텔 제주크리스탈 중정로 16 호텔더본 제주 색달로 18 서머셋 제주신화월드 안덕면 신화역사로304번길 89 히든클리프호텔&네이쳐 예래해안로 542 골든튤립제주성산호텔 성산읍 일출로 31 엠스테이호텔제주 태평로353번길 14 제주오션팰리스 중앙로 14 데이즈호텔 제주서귀포오션 동홍로 7 케니스토리인호텔 서귀포점 동문로 42 밸류호텔 서귀포JS 김정문화로 51 제주부영호텔앤리조트 중문관광로 222 코업시티호텔 성산 성산읍 성산등용로 28 아트스테이서귀포하버 태평로 436 랜딩관 제주신화월드 호텔앤리조트 안덕면 신화역사로304번길 38 코델리아에스호텔 성산 일주동로 4186 더쇼어호텔제주 중문관광로72번길 114 제주신라호텔 중문관광로72번길 75 빠레브호텔 제주 김정문화로 15 플레이스캠프제주 성산읍 동류암로 20 브라운스위트제주 호텔앤리조트 성산읍 고성오조로 94 토스카나호텔 용흥로66번길 158-7 파크선샤인제주 남성중로 135

5. 교량, 터널, 도로

(1) 교량

다리명	소재지	연결 구역
추자대교	제주시 추자면 영흥리	제주시 추자면 영흥리~제주시 추자면 묵리
한도교	서귀포시 성산읍 오조리	서귀포시 성산읍 성산리~서귀포시 성산읍 오조리
용연구름다리	제주시 용담2동	제주시 용담일동~제주시 용담이동
쇠소깍다리	서귀포시 하효동	서귀포시 하효동~서귀포시 남원읍 하례리
선임교	서귀포시 중문동	서귀포시 중문동~서귀포시 색달동
수악교	서귀포시 남원읍 신례리	서귀포시 남원읍 하례리~서귀포시 남원읍 신례리
동산교	제주시 오라이동	제주시 오라일동~제주시 오라이동
봉개교	제주시 영평동	제주시 봉개동~제주시 영평동
한천교	제주시 용담2동	제주시 용담일동~제주시 용담이동
악근천다리	서귀포시 강정동	서귀포시 강정동~서귀포시 강정동
고지교	제주시 오라일동	제주시 오라일동~제주시 오라이동
용진교	제주시 건입동	제주시 건입동~제주시 건입동

(2) 터널

터 널 명	소 재 지
5.16도로숲터널	서귀포시 남원읍 신례리
제주농업생태원 키위터널	서귀포시 남원읍 중산간동로 7433-23
제주농업생태원 자생식물터널	서귀포시 남원읍 중산간동로 7319

(3) 도로

도로명	소 재 지
516로	제주시~서귀포시
1100로	제주시~서귀포시
제주도일주도로	제주도 제1순환도로

제❺편 제주특별자치도 주요 지리 출제예상문제

01 다음 중 추자도 지역에 있는 것이 아닌 것은?
① 모진이해수욕장
② 신양항
③ 나바론절벽
④ 사선대

02 다음 중 제주시청이 있는 곳은?
① 이도2동 ② 아라1동
③ 연동   ④ 해안동

03 다음 중 제주시 지역에 있지 않는 것은?
① 제주목관아   ② 제주향교
③ 성산일출봉   ④ 용두암

04 다음 중 제주국제공항이 위치하고 있는 곳은?
① 이도1동   ② 용담2동
③ 아라2동   ④ 봉개동

05 다음 중 우도 지역에 있는 것이 아닌 것은?
① 하고수동해수욕장
② 톨칸이
③ 삼성혈
④ 우도등대공원

06 다음 중 우도 지역에 있는 관공서가 아닌 것은?
① 우도보건소
② 우도우체국
③ 우도면사무소
④ 하고수동선박출입항신고소

07 다음 중 제주시 구좌읍 지역내에 있는 것이 아닌 것은?
① 비자림   ② 용눈이오름
③ 세화항구   ④ 성산항

08 다음 중 구좌읍 지역에 있는 해수욕장이 아닌 것은?
① 평대리해수욕장
② 신양섭지해수욕장
③ 세화해수욕장
④ 월정리해수욕장

09 다음 중 만장굴이 있는 지역은?
① 한림읍   ② 평영동
③ 구좌읍   ④ 애월읍

10 다음 철새도래지가 있는 곳은?
① 구좌읍   ② 조천읍
③ 도련2동   ④ 일도2동

정답 01 ④ 02 ① 03 ③ 04 ② 05 ③ 06 ① 07 ④ 08 ② 09 ③ 10 ①

11 다음 중 제주항 국제여객선터미널이 있는 곳은?
① 일도1동　② 일도2동
③ 연동　④ **건입동**

12 다음 중 세계자연유산인 당처물동굴이 있는 곳은?
① 조천읍　② **구좌읍**
③ 봉개동　④ 아라1동

13 다음 중 선녀와 나무꾼 생태공원에 있는 것이 아닌 것은?
① 연꽃농원
② 자수박물관
③ 어부들의 생활관
④ **민속장터**

14 다음 중 구좌읍과 성산읍을 잇는 도로는?
① 일주북로　② 일주서로
③ 일주동로　④ 516로

15 다음 중 구좌읍에서 비자림으로 이어지는 도로는?
① 비자림로　② 1100로
③ 일조동로　④ 평대로

16 다음 중 제주시 구좌읍지역에서 찾을 수 없는 것은?
① 제주 해녀박물관
② 세화해수욕장
③ 세화항구
④ **렛츠런파크 제주**

17 다음 중 제주시 조천읍지역에 있는 것이 아닌 것은?
① 함덕해수욕장
② **김녕항**
③ 정주항
④ 돌하르방공원

18 다음 중 제주시 지역에 있는 것이 아닌 것은?
① 제주교래자연휴양림
② 절물자연휴양림
③ 한라생태숲
④ **성읍민속마을**

19 다음 중 제주국제대학교가 있는 곳은?
① 오라2동　② **영평동**
③ 해안동　④ 도두1동

20 다음 중 제주대학교 사라캠퍼스가 있는 곳은?
① **화북1동**　② 일도2동
③ 용담2동　④ 건입동

21 다음 중 사라봉공원 인근에 있는 시설물이 아닌 것은?
① 국민체육센터
② 해양경찰서
③ **도두항**
④ 국립제주박물관

22 다음 중 제주시 지역에 흐르는 하천이 아닌 것은?
① 화북천　② **영천**
③ 산지천　④ 한천

정답　11 ④　12 ②　13 ④　14 ③　15 ①　16 ④　17 ②　18 ④　19 ②　20 ①　21 ③　22 ②

23 다음 중 제주대학교 아라캠퍼스 인근에 있는 것이 아닌 것은?
① 제주국제대학교
② 제주대학교병원
③ 제주별빛누리공원
④ 돈내코유원지

24 다음 중 제주시 지역에 있는 수목원은?
① 제주수곰원   ② 한라수목원
③ 오름수목원   ④ 하르방수목원

25 다음 중 제주특별자치도청이 있는 곳은?
① 용담동   ② 건입동
③ 연동   ④ 도두1동

26 다음 중 제주시 지역에 있는 병원이 아닌 것은?
① 제주삼성병원
② 한마음병원
③ 제주한라병원
④ 제주한국병원

27 다음 중 삼성혈 인근에 있는 것이 아닌 것은?
① 신산공원
② 제주동부경찰서
③ 제주도민속자연사박물관
④ 제주출입국외국인청

28 다음 중 제주종합경기장에 있는 시설물이 아닌 것은?
① 한라체육관   ② 풋살경기장
③ 오라야구장   ④ 예향운동장

29 다음 중 제주시 남성로, 성지로와 중앙로가 만나는 교차로는?
① 탑동사거리   ② 서문사거리
③ 남문사거리   ④ 동문사거리

30 다음 제주시 사라공원에 있지 않는 것은?
① 용두암   ② 의병항쟁기념탑
③ 보림사   ④ 모충사

31 다음 중 제주대학교병원에서 제주시청으로 갈 때 이용하는 도로는?
① 아봉로   ② 중앙로
③ 간월동로   ④ 연북로

32 다음 중 국립제주박물관에서 제주민속박물관으로 이어지는 도로는?
① 호남로   ② 연삼로
③ 번영로   ④ 일주동로

33 다음 중 제주항국제여객선터미널에서 가장 가까운 경찰서는?
① 제주동부경찰서
② 제주서부경찰서
③ 제주해양경찰서
④ 제주중부경찰서

34 다음 제주항에 있는 시설물이 아닌 것은?
① 제주삼양축구장
② 제주해양경찰서
③ 제주항연안여객터미널
④ 제주해양수산관리단

정답 23 ④ 24 ② 25 ③ 26 ① 27 ④ 28 ② 29 ③ 30 ① 31 ② 32 ④ 33 ③ 34 ①

35 다음 중 제주시 삼도2동 지역에 있는 호텔이 아닌 것은?
① 라마다프라자 제주호텔
② 오션스위츠제주호텔
③ 오리엔탈호텔
④ 라자관광호텔

36 다음 중 제주 삼성혈 인근에 있는 것이 아닌 것은?
① 용연계곡
② 제주칼호텔
③ 하니크라운호텔
④ 보성시장

37 다음 중 제주의 명소 용두암이 있는 곳은?
① 삼도2동
② 용담2동
③ 용담1동
④ 이도1동

38 다음 중 제주도청 인근에 있는 것이 아닌 것은?
① 제주도청2청사
② 제주특별자치도 의회
③ 용담레포츠공원
④ 삼무공원

39 다음 중 제주시 노형오거리와 관련이 없는 도로는?
① 노연로
② 도령로
③ 1100로
④ 신광로

40 다음 중 제주시 연삼로와 신대로가 만나는 교차로는?
① 신광사거리
② 마리나사거리
③ 오라오거리
④ 월성사거리

41 다음 중 노형오거리에서 중앙병원으로 이어지는 도로는?
① 월랑로
② 도령로
③ 노형로
④ 노연로

42 다음 중 노형오거리 인근에 있는 호텔이 아닌 것은?
① 라지관광호텔
② 뉴제주호텔
③ 호텔위너스
④ 호텔리젠트

43 다음 중 제주항연안여객터미널에서 탑동광장으로 갈 때 이용하는 도로는?
① 동문로
② 신산로
③ 임항로
④ 삼성로

44 다음 제주 돌문화공원에서 찾을 수 없는 것은?
① 전통초가마을
② 산굼부리분화구
③ 고인돌과선돌
④ 하늘연못

45 다음 제주절물자연휴양림이 있는 지역은?
① 봉개동
② 조천읍
③ 구좌읍
④ 건입동

정답 35 ④ 36 ① 37 ② 38 ③ 39 ④ 40 ② 41 ① 42 ④ 43 ③ 44 ② 45 ①

46 다음 중 제주 한라생태숲에서 볼 수 없는 것은?
① 단풍나무숲 ② 양치식물원
③ 목련총림 ④ 전나무숲

47 다음 중 노형오거리에서 한라수목원으로 이어지는 도로는?
① 노형로 ② 1100로
③ 아연로 ④ 연북로

48 다음 제주한라대학교가 있는 지역은?
① 도두동 ② 오라동
③ 해안동 ④ 노형동

49 다음 중 제주시 선녀폭포가 있는 곳은?
① 애월읍 ② 조천읍
③ 해안동 ④ 한림읍

50 다음 중 제주한라수목원에서 볼 수 없는 것은?
① 수생식물원 ② 관목원
③ 교목원 ④ 난대식물원

51 다음 중 제주 민속오일시장이 있는 곳은?
① 도두1동 ② 이호동
③ 연동 ④ 아라동

52 다음 중 제주에서 가장 동쪽에 있는 섬은?
① 토끼섬 ② 우도
③ 란도 ④ 추자도

53 다음 중 조천읍에서 제주돌문화공원을 지나 서귀포로 이어지는 도로는?
① 남조로 ② 비자림로
③ 번영로 ④ 명림로

54 다음 중 비자림로와 5.15로가 만나는 교차로는?
① 명도암입구삼거리
② 교래사거리
③ 5.15도로교차로
④ 대흘교차로

55 다음 중 1100로와 산록북로가 만나는 교차로는?
① 산록도로입구 삼거리
② 노루생이삼거리
③ 제주대학사거리
④ 어승생삼거리

56 다음 중 제주관광대학교가 있는 곳은?
① 아라동 ② 노형동
③ 한림읍 ④ 애월읍

57 다음 중 제주시 외도동 지역에 있는 것이 아닌 것은?
① 도근천
② 국립수산과학원 제주수산연구소
③ 외도축구장
④ 제주도 농아복지관

58 다음 제주서부경찰서가 있는 곳은?
① 한경면 ② 한림읍
③ 애월읍 ④ 오등동

정답 46 ④ 47 ② 48 ④ 49 ③ 50 ④ 51 ① 52 ② 53 ① 54 ③ 55 ② 56 ④ 57 ① 58 ③

59 다음 중 제주시 애월읍 내에 있지 않는 것은?
① 아흔아홉골
② 항몽유적지
③ 제주공룡랜드
④ 렛츠런파크 제주

60 다음 제주시 애월읍에 있는 해수욕장은?
① 이호테우해수욕장
② 곽지해수욕장
③ 협재해수욕장
④ 용머리해안

61 다음 중 한림항에서 가까운 섬으로 봄날의 촬영지인 곳은?
① 차귀도   ② 가파도
③ 마라도   ④ 비양도

62 다음 중 애월읍에서 한림읍으로 이어지는 해안도로는?
① 일주남로
② 일주동로
③ 일주서로
④ 명월성로

63 다음 중 제주시 중산가서로와 한림중앙로가 만나는 교차로는?
① 동명교차로
② 명월리사거리
③ 명월입구교차로
④ 동명사거리

64 다음 중 제주시 한림공원에 있는 굴이 아닌 것은?
① 황금굴   ② 한림굴
③ 협재굴   ④ 쌍용굴

65 다음 중 제주현대미술관과 저지문화예술인마을이 있는 곳은?
① 한경면   ② 한림읍
③ 애월읍   ④ 조천읍

66 다음 중 제주시 명월성로와 중산간서로가 만나는 교차로는?
① 상명리사거리   ② 상명리교차로
③ 금악로터리   ④ 월림삼거리

67 다음 제주시 한림읍에 있지 않는 것은?
① 금능해수욕장
② 한림공원
③ 제주평화박물관
④ 협재해수욕장

68 다음 제주청소년수련원이 있는 곳은?
① 연동   ② 한림읍
③ 애월읍   ④ 한경면

69 다음 중 제주시 한경면에서 볼 수 없는 것은?
① 제주항공우주박물관
② 제주시범바다목장
③ 싱계물공원
④ 제주고산리유적

정답 59 ① 60 ② 61 ④ 62 ③ 63 ① 64 ② 65 ① 66 ④ 67 ③ 68 ② 69 ①

70 다음 중 제주시 한경면 지역의 '생각하는공원'에 없는 것은?
① 영감의정원　② 철학자의정원
③ 영혼의정원　④ **마음의정원**

71 다음 중 환상숲 곶자왈공원이 있는 곳은?
① **한경면**　② 구좌읍
③ 조천읍　④ 성산읍

72 다음 중 제주도 제2공항 예정지는?
① 애월읍　② 표선면
③ **성산읍**　④ 천지동

73 다음 중 성산읍 성산리와 오조리를 잇는 다리는?
① 평화교　② **한도교**
③ 천미교　④ 신풍교

74 다음 중 성산일출봉 인근에 있는 것이 아닌 것은?
① 성산항
② 더클라우드호텔
③ 성산포항종합터미널
④ **하도해수욕장**

75 다음 중 성산읍 신양포구 인근에 있는 것이 아닌 것은?
① **용눈이오름**
② 신양섭지해수욕장
③ 오션스타
④ 성산스테이호텔

76 다음 중 제주동부소방서에서 성산읍사무소로 이어지는 도로는?
① 고성오조로　② 성산로
③ 일주동로　④ 일출로

77 다음 중 제주 성읍민속마을이 있는 곳은?
① 성산읍　② 구좌읍
③ 한림읍　④ **표선면**

78 다음 중 제주 일출랜드에서 찾을 수 없는 것은?
① 수변공원　② 고산식물원
③ 아열대식물원　④ 미천굴

79 다음 중 중산간동로와 녹산로가 만나는 교차로는?
① 가시리사거리
② 가시2교차로
③ 성읍교차로
④ 성읍삼거리

80 다음 중 서귀포시 표선면 인근에 있는 것이 아닌 것은?
① 표선해수욕장
② 제주민속촌
③ 제주허브동산
④ **모구리야영장**

81 다음 중 제주허브동상 내에 있는 것이 아닌 것은?
① 풍차전망대　② 연인돌담길
③ **하르방길**　④ 허브카페

정답 70 ④　71 ①　72 ③　73 ②　74 ④　75 ①　76 ④　77 ④　78 ②　79 ①　80 ④　81 ③

82 다음 중 신영 영화박물관이 있는 곳은?
① 성산읍　② **남원읍**
③ 표선면　④ 동홍동

83 다음 중 서귀포시 남원읍에 있는 것이 아닌 것은?
① **넙거리오름**　② 금호제주리조트
③ 남원우체국　④ 선광사

84 다음 중 서귀포 농업기술센터가 있는 곳은?
① 신효동　② 영천동
③ **남원읍**　④ 토평동

85 다음 중 일주동로와 516로가 만나는 교차로는?
① 토평사거리
② 동홍동주민센터사거리
③ 동홍사거리
④ **비석거리사거리**

86 다음 중 516로와 중산간동로가 만나는 교차로는?
① 영천교차로
② **토평사거리**
③ 하례1교차로
④ 하례고가교차로

87 다음 중 서귀포항 인근에 있지 않은 것은?
① **하효쇠소깍해수욕장**
② 새섬
③ 천지연폭포
④ 서귀포층패류화석산지

88 다음 중 서귀포의료원이 있는 곳은?
① 토평동　② **동홍동**
③ 보목동　④ 신효동

89 다음 중 서귀포 칼호텔이 있는 곳은?
① 서귀동　② 서홍동
③ **토평동**　④ 호근동

90 다음 정방폭포가 있는 곳은?
① **동홍동**　② 서홍동
③ 강정동　④ 법환동

91 다음 중 서귀포 시외버스터미널이 있는 곳은?
① 서호동　② 강정동
③ 동홍동　④ **법환동**

92 다음 중 서귀포 서홍천 인근에 있지 않은 것은?
① 걸매생태공원
② **하늘아래수목원**
③ 서귀포칠십리시공원
④ 호텔썬비치

93 다음 중 서귀포 감귤박물관이 있는 곳은?
① 서홍동　② 성산읍
③ **신효동**　④ 강정동

94 다음 중 이중섭미술관이 있는 곳은?
① **서귀동**　② 한림읍
③ 연동　④ 강정동

정답 82 ② 83 ① 84 ③ 85 ④ 86 ② 87 ① 88 ② 89 ③ 90 ① 91 ④ 92 ② 93 ③ 94 ①

95 다음 중 성산읍에서 강정동으로 이어지는 도로는?
① 토평로 ② 일주동로
③ 일주서로 ④ 중산간서로

96 다음 중 제주 월드컵경기장이 있는 곳은?
① 강정동 ② 천지동
③ 송산동 ④ 법환동

97 다음 중 서귀포시청에서 월드컵경기장으로 갈 때 이용하는 도로는?
① 일주동로 ② 서귀포로
③ 호근서호로 ④ 천지연로

98 다음 중 제주 월드컵경기장 인근에 있는 것이 아닌 것은?
① 문화공원
② 서귀포시외버스터미널
③ 서귀포자연휴양림
④ 서귀포소방서

99 다음 중 서귀포자연휴양림이 있는 곳은?
① 중문동 ② 대포동
③ 도순동 ④ 대천동

100 다음 중 서귀포시청 제2청사 인근에 있는 것이 아닌 것은?
① 알방애오름
② 서귀포경찰서
③ 서귀포우체국
④ 대신중학교

101 다음 중 서귀포 종합경기장에 없는 것은?
① 야구장
② 인라인롤러장
③ 올림픽기념국민생활관
④ 풋살경기장

102 다음 중 하늘아래수목원이 있는 곳은?
① 서홍동 ② 강정동
③ 중문동 ④ 대포동

103 다음 중 제주공항에서 서귀포자연휴양림으로 갈 때 이용하는 도로는?
① 516로 ② 1100로
③ 중산간서로 ④ 중산간동로

104 다음 중 제주 중문관광지에서 제주공항으로 이어지는 도로는?
① 중문로 ② 서귀포로
③ 토평로 ④ 1100로

105 다음 중 1100로와 일주서로가 만나는 교차로는?
① 중문입구삼거리
② 탐라대학교입구 삼거리
③ 회수입구사거리
④ 회수사거리

106 다음 중 중문관광단지에 있지 않은 것은?
① 대포주상절리
② 제주국제평화센터
③ 아프리카박물관
④ 제주다원

정답 95 ② 96 ④ 97 ① 98 ③ 99 ② 100 ① 101 ④ 102 ① 103 ② 104 ④ 105 ③ 106 ④

107 다음 중 제주 중문관광단지 내에 있는 해수욕장은?
① 화순금모래해수욕장
② **중문색달해수욕장**
③ 용머리해안
④ 표선해수욕장

108 다음 중 중산간서로와 색달로가 만나는 교차로는?
① 관광단지입구산거리
② 색달입구삼거리
③ **색달교차로**
④ 중문입구사거리

109 다음 중 서귀포 대포주상절리가 있는 곳은?
① **중문동**
② 하원동
③ 월평동
④ 색달동

110 다음 중 서귀포시 중문동에 있지 아니한 것은?
① 천제연폭포
② 씨에스호텔앤리조트
③ 국제평화센터
④ **약천사**

111 다음 중 서귀포 색달동에 있지 아니한 것은?
① 여미지식물원
② 별내린전망대
③ **여래포구**
④ 쉬리의언덕

112 다음 중 서귀포 대유랜드에 없는 것은?
① **석궁사격장**
② 권총사격장
③ 라이플사격장
④ 클레이사격장

113 다음 중 제주 중문단지에 있는 호텔이 아닌 것은?
① 켄싱턴제주호텔
② **제주그랜드호텔**
③ 제주하나호텔
④ 하얏트리젠시 제주

114 다음 중 제주유리박물관이 있는 곳은?
① 강정동   ② 중문동
③ 한림읍   ④ **상예동**

115 다음 중 서귀포 카멜리아힐에 있지 아니한 곳은?
① 용소폭포
② 마음의정원
③ **아열대수목원**
④ 보순연지

116 다음 중 제주조각공원이 있는 곳은?
① **안덕면**   ② 한림읍
③ 강정동   ④ 중문동

117 다음 중 제주조각공원에 있는 것이 아닌 것은?
① 사랑의숲   ② **낙서광장**
③ 한밭광장   ④ 원형광장

정답 107 ② 108 ③ 109 ① 110 ④ 111 ③ 112 ① 113 ② 114 ④ 115 ③ 116 ① 117 ②

118 다음 중 제주에서 가장 남쪽에 위치한 섬은?
① 우도　　② 가파도
③ **마라도**　④ 형제섬

119 다음 중 서귀포 안덕면에 있지 않은 것은?
① 안덕계곡
② 화순금모래해수욕장
③ 산방산탄천온천
④ **모슬포항**

120 다음 중 제주곶자왈도립공원이 있는 곳은?
① 대정읍　② 강정동
③ 성산읍　④ 한림읍

121 다음 중 일주서로와 대한로가 만나는 교차로는?
① 동일리삼거리
② 일과사거리
③ **동일교차로**
④ 대수동교차로

122 다음 중 추사 김정희 유배지가 있는 곳은?
① 연동　　② 구좌읍
③ 한림읍　④ **대정읍**

123 다음 중 서귀포 대정읍에 있지 않은 것은?
① **삼형제오름**
② 모슬포항
③ 일제지하벙커
④ 송악공원

124 다음 중 제주시와 서귀포시를 연결하는 도로가 아닌 것은?
① 일주동로
② 중산간동로
③ 번영로
④ **토평로**

125 다음 중 제주도에서 가장 서쪽에 있는 섬은?
① 비양도　② **차귀도**
③ 마라도　④ 가파도

126 다음 제주특별자치도 제주시에 있는 호텔로 도로명주소의 연결이 맞지 않는 것은?
① **호텔리젠트마린 - 제주시 일주서로 7316**
② 베스트웨스턴제주호텔 - 제주시 도령로 27
③ 라마다제주시티홀 - 제주시 중앙로 304
④ 롯데시티호텔 - 제주시 도령로 83

127 다음 제주특별자치도에 있는 기관으로 도로명주소의 연결이 맞지 않는 것은?
① 서귀포경찰서 - 서귀포시 신숭로 27
② 제주해양경찰서 - 제주시 임항로 154
③ 제주세무서 - 제주시 청사로 59
④ **제주소방서 - 제주시 서광로 174**

128 다음 제주특별자치도에 있는 명소로 도로명주소의 연결이 맞지 않는 것은?
① 삼성혈 - 제주시삼성로 22
② 국립제주박물관 - 제주시 일주동로 17
③ 이중섭미술관 - 서귀포시 이중섭로 27-3
④ **신영영화박물관 - 남원읍 516로 815-41**

정답 118 ③　119 ④　120 ①　121 ③　122 ④　123 ①　124 ④　125 ②　126 ①　127 ④　128 ④

129 다음 제주특별자치도에 있는 해수욕장으로 도로명주소의 연결이 맞지 않는 것은?

① 곽지해수욕장 – 애월읍 곽지리 1565
② 협재해수욕장 – 한림읍 한림로 329-10
③ 월정리해수욕장 – 구좌읍 월정리 33-3
④ **금능해수욕장 – 애월읍 애월리**

130 다음 제주특별자치도청으로 가려고 하는데 도로명주소로 맞는 것은?

① 제주시 문연로 6
② 제주시 광양9길 10
③ 제주시 청사로 59
④ 제주시 중앙로 342

131 다음 제주특별자치도에 있는 기관으로 도로명주소의 연결이 맞지 않는 것은?

① 제주국제공항 – 공항로 2
② 제주항 국제여객선터미널 – 임항로 193
③ **제주항 연안여객터미널 – 서광로 174**
④ 서귀포항 여객선터미널 – 칠십리로72번길 14

정답 129 ④ 130 ① 131 ③

최신 법령에 의한 전북·제주

택시운전자격시험 실전문제집

2020년 1월 10일 초판 발행
2021년 2월 20일 개정판 발행

편 저 (재)한국산업교육원 택시교통문화연구회
발행인 이 종 의

발행처 도서출판 범 론 사
주 소 서울특별시 영등포구 대림로27가길 12-1
전 화 (02)847-3507
팩 스 (02)845-9079
등 록 1979년 4월 3일 제1-181호
http://www.ekoin.co.kr

▫ 파본은 교환해 드립니다. ▫ 본서의 무단 인용·전재·복제를 금합니다.

정가 12,000원